U0036262

餐飲管理

（第三版）

FOOD and BEVERAGE MANAGEMENT

Third Edition

Jack D. Ninemeier　著

掌慶琳　校閱

Preface

出版序

美國飯店業協會 (American Hotel & Lodging Association，簡稱 AH & LA) 是美國飯店業權威的管理和協調機構。美國飯店業協會教育學院 (Educational Institute，簡稱 EI) 隸屬於美國飯店業協會，從事飯店管理教育培訓已經有近 50 年的歷史，是世界上最優秀的酒店業教育及培訓機構之一，其教材和教學輔導材料集合了美國著名飯店、管理集團及大學等研究機構的權威人士多年的實踐經驗和研究成果，有許多是作者的實際體驗和經歷，使讀者從中能夠見識到飯店工作的真正挑戰，並幫助讀者訓練思考技巧，學會解決在成為管理人員後遇到的類似問題。目前，全世界有 60 多個國家引進了美國飯店業協會教育學院的教材，有 1400 多所大學、學院、職業技術學校將其作為教科書及教學輔助用書。美國飯店業協會為此專門建立了一整套行業標準和認證體系。美國飯店業教育學院為飯店 35 個重要崗位頒發資格認證，其證書在飯店業內享有最高的專業等級。現在，在 45 個國家共有 120 多個證書授權機構，在全球飯店業的教育和培訓領域享有較高聲譽。

北美教育學院——美國飯店業協會教育學院香港與台灣地區總代理 -- 引進了美國飯店業協會教育學院的系列教材，每一本都經過了專家的精心挑選，譯者的精心翻譯和編輯的精心加工。我們期望這套教材的引進能夠更好地為大中華地區旅遊飯店業的發展服務，更好地為大中華地區飯店業迎接未來的挑戰、走向世界發揮作用；也希望能滿足旅遊飯店從業者提高職業技能和素質的迫切需求，為其成為國際化的管理人員貢獻一份後援之力。

如果我們的目的能夠達到，我們將以此為自豪。我們為實現大中華地區向世界旅遊強國目標的跨越而做出了努力。

北美教育學院

Preface

作者序

欣悉《餐飲管理》前兩版被全美及世界各地的學生和員工所使用，我希望該版仍能為我們行業，在目前和未來的管理者們的成功與發展做出貢獻。第三版內容所強調的仍然是要保證使該書實用有效，其目標為：

1. 為那些想在商業性或非商業性餐飲服務業中，謀求管理職位的人們提供最新的情況介紹。
2. 為那些目前正在從事餐飲服務經營管理的人們，提供最新的動態資訊，並強化基礎知識。
3. 為餐飲培訓工作提供有用的資訊來源。

由於在過去幾年中餐飲服務業發生了很大的變化，所以對該書進行最新修訂非常必要。雖然整體章節基本上沒有變動，但每章的內容卻進行了重大的修訂，以反映該行業目前不斷變化的形勢。

這次的修訂本都有哪些新的變化呢？讀者可以發現，在每一個章節中都增添了對餐飲服務自動化，即硬體和軟體的討論內容。現在，許多餐飲業都完全改變了過去的狀況，在營運與操作方法上，技術已顯得越來越重要了。讀者還會發現，我們還將一些網際網路的網址和一些主要術語放在了每章之後，而不是把它們放在書末。當然，對統計資料、參考資料以及圖表之類也都進行了更新，並極力保證書中所有資訊在印刷時能夠盡可能地為最新資訊。

作者首先感謝所有為本書出版做出過貢獻的人士。雖然書中內容多年來變化很大，但那些曾對早期版本給予幫助的特殊人士的努力仍然影響著本書的結構與原理。再者，其他一些著作、書刊及論文作者，在課堂上和在餐飲業中遇到的教育界人士和經營者們都對本書內容做出了相應的貢獻。

最後，令我感到榮幸的是，許多人在步入個人職業發展的人生之旅時都會讀到本書，我由衷希望本書能夠幫助他們更好地實現個人的專業目標。

Jack D. Ninemeier

East Lansing, Michiagan

About the Author

DR. JACK D. NINEMEIER is a professor in The School of Hospitality Business at Michigan State University. He holds a Ph.D. from the University of Wisconsin, Madison, and is a Certified Hotel Administrator (CHA), Certified Food and Beverage Executive (CFBE) and Certified Hospitality Educator (CHE) as recognized by the American Hotel & Motel Association. He is also certified as a Foodservice Management Professional (FMP) by the National Restaurant Association.

His experience includes more than eighteen years of teaching at Michigan State University and the University of New Orleans, seven years of service as a state-level administrator of a feeding program serving more than 350,000 meals daily, and four years of experience in various positions in commercial food service operations. Additionally, Dr. Ninemeier was a Research Consultant for the Educational Institute of the American Hotel & Motel Association for twelve years.

Dr. Ninemeier is the author, co-author, or editor of twenty-nine books relating to various aspects of food service and healthcare management. He also has written more than 175 articles in trade journals, has developed more than 75 training monographs on all areas of food service management, and has conducted numerous seminars nationally and internationally.

校閱序

餐旅對我而言，不僅是事業的起端，更是生活休閒中不可分離的一部份。尤以餐飲的重要，更是攸關健康且與之纏綿一生。有幸校閱首批AHLA中文版的餐飲書籍，期望對拓展餐飲知識的領域，略盡一份個人的努力。藉由此書的推出，希冀讓我們「共好」！那就是：「學習松鼠的精神—做有價值的工作；效法海狸的方法—掌控達成目標的過程；最重要的是，大家皆發揮野雁的天賦—鼓舞他人。」

掌慶琳　謹識

校閱者簡介

掌慶琳

學歷

中國文化大學國際企業研究所博士

現任

現職為中國文化大學觀光事業學系暨研究所副教授。

經歷

曾於美國與國內的休閒度假、國際會議與商務等不同型態之國際觀光旅館服務。

投入學術界逾十年，教學之餘，並投入跨文化餐飲與觀光行為之相關研究。

目錄 Contents

第四篇　設計與財務　339

第一篇

導論

PART I

1

CHAPTER

餐飲服務業

本章大綱

- 餐飲服務的起源
  - 飯店餐廳
  - 獨立餐廳
  - 非商業性設施的餐飲服務
- 商業性和非商業性的餐飲服務企業
  - 商業性餐飲業
  - 非商業性餐飲設施
- 餐飲服務設施的類型
  - 獨立經營的用餐服務和酒水服務場所
  - 住宿業中的餐飲設施
  - 其他商業性餐飲設施
  - 工商企業的餐飲設施
  - 醫院和療養院的餐飲設施
  - 學校的餐飲設施
  - 休閒與娛樂場所的餐飲設施
  - 交通運輸部門的餐飲設施
- 餐飲服務業的未來

當聽到「餐飲服務」一詞時，你的眼前是否會呈現出這樣的情景：覆蓋著白色臺布餐桌的豪華餐廳，繁忙的州際貨運車休息站中的速食店，專業體育競賽場附設經營的飲食店？你想到過中小學、大學、醫院、療養院和其他機構的膳食服務嗎？你是否意識到軍隊的餐飲服務設施和鄉村俱樂部也是餐飲服務業的一部分呢？由此可知，餐飲服務業是一個由各類餐飲服務業構成的龐大規模的行業，它爲離家出外的人們，甚至居家的人們提供各種飲食。

餐飲服務業可以分爲兩大部分：商業性和非商業性的餐飲服務。商業性的餐飲服務業透過銷售餐食和酒水尋求利潤最大化，它包括下列類型：獨立餐廳、飯店餐廳、咖啡店、速食店和冰淇淋店。該行業中的非商業性餐飲服務業，則不以提供餐飲服務爲他們的主要任務，他們通常追求支出最低化，同時特別重視提供營養豐富的餐食，但有時也有例外。非商業性餐飲服務設施的類型包括：爲學校、保健部門、工商企業、監獄和軍事駐地提供餐飲服務的機構。

表 1-1 概述了美國餐飲市場的營業收入狀況，並顯示了美國餐飲業一些有趣的情況。另一種瞭解美國餐飲業規模的方式是觀察美國餐飲業的巨頭們。表 1-2 提供了美國 25 家最大的餐飲服務公司。圖中顯示的資料可能會令人吃一驚。表 1-3 顯示了美國最大的 25 家獨立餐飲公司的基本情況。令人難以想像的是，一個獨立餐廳的年銷售收入竟能超過 3400 萬美元，紐約市的綠草地酒店（Tavern on the Green）就取得了這一驚人的業績。

本章將考察餐飲服務的起源和影響所有類型的餐飲服務經營組織的一些最重要的因素。如果你正考慮在餐飲服務業中謀職，這些資訊將會引起你極大的興趣。如果你已經從事餐飲服務業的工作，這些資訊將會幫助你更順利地進行你的生涯規劃和發展。

第一節 餐飲服務的起源

在這一節中，我們將簡要地回顧飯店餐廳、獨立餐廳和非商業性場所餐飲服務的起源。

表 1-1　美國餐館業：一些有趣的事實

■銷售收入：3760 億美元。
■餐飲場所：83.1 萬個。
■從業人員：1,100 萬。
■占食品總收入的百分比：45.3 %。
■2000 年最具有代表性的某日，餐廳業將公布其超過 10 億美元的平均銷售額。
■餐廳業所提供的就業機會，超過了美國就業人數的 8 %。
■1/3 的美國成年人，在其生活的某段時間內曾從事過餐廳業的工作。
■餐飲場所是勞動力最密集的地方。1998 年全薪制雇員的每人平均銷售額為 52,486 美元，明顯低於其他行業。
■58 %的餐飲服務從業人員是婦女，12 %是非洲裔美國人，17 %是西班牙裔美國人。
■在正式服務之餐廳從業的全薪制雇員中，有 9/10 是從做計時員工開始其餐廳業工作的。

資料來源：National Restaurant Association, *2000 Restaurant Industry Pocket factbook.*

一、飯店餐廳（Hotel Restaurant）

眾所周知，現今的飯店和其他住宿設施中的餐飲服務設施，是從早期的小客棧和其他旅行者臨時棲息的場所逐步發展而來的。與今天的旅行者一樣，古代的旅行者也需要住宿和膳食。一些小客棧在提供住宿和餐食的同時，還向客人提供含酒精的飲料和娛樂活動。小客棧的主人們將所有可以利用的食物製成餐食，通常有足量的葡萄酒和啤酒，外加乳酪、蔬菜、蛋糕和麵包。如果有可能，客棧還爲客人提供羊肉、豬肉、羊羔肉和魚類等肉食菜餚。在羅馬帝國時期，客棧已經非常普及。

(一)天主教會

在中世紀，天主教會管理著許多招待所（客棧的一種）、寺院和其他宗教寓所，以此爲旅行者提供休息場所。成立於 1048 年的宗教團體——耶路撒冷聖約翰騎士團（The Knights of Saint John of Jerusalem）[1]，曾建立了很多教堂和寺院，用以保護來往於耶路撒冷的朝聖旅行者。實質上，是天主教會經營了第一家連鎖飯店。

㈡英國客棧

早在1400年，英國的一些客棧或「酒館」（ale houses）就已經出租房間。它們一般坐落在大城鎮、主要十字路口、擺渡碼頭和交通頻繁的道路旁。不管是步行、騎馬、乘馬車或乘船，旅行者總要休息和用餐，客棧就爲這些旅行者提供必要的服務。有些客棧實際上是屬於附有一兩個額外客房的私人住宅。其他客棧則是擁有二三十個房間的較大型建築物。

㈢美國客棧

美國的客棧和酒菜館的發展與英國的形式相同。雖然提供的餐食常常很簡單，但是數量充足，還提供啤酒和蘭姆酒[2]。科爾客飯旅店(Cole's Ordinary)是 1634 年在美國波士頓由撒母耳．科爾(Samuel Cole)開辦的一家知名旅店，它不僅是波士頓的第一家旅店，或許也是美國在各殖民地的第一家旅店。美國，與其他地方一樣，住宿業和餐飲服務是伴隨著旅行路線發展起來的。

㈣ 20 世紀的飯店

在20世紀早期，大型的現代化飯店幾乎在美國的各大城市興起[3]。這些飯店逐漸受到旅行者的青睞。許多公眾性的重要活動和特殊盛會經常集中在飯店及飯店的餐飲場所舉行。20 世紀 50 年代，一些飯店的餐飲經營品質明顯下降。20 世紀 70 年代中期，飯店餐飲服務經營的目的和品質出現了生機。今天，飯店的餐廳是各部門實現利潤計畫不可缺少的一部分。飯店的重要活動空間，諸如大廳，經常被用作提供餐飲產品的場地。經驗豐富的主廚、優質的餐飲產品和服務，以及聲勢浩大的社區促銷活動爲飯店的餐飲經營樹立了嶄新、有益的形象。

表 1-2　美國前 25 名商業性餐飲服務組織：餐飲銷售收入情況

1999 排名	1998 年銷售收入（百萬美元）	組織名稱
1	35979.0	麥當勞（McDonald's）
2	10333.0	漢堡王（Burger King）
3	8446.0	肯德基（KFC）
4	7800.0	必勝客（Pizza Hut）
5	5555.0	溫蒂（Wendy's）
6	5000.0	塔科貝爾（Taco Bell）
7	3454.0	賽百味（Subway）
8	3224.0	達美樂比薩（Domino's Pizza）
9	2698.0	奶業女王（Dairy Queen）
10	2476.0	哈迪（Hardee's）
11	2258.0	杜肯甜甜圈（Dunkin' Donuts）
12	2221.0	7-11（7-Eleven）
13	2200.0	阿拜（Arby's）
14	2193.0	小凱撒（Little Caesars）
15	2100.0	喜來登飯店（Sheraton Hotels）
16	2066.0	蘋果蜂王（Applebee's）
17	1960.0	丹尼（Denny's）
18	1810.0	紅龍蝦（Red Lobster）
19	1522.0	內陸牛排（Outback Steakhouse）
20	1440.0	星期五（T.G.I. Friday's）
21	1414.0	全球假日（Holiday Inn Worldwide）
22	1389.2	索尼柯「得來速」（Sonic Drive-Ins）
23	1384.2	辣味燒烤（Chili's Grill& Bar）
24	1380.0	橄欖園（The Olive Garden）
25	1224.1	玩偶匣（Jack in the box）

資料來源：節錄自"Top 400: The Ranking," *Restaurant & Institutions*, July 15, 1999.

1-3 美國最大的 25 家獨立餐飲公司的營收情況

餐廳名稱	1998 年餐飲收入（百萬美元）
1. 綠草地酒店，紐約(Tavern on the Green, New York)	34.200
2. 世界之窗，紐約(Window on the World, New York)	31.870
3. 史密斯與沃勒爾斯，紐約(Smith & World, New York)	24.446
4. 鮑勃奇尼蟹肉館，伊利諾伊州，惠靈(Bob Chinn's Crabhouse, Wheeling, Ⅲ)	21.708
5. 斯帕克斯牛排館，紐約(Sparks Steakhouse, New York)	20.400
6. 喬石頭蟹肉海鮮館，佛羅里達州邁阿密海灘(Joe's Stone Crab, Miami Beach, Fla)	19.035
7.「21」夜總會，紐約(21 Club, New York)	17.289
8. 富爾頓蟹肉館，佛羅里達州維斯達泊納湖(Fulton's Crab House, Lake Buena Vista, Fla)	16.000
9. 四季餐廳，紐約(Four Seasons, New York)	15.083
10. 龍蝦館，新澤西州蘇格蘭角(The Lobster House, Cape May, N.J.)	14.954
11. 菲利普斯港灣地餐廳，巴爾的摩(Phillips Harborplace, Baltimore)	14.920
12. 斯科馬餐廳，舊金山(Scoma's Restaurant, San Francisco)	14.542
13. 格萊斯頓 4 魚餐廳，加利福尼亞州帕裏塞德斯太平洋城（Gladstone's Fish, Pacific Palisades,Galif ）	14.263
14. 紅眼魚燒烤店，紐約(Redeye Grill, New York)	14.100
15. 莊園大廈餐廳，新澤西州西奧蘭治(The Manor, West Orange, N.J.)	14.000
16. 吉布森餐廳，芝加哥(Gibsons, Chicago)	13.183
17. 哈利戴維森咖啡店，拉斯維加斯(Harley-Davidson Cafe, Las Vegas)	13.100
18. 爵士宮，新奧爾良(Commander's Palace, New Orleans)	13.000
19. 太空針餐廳，西雅圖(Space Needle Restaurant, Seattle)	12.287
20. 黛爾阿爾餐廳，紐約(Trattoria Dell' Arte, New York)	12.068
21. 老彼特燒烤店，華盛頓(Oid Ebbitt Grill, Washington)	12.058
22. 蒙哥馬利遊船餐廳，辛辛那提(Montgomery Inn Boathouse, Cincinnati)	11.859
23. 戴爾弗蘭西斯克雙鷹牛排館，辛辛那提 (Del Frisco's Double Eagle Steak , Dallas)	11.787
24. 布倫南餐廳，新奧爾良(Brennan's, New Orleans)	11.770
25. 胭脂紅（第 44 街）餐廳，紐約(Carmine's (44th street) , New York)	11.681

資料來源：節錄自"Top 100 Independents", *Restaurant & Institutions*, April 1, 1999.

二、獨棟式餐廳（Freestanding Restaurants）

咖啡館爲早期餐廳的一種類型，於17世紀中期出現在英國。到18世紀初期，倫敦已經約有3000多家咖啡館。

據我們所知，餐廳最早於1765年出現在法國巴黎。這裏有一個有趣的故事，敘述的或許是第一家向公眾開放的餐廳的業主故事。1765年之前，只有客棧和外燴業業者才提供大眾餐飲服務。被稱爲"traiteurs"的外燴業業者們，組織了一個有限成員的公會。他們指控一個小湯販用羊蹄加白料酒做成湯餐的與公會競爭，並把小湯販送上了法庭。然而法庭卻判定這個特色湯沒有與公會製作的任何菜餚發生競爭，並且允許小湯販繼續營業。小湯販將他的湯稱爲「體力恢復湯」（le restaurant divin）進行推銷。我們由此得知了餐廳"restaurant"一詞的起源。由於這樣的宣傳，這個做湯的廚房變得越來越出名，甚至連法國國王也想去品嘗這道引起轟動的特色湯[4]。

在美國，首家餐廳的美譽通常屬於1827年在紐約市建立的德爾莫尼克餐廳（Delmonico's）。到1923年，德爾莫尼克家族已經經營了9家餐廳。這些餐廳以舉辦豪華的宴會和提供廣博的菜單而著名。像德爾莫尼克這樣以昂貴價格提供高水準餐飲的餐廳在許多城市中並不多見。當時的情況與現在一樣，美國絕大多數的用餐場所都爲顧客提供簡單而並不昂貴的餐飲。

第一個大規模的連鎖餐廳經營者是弗雷德．哈威（Fred Harvey）。到1912年，他的公司共經營了12家大飯店、65家鐵路餐廳和60輛餐車。另一個早期的連鎖餐廳經營者是約翰．湯普森（John R. Thompson）。到1926年，他控制了美國中西部和南部的126家自助餐廳[5]。如今知名的連鎖餐廳通常包括具有經營特色的奇力餐飲連鎖公司（Chili's）、橄欖園(Olive Garden)餐飲連鎖公司和本寧(Bennigan's)速食公司。

到了1920年代，美國擁有了足夠的汽車，於是便支撐起了一個新型的餐飲服務設施——路邊餐廳。由於停車服務人員所提供的路邊餐飲服務，過往停車的乘客可以在他們的車上用餐。在1960年代，這種新的餐飲經營方式，大部分被店內速食服務加盟連鎖經營公司所取代。

㈠速食加盟連鎖經營企業

速食加盟連鎖經營企業（亦可稱爲"fast food"）對餐飲服務業所產生

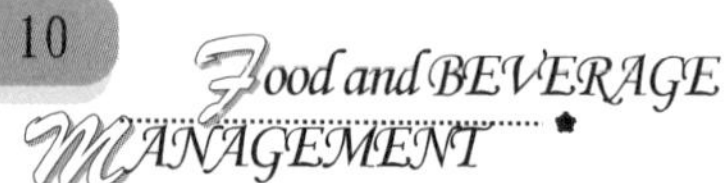

的巨大影響是空前的，其加盟連鎖經營至少在 1920、1930 年代就出現了，當時 A&W 沙士飲料公司（A&W Root Beer）和霍華德．詹森速食公司（Howard Johnson's）就出售了公司某些單位的加盟連鎖經營權[6]。

表 1-2 中顯示了許多人們熟悉的速食公司的名稱。三明治速食公司——最初的漢堡速食公司——佔據了餐飲業的速食市場。漢堡可以追溯到中世紀，不過這種小圓型麵包的首次出現是在 1904 年舉行的聖．路易士世界博覽會上。今天，許多速食店以出售雞肉和海鮮速食爲特色，但是漢堡包始終在速食中佔據「王」位。諸如麥當勞（McDonald's）、溫蒂（Wendy's）、漢堡王（Burger King）這樣的連鎖速食公司，在全世界範圍內家喻戶曉。

(二)現代餐飲服務創新

汽車得來速速食店在速食業中已經十分普遍。有些汽車得來速速食店可以同時爲兩部通過的汽車提供速食服務。設在大型商業區內的「美食區」（food courts）在一個方便的地點，向購物的人們提供風味各異的餐食。那些同時既想用餐，又想聊天，還想洗衣服的顧客，可以去「洗衣酒吧」（laundro-bars）。「洗衣酒」是將自助洗衣、自助用餐和飲料（也提供含有酒精的飲料）集中在同一場所內的經營方式。越來越多的雜貨店和便利商店提供大量的空間出售自助沙拉、三明治、各類速食和其他飲食。這些飲食可以帶走食用，也可以在店內坐下或站立食用。過去，在獨立餐廳中僅有的速食服務，現在已經出現在飯店、百貨商場、機場候機廳、軍事駐地、保健部門、中小學和大學以及其他單位。

傳真機和電子郵件提供了新的訂餐方式。繁忙的辦公室工作人員和其他人員可以利用這些新的技術及時將自己的外帶餐飲訂單發至餐廳，餐廳會在他們前來取餐之前將預訂的餐食準備妥當。

外送服務一直受到人們的歡迎。在一些城市裏，人們可以享受到這樣的送餐服務：送餐員首先取走您的預訂，然後根據您的訂單去所要求的餐廳訂製菜餚，之後將做好的菜餚送到您家中。一些送餐服務甚至還提供用餐服侍和餐後洗碗服務。一些餐廳還爲那些打長途電話來需要送餐的顧客，提供甚至是跨越國界的夜間長途餐飲快遞服務。提供這類送餐服務的餐廳數量正在增加，替代家庭烹飪餐飲服務已成爲一種發展趨勢。許多餐廳預製好各類菜餚出售給顧客帶回家中享用，這使那些繁忙的人們有機會在家中享受到各類菜餚，而無須烹調和清潔廚房。

二、非商業性設施的餐飲服務

非商業性的餐飲設施有多種類型。如果對所有的類型從頭說起，便超出了我們討論的範圍。不過，我們可以對在工商企業、醫院和學校三類機構中設立的非商業性餐飲設施進行考察，因爲它們對非商業性餐飲設施的發展產生十分重要的作用[7]。

㈠工商企業的餐飲設施（Businesses）

羅伯特·歐文（Robert Owen）一直被譽爲「工業餐飲服務之父」。他年輕時在蘇格蘭的一家工廠擔任廠長，當時歐文對英國紡織業工人們所受壓迫的狀況感到震驚。1815 年前後，歐文爲他的工人和工人的家屬開辦了一個「大食堂」（eating room），這是他所制定的改善工人工作條件總體計畫中的一個部分。歐文的做法非常成功，繼而在全世界廣泛流傳。

1820 年代，第一批紡織廠在麻塞諸塞州的梅裏馬克河沿岸建成之後，美國的紡織業開始迅速發展起來。與紡織廠本身的建設一起，供膳公寓在住宅區附近也開辦起來，並爲工人們提供飲食。

到 1890 年代，一些工廠、保險公司、銀行和其他企業爲員工們提供了餐飲服務。濱海學院（Seaside Institute）、國家現金註冊公司（National Cash Register Company）、大都市生活（Metropolitan Life）、諮詢者（Prudential）以及紐約和芝加哥兩市的電話公司，是這 10 年中僅有的幾家提供桌餐服務和午餐服務設施的公司。直到 1902 年，自助式的餐飲服務才引入了工商企業，當時在美國麻塞諸塞州的普利茅斯市，爲普利茅斯繩索公司（The Plymouth Cordage Company）建起了一座大樓，裏面設有一個廚房、兩個自助餐廳和部分娛樂設施。到 1905 年，大約 50 家美國工商企業向他們的員工提供餐飲服務，這些工商企業絕大部分是機械製造廠。

第一次世界大戰期間，向工人提供餐飲服務的工商企業數量猛增。由於工廠的擴張和勞動力逐漸供不應求，提供餐飲服務成爲吸引和留住優秀工人的一種手段。自助餐廳越來越受歡迎，因爲它可以使用較少的經營人員，提供快速用餐給大量工人，而工人們則可以用自己願意支付的價格選擇自己喜歡的餐飲。1928 年，對 4075 個機械製造廠進行的一項調查表明，有 75%千人以上的工廠的雇主爲工人們提供了餐飲服務。

第二次世界大戰期間，是爲工人提供餐飲服務的工商企業數量急劇增長的另一時期。二次大戰結束時，由工作單位提供餐飲服務的工人數量大約占產業工人總數的 1 / 3。

當然，自 1945 年之後，工商企業的餐飲服務形式也發生了許多變化。第二次世界大戰期間，「喝咖啡休息」被工商企業廣泛採用，現在它已經成爲企業的一種規範；許多企業免費或低收費在全天工作時間向員工提供咖啡。現今，提供餐飲服務的不僅僅是大型工業企業，越來越多的小型工商企業也正在爲他們的員工提供餐飲服務專案，以此來提高員工的士氣和勞動生產率。這些餐飲服務項目包括從具有精美菜餚的正餐到食品自動售貨機。各種菜餚可以現場烹製，也可以包辦提供。營養是餐飲服務中一個新的重點，越來越多的工商企業在餐飲服務專案中推出了營養菜單供員工們選擇，並且教育他們瞭解合理用餐的益處。一個企業（例如一個飯店集團）與一個餐飲連鎖公司或商號簽約組成的聯合品牌情況也正在變得越來越普遍。

㈡醫院的餐飲設施

早在西元前 600 年，在印度和埃及就已有簡陋的醫院，病人被安置在寺廟中避難。當時的醫院與現在一樣，也向病人提供飲食。西元 1004 年，世界上首家醫院在英國建成。而美洲大陸的第一家醫院則於 1524 年建於墨西哥。

19 世紀中期，重視飲食健康在醫院中變得重要起來。在那一時期，一位名叫弗洛倫斯．南丁格爾（Florence Nightingale）的英國護士開創了現代醫院組織的先河。她被公認爲世界上第一個現代醫院的管理者和飲食學家。

在美國早期的醫院中，食品製作是由廚師、房務長或護士長來負責。隨著人們對營養與病人病情的康復及健康的關係的認識，醫生們開始求助於餐飲服務行業來爲他們的病人創制健康飲食。1899 年，在美國紐約普萊西德湖召開的國內經濟學術會議上，那些進入飲食學這一新專業的人們被冠以「飲食學家」的稱號。1917 年，擁有 98 個會員的美國飲食協會成立，而今天，這個協會已經自豪地擁有幾萬個會員。

在兩次世界大戰期間，受過訓練的飲食學家非常成功地爲軍隊醫院的傷病患者提供了適當的飲食。第二次世界大戰期間，1998 名飲食學家服役於美國海陸空三軍（The Armed Forces），許多飲食學家還參加過南北韓戰爭和越南戰爭。

今天，提供讓病人選擇菜餚的菜單，已成爲絕大多數醫院的餐飲服務規範。集中式廚房使食品製作的效率更高。許多醫院還爲員工和來訪人員開設了可用現金支付的自助食堂。隨著醫院數量的不斷增加，契約管理公司都開始在飲食學家的指導下，經營餐飲服務（「管理公司」將在本章後面的部分進行闡述）。現代化醫院的餐飲服務專案，以提供內容豐富的菜單、高品質的食品以及先進的食品製作和服務設備爲特色。許多醫院的餐飲服務項目，在很多方面可以與商業性的餐飲服務企業相媲美。實際上，一些醫院的餐飲服務設施以向員工提供可以帶回家的飲食，來與商業性的餐飲企業競爭。

㈢學校的餐飲設施

雖然學校在古代就已經存在，但有關學校餐飲服務方式的記載卻幾乎沒有。12 世紀在歐洲開辦的大學一般都不提供餐飲服務。有些學生在當地居民家中搭伙，有些學生則自己解決吃飯問題。牛津大學（英國，建立於12世紀後半葉）和劍橋大學（英國，建於13世紀）的學生雖在校園裏居住，但卻不得不在他們傭人的幫助下自己燒飯。最終，這些大學中也開設了公共食堂，並提供非常正規的晚餐。

英國的公立學校，例如拉格比公學（Rugby）、伊頓公學（Eton）和哈羅公學（Harrow），都是從中世紀的宗教機構演化而來的（由於這類學校的特徵和教育方式，英國的「公立」學校相當於美國的「私立」學校）。在這些學校和其他公立學校中都沒有聽說過有關提供餐飲服務的記載。查理斯．狄更斯（Charles Dickens）在他所著的《尼古拉斯．尼克爾貝》（Nicholas Nickleby）等小說中，卻描述了公立學校及其供餐的悲涼情景。

美國的學校模仿英國的學校，到 1776 年，在美國獨立前的 13 個州建立了 10 所大學。在這些大學開辦的初期，每個大學都提供風格各異的餐飲服務。在美國中小學提供餐飲服務始於 19 世紀中期，並逐漸發展成爲涉及到千百萬中小學生每個學年中日常用餐的現代化的餐飲服務項目。1935 年，美國國會第一次設立了聯邦政府基金，向學校的餐飲服務項目提供補貼。自此以來，美國聯邦政府向學校餐飲服務專案提供的資助持續不斷，並且逐漸提高。

早期大學的學校餐飲服務爲桌餐正式服務方式。今天，大學以及中小學更青睞歐式自助餐方式的服務方式。在學生公寓、學生會和午餐食堂，可以由學校自己提供餐飲服務或者由簽約管理公司來提供。經常提供健康均衡飲食已經成為對學生的照顧。建在校園附近的商業性餐飲企業已經有幾百年的歷史。一個新的商業性餐飲經營趨勢，特別是速食加盟連鎖經營，已在校園的學生團體中顯露出來[8]。

第二節 商業性和非商業性的餐飲服務企業

如前所述，餐飲服務業可以劃分為兩種主要類型：商業性或營利性企業和非商業性或非營利性企業。要區分營利性和非營利性兩類餐飲企業似乎並不那麼簡單。許多營利性契約管理公司在非營利性機構中提供餐飲服務，在這種情況下，雖然這些機構本身不想從飲食銷售中獲利，但是公司管理的餐飲服務專案卻要獲利。

一、商業性餐飲企業（Commercial Operations）

商業性的餐飲企業可以分為三種主要類型：獨立經營、連鎖經營和加盟連鎖經營。

(一)獨立經營餐廳（Independents）

獨立經營餐廳的所有權歸一個或幾個業主所擁有，這些業主通常擁有一個或幾個餐廳，他們之間沒有連鎖關係。各餐廳可以不統一菜單，餐飲原材料採購計畫可以各異，經營管理程序可以多樣化等。

在多種因素吸引下，新的經營者加入了餐館行業。「民以食為天，顧客為什麼不能在我的餐館用餐呢？」這種思想使諸多的餐廳湧現出來。一些餐館只需要較少的資本投入就可以開張，這則是刺激新的企業家進入餐廳行業的又一原因。開餐廳的用地、設備和設施可以租用，最低限量的庫存原材料還可以賒購幾個星期。然而，大量開業的餐廳5年之後就退出了經營，有關的統計資料指出，這些獨立餐廳的經營並不樂觀。

在餐廳連鎖經營和加盟連鎖經營逐漸在餐飲業中佔據主導地位的情況下，是否還有獨立餐廳經營者的生存空間呢？我們的答案是「有」。企業家們可以發現市場上還有許多願望和需求目前未被滿足，如果他們能向顧客提供有價值和優質的服務，就會佔領並繁榮這些市場。

㈡連鎖餐廳（Chain Restaurants）

連鎖餐廳是由多單位組成公司組織中的餐飲機構，它們通常共用相同的菜單，聯合採購原料和設備，並且採用統一的經營管理程序，這些程序成為檢驗連鎖公司中每一個餐廳的標準。一個連鎖餐廳可以為一個母公司所擁有，也可以為一個加盟連鎖經營公司所擁有，或者為一個或幾個私人業主所擁有，有些連鎖餐廳還由一個管理公司來經營。在餐飲行業有許多連鎖餐廳，其種類和數量都在不斷增加。

有些人錯誤地認為連鎖經營和加盟連鎖經營是相同的，但實際上它們是有區別的。加盟連鎖經營的餐廳可以隸屬於一個連鎖公司，而一個連鎖餐廳卻不必隸屬於加盟連鎖經營公司。例如，連鎖餐廳也許為某個公司所擁有。

餐飲連鎖公司具有哪些優勢呢？大的連鎖公司能夠方便地獲得現金、貸款，並且能夠長期租用土地和建築物。這對於獨立經營的餐廳來說就不容易得到。連鎖公司比起獨立餐飲經營者來說，能夠承受起更多的挫折。連鎖公司應具有下述的能力：試用不同的菜單、不同的餐飲主題、不同的餐廳設計和不同的經營管理程序。當連鎖公司尋求到一個恰當的「組合」之後，便可以開發出一套組合程式，為其所屬的全部企業所使用。而獨立餐廳的經營者進行這樣廣泛而全面的試驗機會就有限。

餐飲連鎖公司還具有人才優勢，連鎖公司能夠聘用財務、建築、經營管理和菜單設計方面的專業人才。而獨立餐廳的經營者則必須自己來承擔這些專業方面的全部或絕大部分責任。

從監控的角度來看，餐飲連鎖公司還有另一種優勢，即能夠編制出公司內部的財務資訊，作為下屬企業進行比較分析的依據。獨立餐廳的經營者通常只知道他們的餐廳經營得不錯，卻常常沒有意識到應該如何經營得更好。由於餐飲連鎖公司在一定的地區內經營若干個餐廳，所以能夠更容易地獲得資訊用於確立公司的銷售目標。同時，還可以發現某些企業中所存在的問題。

從另一方面看，餐飲連鎖公司也面臨著一些不利因素。連鎖公司可能難以跟上市場和經濟環境的變化。隨著連鎖公司規模的不斷擴大，由於大量的文字性工作，規章制定和管理程序所形成的官僚作風可能會使公司的發展速度減慢。高層管理者可能會失去前進的動力，而對於那些對公司最有利的事情卻總是不能引起高度的重視。

㈢加盟連鎖經營（Franchises）

加盟連鎖經營是連鎖經營的一種特殊類別。加盟連鎖經營者（即某個企業資產的擁有者）從事加盟連鎖經營，要向加盟連鎖經營授權人或公司繳納費用，以換取加盟連鎖經營授權者的商號、建築物設計、經營管理方式的使用權。此外，加盟連鎖經營者還必須同意保持加盟連鎖經營授權者的管理和品質標準。加盟連鎖經營授權者透過與加盟連鎖經營者簽訂加盟連鎖經營契約，來擴大自己的加盟連鎖經營連鎖公司。加盟連鎖經營者通常是擁有投資的當地商人，而有些尋求投資項目的大公司，也會出資進行加盟連鎖經營。

加盟連鎖經營者一般要負責籌集經營運作的全部啓動資金，除了要向加盟連鎖經營授權者繳納首期加盟連鎖經營費用之外，還須支付特許使用保證金，繳納的費用額度是根據加盟連鎖經營者營業收入的具體百分比和其他因素來決定的。此外，加盟連鎖經營者還要支付廣告費、標誌租賃費以及購買辦公用品和食品的費用（這也許會與法律的規定有抵觸，因爲加盟連鎖經營契約的一些條款規定，加盟連鎖經營者必須從加盟連鎖經營授權者處購買所有類型的產品）。

擁有或從事餐飲加盟連鎖經營的企業，通常可以得到下列好處：

1. 可以獲得企業的援助。
2. 可以獲得由公司提供的管理人員培訓專案和員工培訓資料。
3. 可以獲得國家對當地廣告活動的贊助。
4. 可以獲得更多的營業收入，原因是：較大範圍的廣告宣傳，人們對加盟連鎖經營連鎖公司品牌的深度認知，以及在加盟連鎖經營企業之內產品和服務的統一穩定性，這些都是顧客所期望的。
5. 由於加盟連鎖經營連鎖公司大量採購，可以降低餐飲原料成本。
6. 經過檢驗的經營管理程序，明確地規定了完成工作的方法。

目前，許多餐飲加盟連鎖經營授權者和加盟連鎖經營者已經取得了巨大的成功。當加盟連鎖經營授權者獲得了成功，便能夠提高費用，而且會有大量的企業期待購買加盟連鎖經營權。加盟連鎖經營者通常要受到審查篩選，但在易於購買加盟連鎖經營權的地區，對加盟連鎖經營者進行選擇的餘地則極小。

擁有或從事餐飲加盟連鎖經營也存在一些不利因素。加盟連鎖經營契約往往有嚴格的限制。加盟連鎖經營者在經營風格、產品供應、服務提供甚至經營方式等方面，幾乎都沒有選擇的餘地。菜單設計、餐廳的裝潢佈局、所需的家具和生產設備都是固定的。由於加盟連鎖經營契約是由加盟連鎖經營授權者擬定的，契約內容一般有利於加盟連鎖經營授權者，協定內容幾乎沒有協商餘地。如果雙方出現不同意見，就會產生許多問題[9]。

二、非商業性餐飲設施（Noncommercial Operations）

非商業性的餐飲設施，傳統上對營養和其他非經濟因素非常重視。事實上，有些單位人員的日常飲食，百分之百都是由非商業性的餐飲設施提供的（例如醫院的病人）。因此，保證使這些人健康和滿意就成爲非常重要的事情。受過培訓的飲食專業人員，要經常提供全日制的或基本的諮詢服務。在某種情況下，飲食專業人員實際上是在從事餐飲經營管理活動；另一方面，他們也在幫助和促進餐飲企業的經營管理者。

現在，由於成本控制的壓力與收入的減少同時出現，就需要像管理專業性的餐飲企業那樣來管理非商業性的餐飲設施。有些單位在管理本單位的餐飲設施時就是這樣做的，這樣的餐飲機構被稱之爲「自我經營」（self-operated）式的餐飲設施。還有一些單位僱用餐飲契約管理公司來管理餐飲設施，力圖降低成本。

愈來愈多的單位正在利用營利性的契約管理公司來管理其餐飲服務專案，這種方式有如下優勢：

1. 全國性的大型管理公司有較充足的財力來解決各種問題。
2. 管理公司透過與供應商有效地討價還價，能夠節約資金。
3. 管理公司通常能夠以低於該單位的餐飲成本來經營非商業性餐飲項目。
4. 一些單位的行政管理人員沒有受過餐飲經營方面的培訓，可以委託專業餐飲經理來負責餐飲服務工作。一些大型單位經常支付酬金聘請一個「餐飲服務仲介人」（food service liaison），代表單位與契約管理公司進行最初的談判，並與管理公司的人員一起進行日常的餐飲營運。

使用契約管理公司還有以下潛在的不利因素：

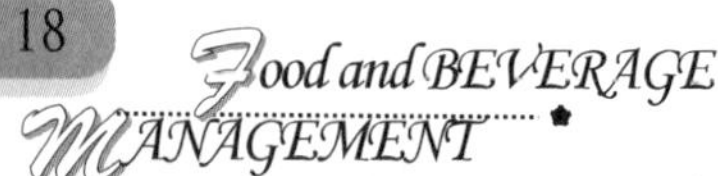

1. 有些管理公司可能會過多地干涉那些對單位公眾形象、長期經營計畫以及其他重要問題有影響的事情。
2. 有些人不贊成營利性的餐飲企業介入保健、教育或其他非商業性餐飲管理專案。
3. 有人擔心，管理公司可能會降低食品和飲料的品質。
4. 非商業性餐飲經營可能會逐漸依賴於管理公司。如果管理公司不繼續履行契約怎麼辦？需要多長時間才能實施自我經營計畫或尋找到另一家管理公司？

第三節 餐飲服務設施的類型

在餐飲服務業中有各種不同類型的商業性和非商業性的餐飲服務設施。就目的而言，我們將商業性的餐飲服務設施分為獨立經營的餐飲設施、住宿業餐飲設施和其他商業性餐飲設施。非商業性餐飲服務設施則包括為工商企業、醫院和療養院、學校、休閒娛樂場所、交通運輸部門及其他機構開設的餐飲服務設施。在任何類型的機構中，餐飲服務可以由契約管理公司來提供，也可以由單位自行提供。

一、獨立經營的用餐服務和酒水服務場所

獨立經營的用餐和酒水服務場所可以是獨立經營企業，也可以是連鎖企業或加盟連鎖經營企業。獨立經營的用餐和酒水服務場所包括高級餐館、大眾化餐館和快餐餐館。

其中，高級餐館和大眾化餐館提供室內或室外的桌餐服務以及花樣繁多的菜餚。他們可能 24 小時全天營業或只供應一餐。它們有些提供「加州風格」（California style）的菜單：即全天提供早、中、晚三餐的各式菜餚。許多餐館還供應含酒精的飲料。

快餐廳則提供有限的菜單。通常的做法是，顧客來到餐食櫃檯前或駕車到供餐窗口點好菜，如果餐廳內有座位，顧客便把點好的菜拿到餐桌上食用，否則便帶回汽車上食用，也可以帶回家或帶回工作場所食用。

二、住宿業中的餐飲設施

從最小的民宿、客棧到最大的飯店等各類住宿設施中都可以找到餐

飲設施。與獨立經營的餐飲設施幾乎一樣，飯店的餐飲設施也有很多種類型，如咖啡廳、家庭式餐廳、特色餐廳或美食餐廳以及客房餐飲服務。許多住宿設施內還提供宴會服務。

從歷史發展來看，飯店可根據餐飲服務的情況分爲兩類：一類是提供餐飲服務的全套服務飯店；另一類是不提供餐飲服務的有限服務飯店。今天，這種飯店分類的方法已經過時了，因爲許多有限服務飯店也提供免費早餐，內容包括從咖啡、簡單的水果或點心到種類非常豐富的熱騰騰早餐。

許多飯店的經營者意識到，飯店的餐飲部如果只向住店客人出售餐飲產品是不能獲得所需的利潤，而當地社區居民的大量光顧對於實現飯店餐飲經營的經濟目標則是十分必要的。

住宿業餐飲服務的發展趨勢包括：採用室內速食和飲料自動販賣設備，提供讓客人將食物帶回客房的熟食店或三明治速食店，還有提供比薩餅和啤酒的客房餐飲服務。每一類餐飲產品的設計都可以與飯店外的餐飲企業競爭。

三、其他商業性餐飲設施

其他商業性餐飲設施包括公共自助食堂、酒吧和酒菜館、霜淇淋和優格販賣點、飲食包辦公司。公共自助食堂通常與提供全套菜單的正規餐廳和僅提供午餐的快餐餐廳類似，因爲他們提供的菜餚也豐富多樣，但是桌餐餐廳提供的菜餚種類則可能是有限的。酒吧和酒菜館提供含酒精的飲料，但是一般不提供餐食或僅僅提供種類有限的餐食。霜淇淋和優格販賣點主要出售冷凍乳製品及同類的食品。餐飲包辦公司爲大型或小型宴會製作菜餚，也可以在現場或場外提供餐飲包辦服務。

四、工商企業的餐飲設施

工商企業餐飲設施的範圍，包括從工業製造廠的餐飲自動販賣機到設在大銀行、保險公司和其他工商企業內供高級管理人員用餐的精美餐廳。爲員工提供的餐飲設施幾乎遍佈各類工作場所。有時，雇主將提供餐飲服務作爲一種附加福利補貼給員工。被稱爲「車輪上的午餐」（meals on wheels）的餐車和出售熱狗、三明治、霜淇淋等各種食品的路邊小貨車都爲工廠和建築工地提供著流動供膳服務。

五、醫院和療養院的餐飲設施

各種類型的醫院和療養院，是非商業性餐飲服務市場的重要部分。有些醫院和療養院是私人開辦的，有些是政府部門經管的。除了爲病人提供短時間治療的急性病醫院和爲病人提供長期保健的療養院之外，還有盲人院、孤兒院、精神病院和以殘障病人爲主的醫院。

六、學校的餐飲設施

公立的、教會的中小學和高校（職業學校、學院和大學）是學校餐飲服務的一個大市場。在美國許多大城市的一些公立學校中，每天要供應幾十萬人用餐。小學和中學可以享受聯邦政府資助的國立學校午餐專案和其他兒童營養項目。除了傳統的午餐之外，學校的餐飲服務項目還包括校內早餐、社團活動用餐和老年人膳食服務等。

七、休閒與娛樂場所的餐飲設施

主題公園、體育場、運動場和賽馬場的餐飲服務，是廣闊的非商業性餐飲市場的一個巨大而活躍的部分。這部分的經營還包括向汽車電影院、保齡球場、夏令營和狩獵場提供餐飲服務。

八、交通運輸部門的餐飲設施

爲車站、碼頭、機場和在飛機上、火車上、輪船上提供的餐飲服務都屬於這一部分，其服務的範圍從食品自動販賣機、三明治和調理食品（Short order），直到昂貴的特色餐。由於人們出門旅行的頻繁，預計這個市場將會持續擴大。

還有一些其他機構也需要提供餐飲服務，例如：監獄、軍隊駐地、宗教團體、高級體育場所和私人俱樂部[10]。

第四節 餐飲服務業的未來

誰也不能完全準確地預測到餐飲服務業未來的發展趨勢，以下僅爲餐飲服務業可能出現的情況：

1. 觀察員們認爲，在商業性的餐飲服務部門中，家庭餐（home meal

replacements），有時也被稱爲「家庭用餐的解決方案」（meal solutions）將會持續發展並更加普及[1]。簡言之，顧客在尋求簡便而又省時的家庭膳食烹飪方法，餐廳和超級市場則在激烈競爭，佔領這一市場。目前，餐廳和超級市場雙方都能夠提供預製食品，包括即食食品或速熟食品。這類食品可能會成爲家庭餐飲主要的或全部的內容。越來越多的餐廳提供外帶食品服務和送餐服務。更多的超級市場還在其入口處設攤爲過路的顧客提供預製食品。

2. 就餐飲業的速食市場而言，人們追求的是注重產品價值的創新食品和高品質的膳食種類（成本與品質相符）。觀察員們還預測，在這一市場中，速食連鎖公司併購其他連鎖公司的情況將更加普遍，市場行銷策略將更加新穎。

3. 大眾餐廳的經營趨勢是力求更富娛樂性，有時被稱爲「食娛」（eatertainment），其目標是在用餐的同時也使顧客獲得全方位的娛樂經驗。

4. 過去絕大部分出售速食食品的便利商店將會佔有餐飲市場的一定比例，品牌聯合是一種途徑。例如：便利商店可以請具有知名品牌的快餐廳在店內共同營業，這樣可以快速改變公眾對方便食品店出售食品的種類和品質的認知。

5. 預計一般的餐廳將會在菜餚種類上有所變化。溫暖肚腸的家常菜（亦即回溯到由家庭主婦親自烹調的菜餚）、新改革的無國界餐飲（將兩種或更多的民族菜組合爲一個新菜餚）和更富有保健功能的餐飲在不久的將來，會成爲一種強勁的發展趨勢。

註　釋

[1]Donald E.Lundberg, *The Hotel and Restaurant Business*, 3rd ed. (Boston: CBI, 1979), p. 15.

[2]Lundberg, P.21.Readers desiring more information about the history of the food service industry should see Gerald W. Lattin, T*he Lodging and Food service Industry*, 4th ed. (Lansing, Mich.: Educational Institute of American Hotel & Motel Association, 1998), Chapter7.

[3]Readers desiring more information about the history of hotels should see Lattin, Chapter 3.

[4]Lattin, P.167.

[5]Lundberg, P.203.

[6]Lundberg, P.297.

[7]Readers interested in more information about the history of noncommercial food services should see Bessie B. West and Le Velle Wood, *Foodservice in Institutions*, 6th ed. (New York: Macmillan, 1988).

[8]Much of this section is based on material found in John W. Stokes, *Food Service in Industry and Institutions* (Dubuque, Ia.: Brown, 1960), pp.1-15.

[9]More information on franchise contracts can be found in Jack P. Jefferies, *Understanding Hospitality Law*, 3rd ed. (East Lansing, Mich.: Educational Institute of the American Hotel & Motel Association, 1995), pp. 437-443.

[10]Readers interested in private clubs should see Joe Perdue, editor, Con temporary Club Management (Lansing, Mich.: Educational Institute of the American Hotel & Motel Association, 1997).

[11]Jacqueline Dulen and Kimberly D. Lowe, “Setting the Stage: Meal Solutions,” *Restaurants & Institutions*, October 1, 1997.

名詞解釋

連鎖餐廳（chain restaurant） 多單位組成的公司組織的一個分支餐廳。連鎖餐廳通常共用統一的菜單、聯合採購原材料和設備，並使用統一的經營管理模式，統一的連鎖餐廳執行標準。

商業性餐飲企業（commercial food service operation） 爲營利而銷售餐飲產品的企業。獨立經營的餐廳、連鎖餐廳和加盟連鎖經營餐廳都屬於商業性餐飲企業。

加盟連鎖經營（franchise） 連鎖經營中的一種特殊形式。加盟連鎖經營者（設施所有者）向加盟連鎖經營授權人支付一定的費用用以購買其商號、建築物設計和經營管理方式的使用權。

獨立經營的餐飲企業（independent operation） 是所有權歸一個或幾個業主擁有的餐飲企業，這些業主通常擁有一個或幾個餐廳，餐廳之間沒有連鎖經營關係。各個餐廳可以使用不同的菜單，餐飲原材料採購計畫可以各異，經營管理程式可以多樣化。

非商業性餐飲設施（noncommercial food service operation） 設在諸如工商企業、醫院或學校等機構內的餐飲服務設施。它在傳統上重視營養和其他非經濟因素。現在，由於成本的增加，有必要像管理專業性的商業餐廳那樣來管理非商業性的餐飲設施

1. 現代餐飲服務有哪些改革創新？
2. 在早期的醫院中由誰來負責餐飲製作？今天，通常又由誰來負責醫院的餐飲製作？
3. 商業性的餐飲服務企業有哪三種類型？
4. 連鎖餐廳、加盟連鎖經營餐廳都有哪些優勢和劣勢？
5. 採用管理公司經營非商業性的餐飲設施有哪些優勢和劣勢？
6. 獨立經營的用餐服務和酒水服務場所都包括哪些類型的餐飲業？
7. 提供餐飲服務的機構都有哪些類型？
8. 飯店餐廳都有哪些發展趨勢？

欲獲更多資訊，請瀏覽下列網站，但網址名稱變化時不另行通知，敬請留意。

American Dietetic Association
http://www.eatright.org/

ARAMARK
http://www.aramark.com/

Cornell Hotel and Restaurant Administration Quarterly
http://www.hotelschool.cornell.edu//publications/hraq/

National Restaurant Association
http://www.Restaurant.org/

Restaurants & Institutions
http://www.rimag.com/

Sodexho Marriott Services
http://www.sodexhomarriott.com/

Tavern on the Green
http://www.tavernonthegreen.com/

2

CHAPTER

餐飲企業組織架構

本章大綱

- 餐飲服務人員
  - 管理人員
  - 生產人員
  - 服務人員
- 餐飲組織架構圖範例
- 餐飲服務的職業前程
  - 你在餐飲業的前途

本章的重點將闡述餐飲服務業的組織架構。組織是爲實現某種目標而建立的，其中許多目標從本質上來說就是財務目標。商業性的餐飲企業力圖使利潤最大化，非商業性的餐飲設施力圖使成本最小化。一個組織還可以有其他方面的目標，如：餐飲品質目標、顧客數量目標、人際關係目標和員工培訓目標。

一個組織的構成形式會影響其實現目標的能力。例如：如果管理者必須指揮的員工過多，他們就不可能對建立積極有效的、與員工之間互動關係的問題給予特別的重視，人際關係的目標就可能難以實現。

爲餐飲服務業所建立的所有目標，都必須考慮到組織是動態發展的。例如：某些醫院的目標是保證所有的飲食都達到營養要求，對所有的病人和療養者進行適當的營養知識教育；爲社區範圍提供飲食營養方面的服務，那就需要組織設立相應的工作職位，以便擔負起這些職責，而後還必須要爲這些職位聘用人員，並對他們進行培訓。

組織架構圖是用圖示法表明一個企業中各類工作單位之間的關係。在這一章中，我們將對不同類型的餐飲服務企業組織架構圖進行瞭解。不過，首先還是讓我們瀏覽一下餐飲服務有哪些工作單位，並瞭解食品製作和服務人員在他們的職位上都應做些什麼。

第一節　餐飲服務人員

餐飲服務業是勞動密集型行業。爲了實現餐飲服務的目標，勢必需要大量人員來從事這項工作，技術的發展卻一直無法改變這種現實。早在 1960 年代，有人曾經進行過廚房電腦化的實驗，雖然產生了一些自動化和專業化的設備，但在絕大部分餐飲企業中，一直還沒人發現能在很高程度上用設備來替代人工的方法。此外，雖然技術能夠用來提供較高品質的便利食品，而許多顧客認爲，「新鮮食品即最佳食品」的理念排除了設備替代人工以降低食品製作，人工費用的選擇。絕大多數顧客需要人的服務，因此使用自動化尖端的食品自動販賣機，在可以預見的未來，將不會大幅度地降低餐飲服務的人工成本。

餐飲服務人員一般可以分爲三種類型：管理人員、食品製作人員和服務人員。爲了分類的清楚，我們將食品製作和服務方面的管理人員與他們所管轄的員工放在一起討論。還應注意的是，在下面章節中提出的工作單位名稱可能會因不同的企業而有差異，並不是所有提及的職位在每個企業中都存在。

一、管理人員（Managers）

管理人員通常分爲三個層級，即高階管理人員、中階管理人員和低階管理人員。如何設置管理的高、中、低階級別，確定每個管理層的基本職責，不同的企業有不同的做法。例如：部門經理是作爲高階管理人員還是作爲中階管理人員，要由他們所工作的企業規模的大小而定。主廚在某些企業中屬於高階管理人員，而在另一些企業中則屬於中階管理人員。

高階管理人員制定企業的長期計畫和長期目標，他們比其他管理人員更重視企業的總體經營環境。他們注意周圍環境帶來的機會和威脅，諸如競爭策略的變化、經濟蕭條及其他等。

中階管理人員是指揮鏈的中間環節。他們處於組織中上下級溝通的關鍵職位，他們制定企業的短期目標，一般較少考慮影響企業環境的重大問題。他們監督較低階級的中階管理人員和低階管理人員。

低階管理人員有時被喻爲「縫合之針」（Linking pins）。他們必須代表上級管理員工，同時向上級傳達員工的願望和注意的問題。低階管理單位是管理的第一層級。低階管理人員通常比其他層級的管理人員使用更多的技術技能，並制定短期目標：諸如安排人員工作班次計畫，協助員工做好幾乎每餐都會出現的「尖峰」（rush）時段的工作。

具有良好的知識和技能，並且渴望在擔負更多責任的單位上工作的員工，經常有機會成爲低階管理人員。員工渴望能夠到一個複雜而又有興趣的工作單位，而複雜的工作單位無疑不是每個人都能勝任的。

在多單位組成的大型連鎖股份有限公司中，最高管理階層先是由股東們選舉產生的董事會（見圖 2-1）。董事會負責制定公司的長期戰略計畫，進行高階評估，並對影響當前經營管理的問題進行決策活動。董事會可以選舉或指定一名董事長去協調董事會的工作。許多公司還可以設一名最高執行長（CEO），作爲聯絡董事會和下屬管理人員的中間媒介。有時，董事長和最高執行長的職務可由一個人來擔任。規模很大的公司組織通常擁有幾個餐飲服務公司，有些公司的經營方向或許是非餐飲服務領域和其他領域，這樣的大公司可以設一名總裁來負責管理這些特別的企業。每位總裁之下可以設地區副總裁，由他們來監督各個分區的總監，再由這些分區總監來管理下屬負責各獨立企業經營管理的總經理（一些大型的餐飲連鎖組織通常稱他們下屬各餐館或經營單位的管理人員為「單位經理」，而不稱之為「總經理」。鑒於單位經理與總經理所擔負的職責實質上相同，我們在本章中將全部使用「總經理」此一名詞）。

圖 2-1 股份有限公司高階管理人員組織架構圖

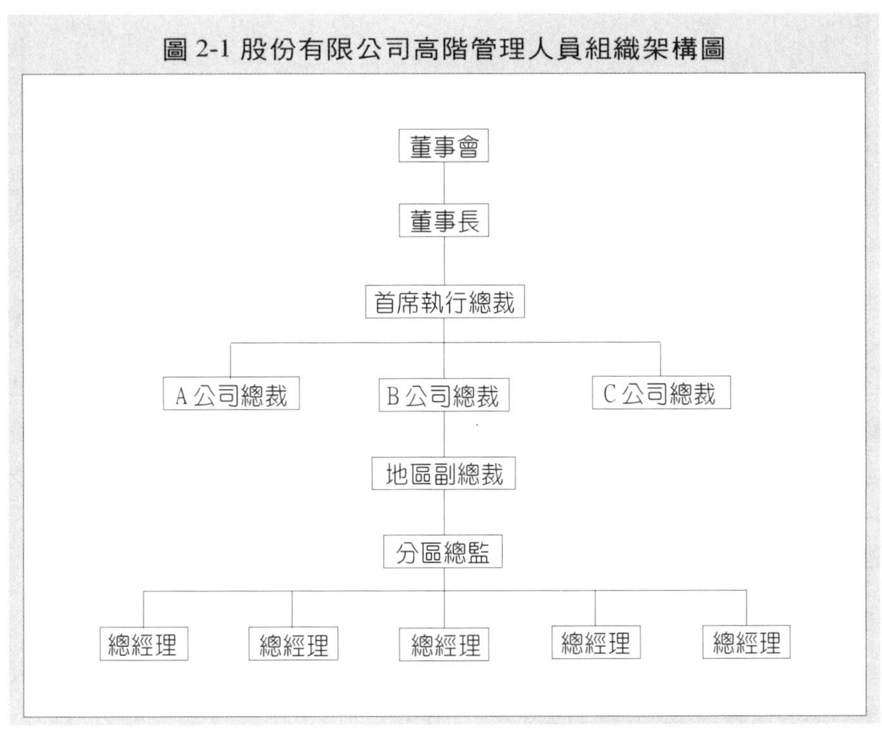

大型公司將各個餐館或飯店的總經理視為中階管理人員而不是高階管理人員是很普遍的事情，儘管具體的餐飲服務企業的員工們對此有相反的印象。從圖 2-1 中可以看出這其中的原因，企業總經理在公司的組織架構圖中相對處於最低管理階層。

圖 2-2 顯示了一個獨立經營的餐館中高階管理人員的情況，餐館的總經理管轄五個部門經理以及負責餐館財務工作的財務長。主廚負責食品製作；服務部經理主要是在餐廳中負責對顧客的招待工作；酒水飲料

部經理負責酒水的經營工作。宴會業務部經理的任務是宴會推銷，並提供「宴會服務」和其他特殊功能的餐飲服務（現場和場外的餐飲外燴服務）。總務部經理負責採購和公共清潔衛生工作。

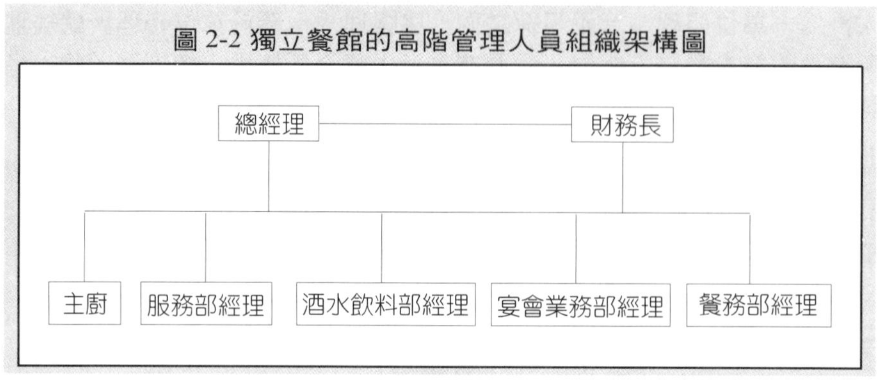

圖 2-2 獨立餐館的高階管理人員組織架構圖

表 2-1 和表 2-2 分別顯示了餐館經理的工作說明書和醫院飲食服務部經理（相當於餐館經理）的工作說明書。這些圖中描述了總經理的基本職責，還列出了他們的具體工作任務。作爲企業負責經營的管理人員（無論是工作在獨立經營的餐館，還是在飯店的餐廳，或是在非商業性餐飲服務單位），總經理基本上是負責企業的全面管理。這些工作大量涉及確立目標、制定計畫去實現目標，以及評估目標實施的程度。表 2-3 是飲料部經理的工作說明書。酒水飲料部經理通常被看作是中階管理人員。

㈠第一線經理與支援部經理（Line vs. Staff）

第一線經理是指那些對企業獲得營業收入具有直接影響的管理人員，他們與其所在的部門都處於「指揮鏈」當中。支援部經理是指那些向一線經理提供支援和建議的管理人員。支援部經理及其所在的部門對企業獲得營業收入沒有直接影響，更確切地說，他們是向第一線經理提供建議和服務的專業技術人員。在一些大型的餐飲服務企業中，下屬人員都屬於支援部經理和專業人員。

1. 人力資源部經理（Human Resources Manager）

大型餐飲企業中通常設有人力資源部。人力資源部由專業人員組成，並受該部門經理的管轄。除了其他職責之外，人力資源部經理負責

招募求職申請人來補充空缺的單位，進行員工的初步篩選，並且將其推薦給第一線經理。最終的錄用決定是由人力資源部門經理做出，而不是由人力資源部經理決定。

2. **財務長（Controller）**

財務長通常就是屬於支援部經理。財務長向總經理報告工作，但有時也向總經理上級的地區總裁報告工作。財務長及其部門的員工負責編制並協助說明財務報告，以便使一線經理能夠做出有效的經營決策。財務長還協助制定菜餚銷售的價格、審核顧客的帳單和電子收銀銷售額以及營業收入資料，並編制業務報表和報告供一線經理使用。

3. **採購員（Purchaser）**

採購業務人員應收集食品和其他產品資訊，選擇供應商，及時處理採購申請單，做出採購決策和完成其他任務。

4. **其他業務人員（Other Staff Specialists）**

在大型的餐飲連鎖公司總部通常設有代理律師、房地產專業人員和建築專業人員，爲公司的拓展做出努力。許多非商業性的餐飲機構中還有膳食專家或營養專家，幫助進行菜單設計，以保證滿足顧客營養方面的需求，他們還負責審查病人的膳食情況。

二、生產人員（Production Personnel）

生產人員主要從事食品的製作工作，平時接觸顧客的機會相對較少。不管餐館經營的類型與規模如何，固定的基本食品生產任務必須由這部分員工來承擔。通常的生產人員包括：

1. 主廚；
2. 廚師；
3. 助理廚師；
4. 餐具服務助理；
5. 餐飲員；
6. 倉庫驗收保管員；
7. 點心房師傅。

表 2-1 餐館經理工作說明書

1. 基本職責

負責完成所有的預算目標、保證向顧客提供品質標準穩定的餐飲產品和服務，接待客戶並預訂特別的供膳活動，監督、安排和培訓餐飲財務長和副理，將總經理的工作任務分派給副理，透過分析原始憑證查核餐飲銷售的全部應收款，設計或改善現行的現金安全系統、簿記或會計系統，在餐館副理不在時管理各部門經理。

2. 具體職責

(1)在部門經理的協助下編制經營預算。
(2)監控預算並控制支出。
(3)負責餐館一切廣告和市場行銷活動的聯絡工作。
(4)監督、安排並培訓餐飲財務長和餐館副理。
(5)提供財務長所需要的有關工資、稅收、財務狀況和相關方面的資訊。
(6)與部門經理一起審閱所有的營業報告，召開例會和臨時會議解決經營中的問題。
(7)接待潛在的客戶，策劃特殊供膳活動並為其制定價格。
(8)設計並改善餐館的現金保證系統和現金支付系統。
(9)進行降低成本和成本最低化方面的研究。
(10)審核原始憑證，確保所有應收款的回收。
(11)向副理分派各項管理任務。
(12)負責餐館與保險公司、代理律師、銀行和會計師的聯絡工作。
(13)審閱各部門的報告，建議並進一步確保所有的問題得到解決。
(14)在營業的高峰時段，能夠隨時提供所需要的幫助。
(15)說明業主提出的特殊問題。

3. 直接上級

業主。

4. 直接下級

餐館副理、餐飲財務長、餐館副理不在時的部門經理。

5. 餐館投資

必須能夠操作餐館所有設備，並能進行小型維修。

6. 工作條件

工作的範圍涉及餐館的所有領域，工作時間長，站立和走動式管理是日常工作的內容。

7. 其他

必須知道如何操作並能簡單保養和修理食品製作、餐飲服務的設備以及餐館的暖氣、通風、空調管道、供電系統。必須能機靈而禮貌地對

表 2-2　膳食服務部經理工作說明書

1.基本職責

膳食服務部經理對整個部門的管理工作負責。保持行政管理部門、照顧部門、其他部門與膳食服務部員工之間的良好工作關係；執行和維持膳食品質保證體系；制定和執行全部膳食服務的政策和操作程序；根據需要編制必要的財務和營業報告。

2.具體職責

(1)制定符合行政管理政策和程序的部門規章制度，建立膳食服務部的組織和監督標準。

(2)每週至少召開一次膳食服務部副理會議，確定標準化和管理效率問題。

(3)制定和實施管理人員和監控人員的培訓計畫。

(4)制定有關食品搬運及貯藏、供應和投資管理方面的規章及程序。

(5)保存行政管理部門所需要的財務報表（成本月報）。

(6)接待員工、表揚成績並制定膳食服務部的未來發展計劃。

(7)監控日常經營活動，以保證病人、員工和來訪人員提供的膳食服務品質。

(8)保證安全和衛生標準與所有法規部門的規定一致。

(9)編制各成本中心的可行預算，控制預算的實施，採取必要的措施糾正預算執行中出現的偏差。

(10)檢查和評估管理人員的工作表現。

(11)監督制定膳食服務各工作單位運作的說明書、操作手冊和指南。

(12)出席各種業務會議、掌握當前醫院膳食服務的經營現況和發展趨勢。

(13)完成服務總部副總裁交付的其他工作任務。

3.學歷要求

膳食服務部經理至少應具有膳食服務管理科學、食品營養科學或工商管理的學士學位，具有碩士學位者優先。

4.工作經歷要求

膳食服務部經理至少應具有五年以上在醫院膳食部門和行政管理部門工作的經歷。

表 2-3　飲料部經理工作說明書

概述

飲料部經理對餐館經理或餐飲部副理負責，對酒廊和酒吧進行有效的和營利性經營管理，盡力地為一般餐館和飯店的餐飲部門賺取利潤。

具體職責

負責的工作有：

1. 在與所有的顧客接觸過程中保持熱情友好的關係。
2. 實現或提前實現酒廊和酒吧的營業收入、成本和利潤的預算目標。
3. 制定準確和富有挑戰性的長、短期的酒精飲料銷售財務目標。
4. 在預算的指導下進行經營管理。
5. 促進高品質的飲料服務和其他與餐館經營相關的高品質的服務。
6. 保持酒廊和酒吧內務管理和衛生標準。
7. 實施公司的銷售推廣計畫，並制定和實施酒廊和酒吧在當地居民中的銷售推廣計畫。
8. 瞭解競爭狀況並適應當前行業發展趨勢。
9. 保持對飲料部的有效控制。
10. 執行並支持公司的政策和規章。
11. 保持自身和下屬員工高素質的職業儀容、行為規範、道德規範和形象。
12. 對自身和下屬員工實施職業發展計畫。
13. 在所轄職範圍內保持各部門與公司職員之間的有效溝通。
14. 發展經營管理活動時要遵守所有的地方、州和聯邦法律及政府法規。
15. 依據公司政策和現行法律，保證部門內部實施公平的工資和資金制度。
16. 評估和檢查下屬員工的工作表現，保持人事政策手冊中規定的所屬員工的人事資料。
17. 組織並參加部門例會。
18. 指導和協調全部所屬人員的活動，履行部門的工作職責。
19. 招聘、錄用、入職、培訓和監督所屬員工，使其履行部門的工作職責。
20. 在互助的氛圍中保持積極的員工關係。
21. 本部門與企業其他部門相互配合，以保證和諧的工作關係。
22. 保證員工良好的工作安全條件和顧客的全部財產安全，協助實施適當的緊急措施和安全規章。
23. 根據需要完成特別的工作項目。

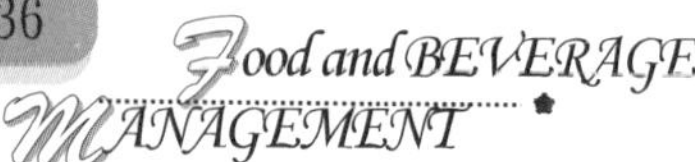

行政主廚是負責管理廚房生產人員的經理。在大型的餐飲企業中，行政主廚可能只承擔管理職責，而由其他廚師來承擔食品製作任務。在較小型的餐飲企業中，行政主廚或廚師長（或許僅是廚師）承擔管理和生產的雙重職責。行政主廚與餐飲經理或餐廳經理共同制定菜單計畫，對配菜標準和食品品質負全部責任，協助制定食品採購詳細計畫，準備每日的主菜，對「自製還是外購」（make-or-buy）及其他問題進行研究和決策，籌畫和監控特殊活動，編制食品製作流程，完成各類相關餐飲策劃和製作任務。行政主廚可以直接監管一系列不同類型的主廚，包括：助理主廚（行政主廚的主要助手）、二廚（負責冷菜製作的大廚）和宴會主廚（為特殊宴會活動製作食品的大廚）。

廚師協助主廚對將要進行煎、烘、煮、蒸、燉、燒、烤、炸和炒等各類食品、湯、調味品進行準備。他們切割和剁開各種肉類，製作冷葷、海鮮沙拉、三明治、冷盤和菜餚。廚師的類型有湯類廚師、醬料廚師、魚類廚師、燒烤廚師、麵點廚師、替補廚師等等。大型餐飲企業的廚師可能專攻特殊菜餚的製作，小型餐館的廚師經過培訓後可製作菜單上的所有菜餚。

助理廚師幫助廚師進行食品烹調的準備。他們在食品烹調之前進行修整、去皮、清洗、研碾、整形、調拌、分份的準備工作，也可以在廚師或主廚的指導下進行簡單的烹調。

烘焙師傅（也可以叫做點心房主廚）包括點心房主廚、點心房廚師和點心房助手。主廚是擅長製作所有西點食品的管理人員，他們必須能夠根據標準配料製作花樣繁多的烘烤食品。麵點廚師可以製作比較簡單的麵包、麵包卷、西式餡餅和蛋糕等烘烤食品，並幫助點心房主廚完成其他工作。大型餐館可以聘請主廚精心製作蛋糕花邊、藝術奶油甜點和巧克力雕刻品，同時他們還要完成其他創作性的工作。

食具服務助理為餐廳和宴會廳提供所需用具，諸如一般器皿、瓷器、玻璃器皿、銀器和其他用品。他們也可以準備酒水飲料並在需要時幫助上菜。

餐務部主管在餐館中通常是監管搬運工、洗碗工等相關人員的經理。在某些餐館中，餐務部主管還可能負責採購工作。他及其員工承擔清潔任務並保持高標準的清潔衛生。他們還擦、洗，存放水壺、炒鍋和其他廚房用品與設備。他們的額外工作是按規定的清潔步驟，完成門衛和餐飲區域的特殊清潔任務，清洗和存放瓷器、玻璃器皿、銀器以及相關的設備。

倉庫員工幫助儲存、查核和分配發放庫存物品。驗貨員幫助供應商裝卸食品和其他物品，檢查到貨的品質、規格、數量是否符合訂單的要求，核對物品的價格是否與訂貨單和供應商開出的發票一致。

三、服務人員（Service Personnel）

服務人員大量而廣泛地接觸顧客並承擔多種職責和工作。服務人員包括：

1. 餐廳經理；
2. 服務領班；
3. 服務生；
4. 服務助手；
5. 調酒員；
6. 酒吧服務員；
7. 飲料服務生；
8. 收銀員／稽核員。

(一)餐廳經理（Dining Room Managers）

在小型餐飲企業中，餐廳經理不僅是經理，而且經常承擔餐廳領班的職責。在大型的餐飲企業中，餐廳經理直接監控其助手，助手的職務可以稱爲餐廳副理、餐廳領班、餐廳接待員或一些類似的稱謂。餐廳經理在營業尖峰時也接待顧客並且監督其他服務人員。此外，餐廳經理還有許多其他職責，其工作內容一般包括：

1. 檢查餐廳開張前的硬體狀況；
2. 檢查餐台的擺設和瓷器、酒具和銀器狀況（如果情況允許，速食店之餐桌可以不必提前擺設餐具）；
3. 保證菜單保持良好狀況；
4. 記錄已經訂位的顧客人數；
5. 向服務員分配餐桌服務區域；
6. 在需要時重新安排餐位，以確保大型的團體客人之用餐空間；
7. 檢查員工工作安排表，確保有足夠的人員隨時可供調派；

8. 評估服務人員的工作表現；
9. 保證顧客滿意，隨時處理顧客投訴；
10. 履行正常的管理職責，指揮服務員的工作；
11. 萬一發生緊急情況和事故時採取適當的行動；
12. 以謹慎和適當的行爲方式處理酒醉或棘手的顧客；
13. 向有特殊需要的顧客提供特殊服務；
14. 保持餐廳愉悅的氣氛；
15. 完成餐廳營業結束時的整理工作；
16. 根據主管的要求提供營業報告和其他資料資料。

(二)服務領班（Hosts）

在某些餐飲企業中，服務領班也稱服務接待員。他們直接監督餐廳服務員。服務領班的職責是檢查餐廳各項準備工作，使一切工作就緒（"mise en place"是法國的一個專用術語，意思是「一切事情就位」）。討論菜單中的特色菜，等候常客，預計顧客的總人數並安排接待的服務生和其他員工。在服務過程中，服務領班會迎候顧客並請顧客入座，遞上菜單並爲顧客點菜。服務領班的工作還包括爲客人斟酒，進行桌邊備餐，在需要時協助服務生的工作，製作火焰甜點，爲顧客提供餐後飲料和咖啡，並爲顧客結帳。

(三)服務生（Food Servers）

這些員工爲客人端菜送酒水飲料，餐食服務生所需要的技能是根據經營情況而定的。正式餐廳的待客服務與咖啡館不同，高雅餐廳的服務生必須瞭解建議式的銷售技能，以及爲顧客斟酒和製作火焰甜點的技巧；簡易餐館的服務生可能只需要掌握基本的服務技巧。在使用電子收銀機、刷卡機和電腦控制系統的餐廳，服務生需要掌握與人工爲顧客結帳的餐廳所不同的技能。

(四)服務助手（Buspersons）

服務助手的基本職責是適時擺設餐具和撤去餐桌上的髒餐具與布巾等，也可能做開餐前的準備工作，在結束營業後做餐廳和服務區域的清潔衛生。

㈤調酒員（Bartenders）

調酒員調製混合飲料和其他含酒精的飲料，並直接端給客人或者端給酒吧服務生。酒吧有兩種基本類型：公共酒吧和服務酒吧。公共酒吧的調酒員向站在或坐在吧台前的顧客直接提供酒水，也可以透過酒吧服務生將酒水送給坐在酒廊裏的顧客。服務酒吧的調酒員一般不直接向顧客提供酒水，他們將調製好的酒水遞給酒吧服務生，由酒吧服務生端送給坐在餐廳裏的顧客。還有一些酒吧是公共酒吧和服務酒吧的組合酒吧。

㈥其他服務人員

酒吧服務生向坐在酒廊的顧客提供酒水和菜餚。收銀員可以接受顧客的預訂，核算顧客帳單菜餚和酒水飲料的總價，並收取顧客的付款。有些餐廳在營業高峰期還使用應急聯絡員，幫助做好食品製作人員和服務人員之間的銜接工作。品管員經常由餐廳的經理擔任，他們對顧客點菜單的傳遞過程進行控制，為顧客端送已經做好的菜餚。應急聯絡員能夠控制出菜的時間，解決上菜時出現的爭議，協調廚師和服務員之間的矛盾。

還有一些人員協助將菜餚從食品製作人員那裏轉送到餐食服務生處，他們通常被稱為菜餚品管員。一般只有在較大型的餐飲企業中才設有這樣的人員，他們透過檢驗每道還未送上餐桌的菜餚，來控制食品的品質和成本，檢查菜餚的造型和分量。例如：食品審核員可以將顧客的帳單內容與盛盤的菜餚進行比較。如今，這個職位有被取消的趨勢。

第二節　餐飲組織架構圖範例

當然，以上所列舉的組織架構圖不僅僅限於餐館才有的組織形式。本節將要討論的組織架構圖範例，能夠幫助你更深入瞭解，上述的人員職位也同樣適用於其他各類餐飲組織。

圖 2-3 顯示了一個非常簡單的小型餐館的組織架構。在這種情況下，餐館的經理可以由業主擔任。廚師、調酒員和服務領班、收銀員可以直接受業主或經理的領導。組織架構中的第三層級是由助理廚師和辦事員（受廚師的監督）、酒吧服務生（受調酒員的監督）和餐食服務生（受服務領班或收銀員的監督）組成。當然，每個餐館的組織架構是不

盡相同的。一個小餐館的業主或經理可能更傾向於建立「扁平」式的組織架構。在這樣的組織架構中，餐館中的每個員工，不論其擔任什麼職位，都會受業主或經理的直接領導（見圖2-4）。

圖 2-3　小型餐館組織架構圖

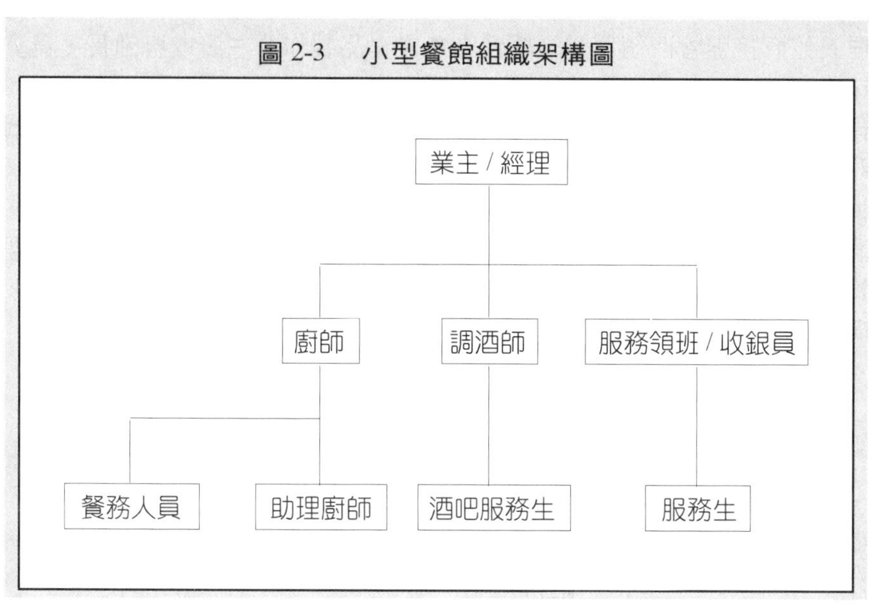

圖 2-4　小型餐館扁平式組織架構圖

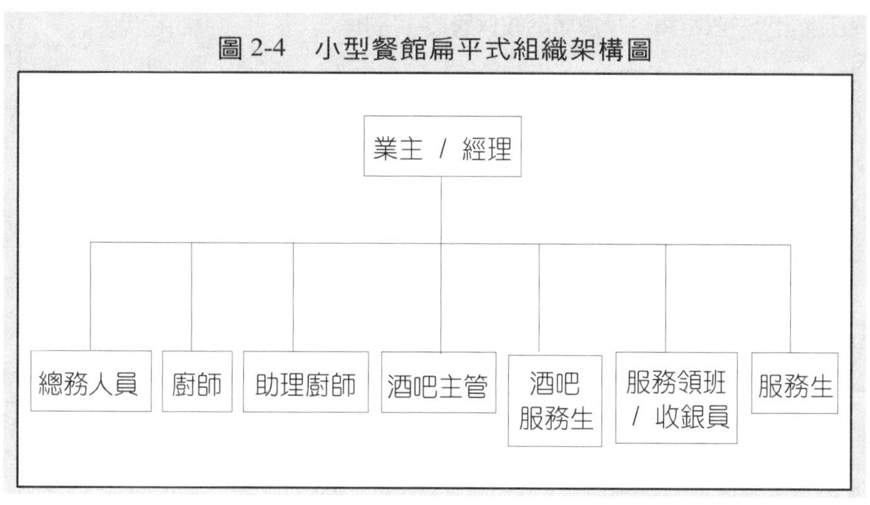

隨著餐飲組織規模的擴大，需要的員工越來越多，同時也必須使工作更加專門化，因此，也需要一些附加的工作職位。圖 2-5 顯示了一家大型餐館可採用的組織架構圖。在這一範例中，總經理直接監控兩個職位：一個是財務長，他負責監管收銀員和倉庫驗收保管員；另一個是副理，他直接監管四個部門的經理：負責食品製作的主廚或廚師長，負責採購和清潔衛生的總務部經理，負責酒水飲料調製和服務的酒吧經理和負責餐食服務的餐廳經理。每個部門經理都管理該部門的員工。由於圖 2-5 中組織類型的層級有所增加，比起圖 2-3 和圖 2-4 中的組織類型來說，就需要做更多的指揮和溝通工作。而採購、食品製作、餐飲服務和清潔衛生則是所有餐飲企業具有共同性的必須做好的工作。大型與小型餐飲組織機構之間的區別在於員工的人數、專業化分工的程度和組織架構層級的數目。

圖 2-5　大型餐館的組織架構圖

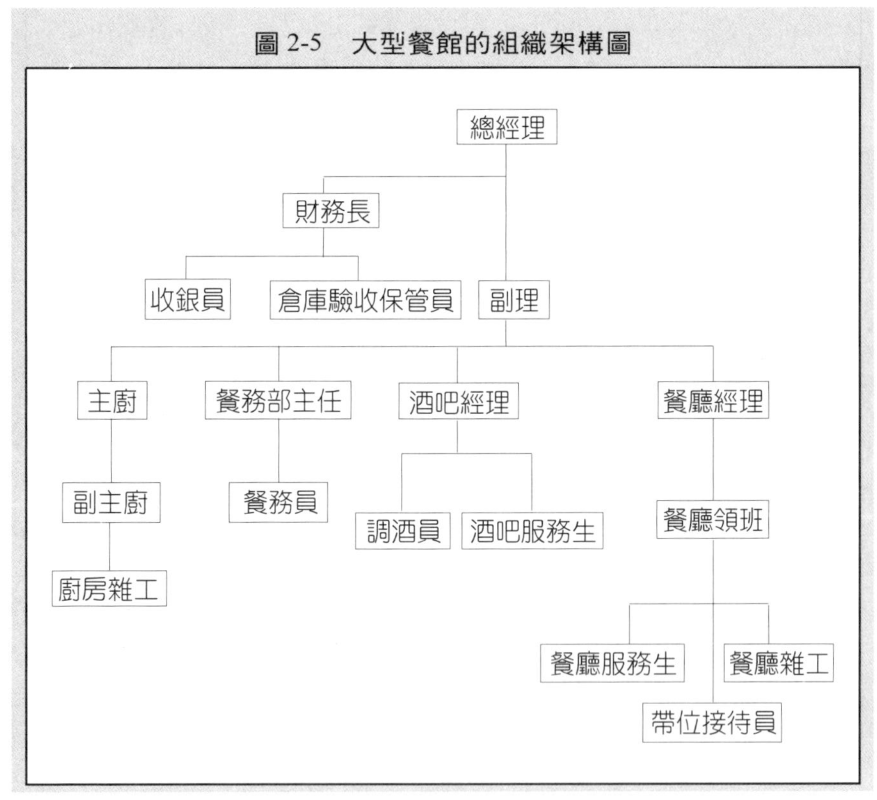

圖 2-6 顯示了一個 200 個房間的飯店簡要組織架構圖。值得強調的是飯店的總經理監控餐飲總監，依次，餐飲總監監控餐飲助理總監，餐飲副總監監控酒吧、廚房和餐廳的主管。餐飲總監與飯店其他部門的總監處於相同的組織層級（工程維修總監、銷售總監、前廳經理、行政管家和財務長）。

圖 2-6　200 個房間的旅館組織架構圖

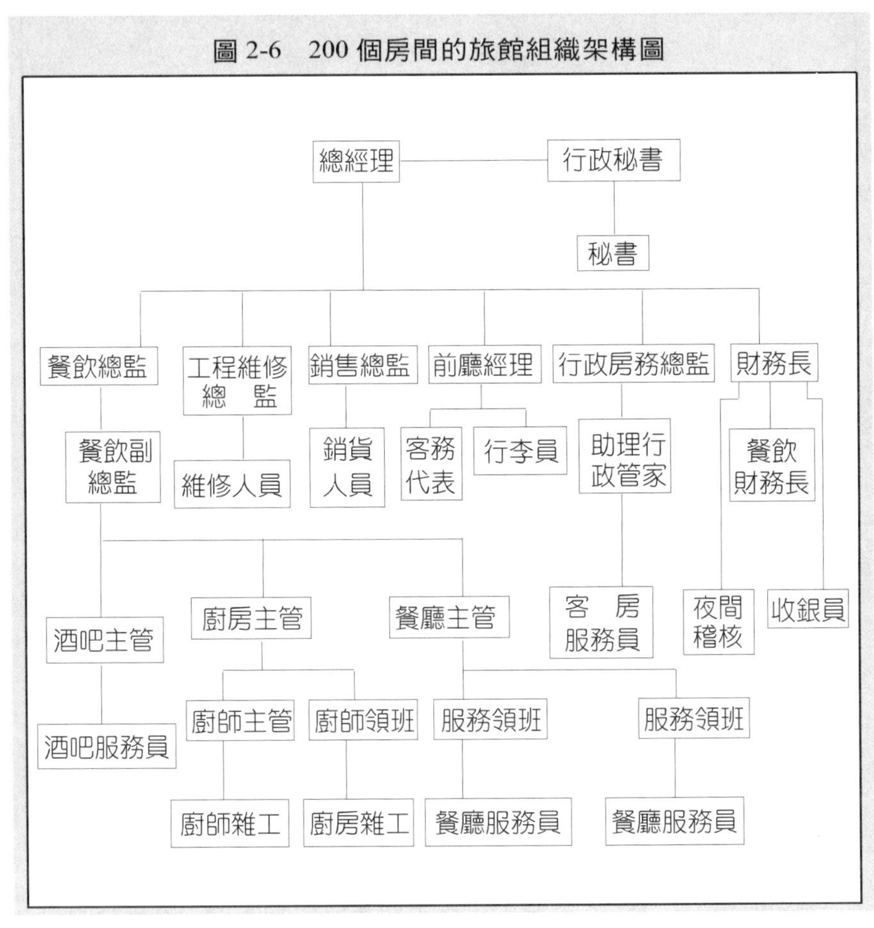

一個鄉村俱樂部的組織架構圖（見圖 2-7）顯示了一些我們前面討論過的組織架構圖中所沒有的內容：「俱樂部會員（客戶）負責制」（the members（guests）are in charge）。在一個典型的鄉村俱樂部中，由俱樂部會員選出董事會，由董事會指定執行委員會，由執行委員會聘用

並監督俱樂部總經理，總經理作爲俱樂部的首席運營總裁（CEO）貫徹執行俱樂部董事會的政策（另一種選擇是僱用一家契約管理公司去經營鄉村俱樂部）。俱樂部中的餐飲部副理直接監管特色餐廳經理、行政主廚、行政主管、餐廳經理、餐飲宴會經理和酒吧經理。

圖 2-7　鄉村俱樂部組織架構圖

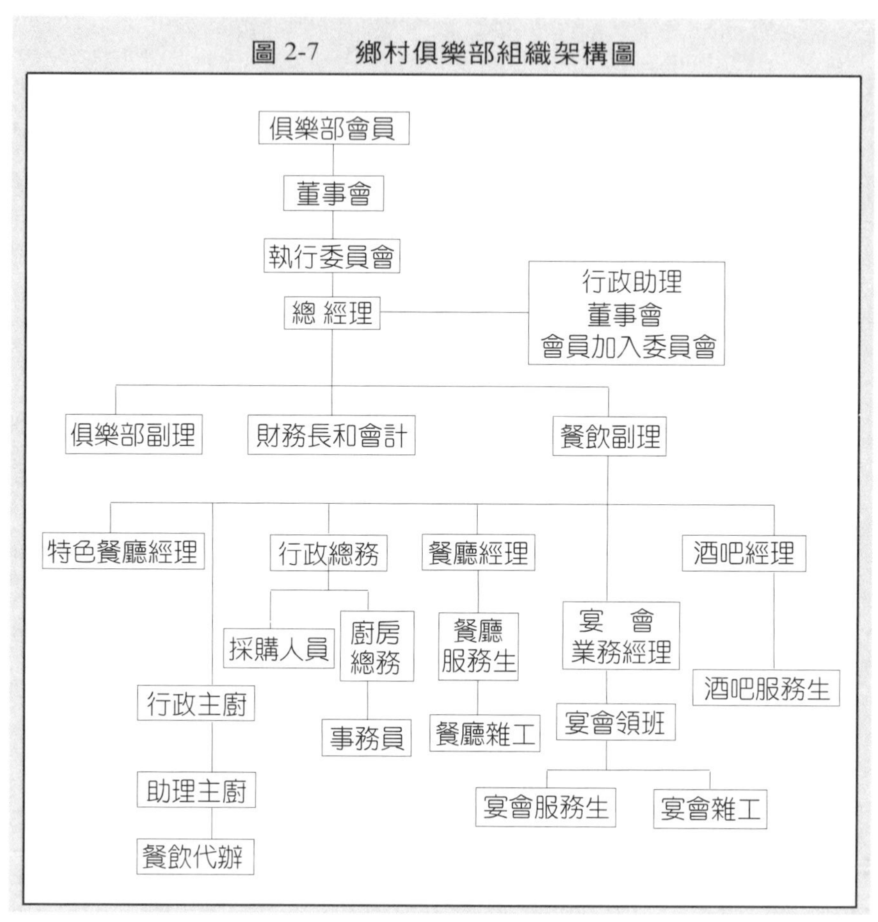

圖 2-8 顯示了一所大學學生宿舍中的餐飲組織架構。大學宿舍總監對學生宿舍，也包括學生宿舍中的餐飲服務工作全面負責。這所大學的餐飲統籌員與宿舍總監之間是員工或顧問關係。餐飲專員負責下述幾方面的工作：制定菜單和食譜、培訓餐飲服務人員、經營實習廚房。大學宿舍部副總監負責學生宿舍經理與宿舍總監之間的聯絡，學生宿舍經理

（在某種程度上相當於一個餐館的總經理）監督學生宿舍的餐飲經理，其次，餐飲經理監督負責食品製作人員、服務人員和學生臨時工。在一些大學的餐飲機構中，餐飲經理負責對學校的餐飲服務工作進行協調。一所大學中通常有幾棟學生宿舍，每棟學生宿舍都由一位校園區經理和宿舍管理部主任辦公室的行政人員來主管。在一個小型的學院中，餐飲經理除了負責日常運營中所需要的全部餐飲服務協調工作之外，還要負責菜單的設計和採購工作。

圖 2-8　大學餐飲服務組織架構圖

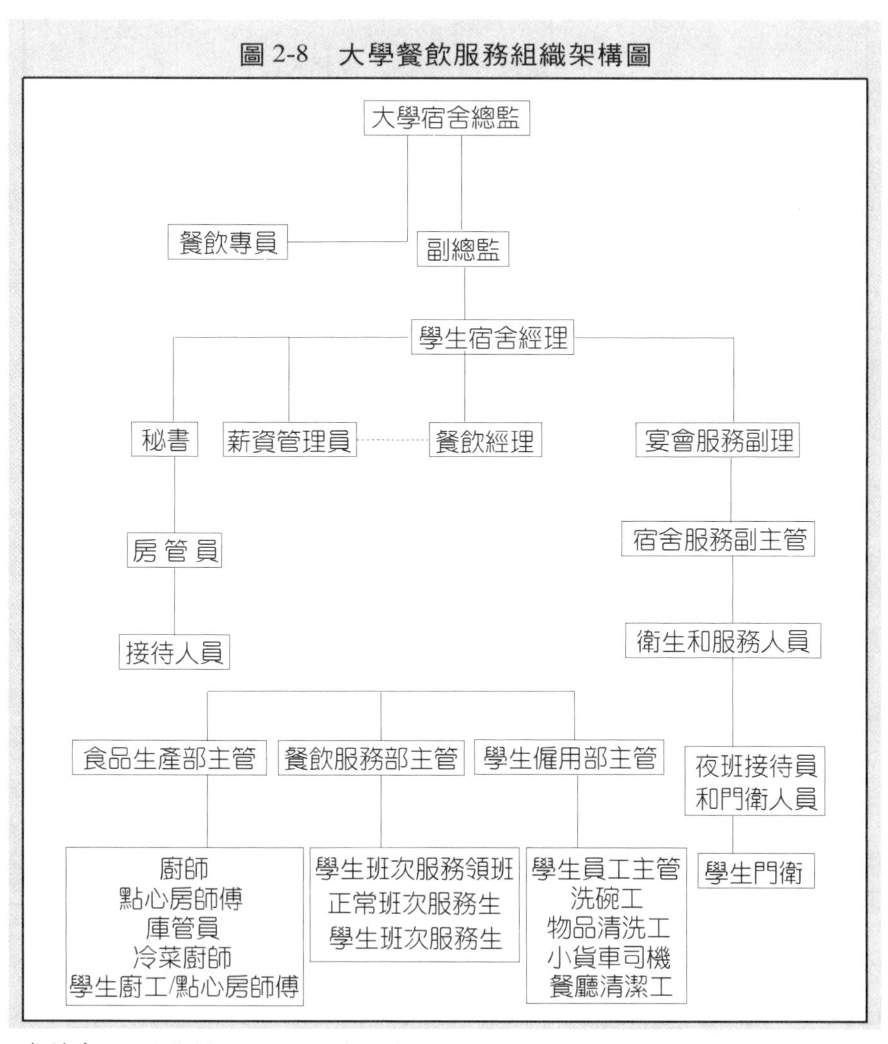

資料來源：Michigan state University, East Lansing, Michigan.

圖 2-9 顯示了一家醫院的餐飲管理或飲食營養部的組織架構。值得注意的是，醫院的一位餐飲副理負責協調食品製作和特殊功能的活動，並監管自助餐廳的服務生領班。另一位餐飲副理負責對病人的飲食服務，並且協調由飲食專家進行的健康治療工作。在一些保健部門中，由護士或者他們的助手來提供飲食服務。

圖 2-9　醫院的餐飲服務組織架構圖

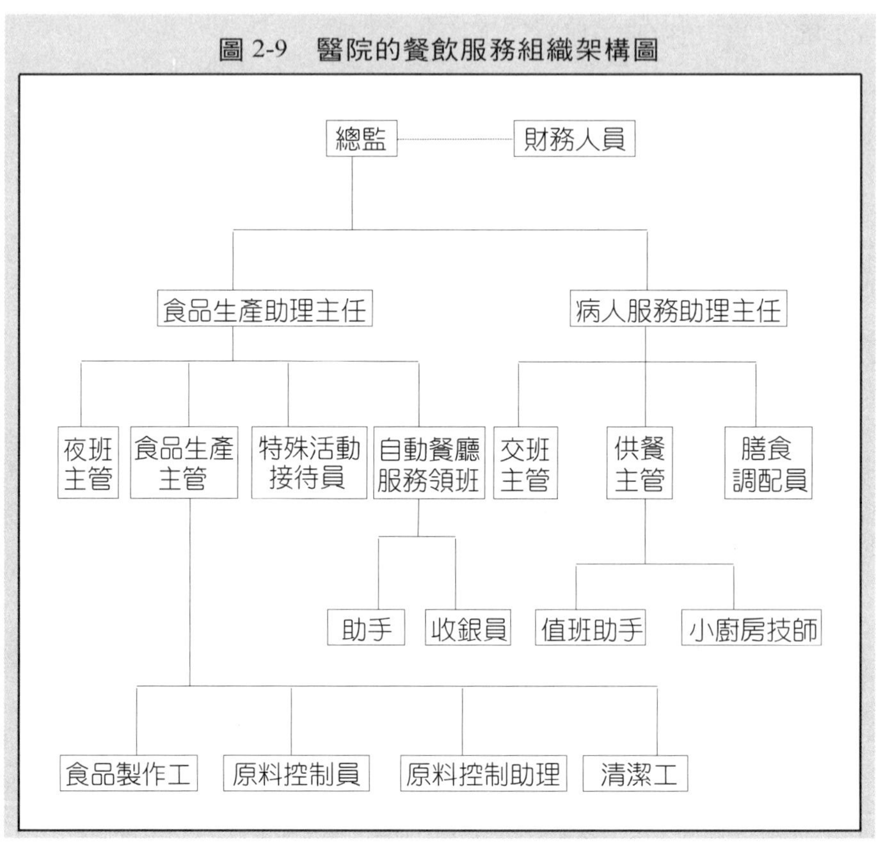

第三節　餐飲服務的職業前程

我們已經對諸多餐飲服務的職位，和在不同的餐飲企業中這些職位之間的相互關係進行了討論。你從哪裡開始，並且如何步入餐飲業呢？這裏有多種可供選擇的職業機會。每個人都有不同的興趣、知識和能力，因此，就會有不同的職業追求和機遇。

在你當學生時獲得的相關工作經歷，是幫助你開啓職業生涯的一種方法。這不僅可以使你學到今後有用的東西，你還可獲得下列的收穫：

1. 將實務經驗融入學習中，可以幫助你更透徹地認識客觀事實；
2. 與可以幫助你畢業後就業的人們建立聯繫管道；
3. 顯示你以餐飲業爲職業目標的真誠興趣。

如果你已經是一位從事餐飲服務的員工，並且想知道「下一步往何處走？」你可以審視一下組織架構圖中晉升的機會。隨著你在組織架構層級中的晉升，職位對你的要求會更高，工作對你會更具有挑戰性。但是，你的收入和福利待遇也會隨之提高。

由於目前還沒有建立起餐飲行業所需要的職業晉升制度，因此，你朝什麼方向努力，如何前進？就要明確：(1)你想從事何種職位的工作？(2)你現在處於什麼職位？(3)你面臨哪些機會？(4)你的技術、能力、態度、興趣如何？

在所有的組織層級上都需要有處理人際關係的技巧，這是非常重要的。餐飲服務是與人交往的企業，能與他人合作工作，並能借助他人，往往會使你的個人提升比僅僅集中在技術鑽研方面更快。

一、你在餐飲業中的前途

餐飲業各個領域的快速發展帶來了勞動人力的持續短缺，這將產生出大量的不同類型和不同管理層級的工作機會。如果你想步入這個精采的行業，極佳的機會就在你的面前。

(一)對餐飲業的認識

你應該意識到，目前人們對什麼是餐飲業的工作有許多誤解。例如：一些人認爲，住宿業和速食業的技術和市場行銷是非常重要的，卻不重視獨立經營和非商業性餐飲經營的問題。這是不切合實際的。

認識到餐飲服務是一個新型的有特色的職業，因而需要更多地掌握，你所看重的工作知識和技巧是十分重要的。讓我們進一步明確餐飲業的一些特點：首先，不管你處於何種職位、何種組織層級，餐飲服務工作是很艱苦的。組織層級較低的職位，體力工作很辛苦；組織層級較高的職位，雖然工作內容不同，但工作的難度很大，必須對許多重要而又難以實施的問題做出決策。所有餐飲服務行業的從業人員，至少是在商業性餐飲企業工作的員工，其工作時間可能都會很長，他們工作的時間多在夜晚、週末和節日或假日，正是其他人進行休閒娛樂活動的時候。非商業性餐飲經營單位則常認爲可在傳統工作時間內上班是他們的優勢（至少管理人員是如此認爲）；而在週末、節日或假日和假期多半是不工作的。非商業性的餐飲經營單位，常常受到有志於從事餐飲服務工作的人們的輕視。

有些人可能感到其服務工作低人一等。毫無疑問，餐飲服務業需要向顧客、病人、當地居民和其他各類人員提供服務。如果你認爲向他人提供服務是不光彩或社會地位較低，那麼餐飲服務業的工作可能對你是不適合的。從另一個角度看，有機會幫助他人，對很多人來說也是一件令人羨慕的事情。

還有些旁觀者抱怨餐飲服務業提供了許多沒有發展機會的職位。但是，在最低階的工作單位上並不是沒有發展的機會。人總是能夠在組織中進步的，一旦有人成爲某個單位的行家，對於那些想晉升的人，就有可能心想事成。

㈡工資和福利

餐飲服務業基層單位的工資和薪金報酬通常高於最低工資水準，那些勞動力供不應求的單位更是如此。餐飲服務業的大學畢業生或學院畢業生的平均初級薪水一般來說高於大學文科和其他學院學科的畢業生。但是，人們在決定選擇某一職業時，關鍵的問題並不在於「初期薪資有多少？」而在於「從現在起到五年後將能獲得的報酬和福利有多少？」

當人們這樣考慮問題時，與其他職業相比，餐飲服務業確實有很大的競爭能力。具有五年或稍短時間工作經歷的大學畢業生，能夠經營擁有幾百萬美元資產的餐飲業，他們的年薪超過5萬美元，還有紅利、股份和其他福利。大學畢業生一開始就在那些「快速發展」（fast track）的速食連鎖公司和其他快速拓展的公司的基層工作上工作，就能夠儘早成爲部門經理，獲得相當可觀的薪資，也許還能由於公司的獎勵計畫得到額外的報酬。餐飲服務業所提供的包括醫療保健、退休安置在內的福利中又增加了提供學習費用、度假住房和工作餐食補貼的福利，比起其他行業的福利，具有更強的競爭力。當然，薪水和福利的高低還受到所在公司、國內所在地區、相關的工作責任、個人的工作經歷、培訓的情況和其他有關因素的影響。

在餐飲服務業工作的另一間接益處，是與地理有密切的關係。由於餐飲服務業遍佈世界上的大多數國家，餐飲從業人員通常比起工作在其他行業的人員，更容易獲得地理方面的優先選擇權，不論你在哪裡生活，都能找到在餐飲服務業中工作的機會。

㈢面臨的挑戰和機遇

不論你進入餐飲業的哪個部門，工作具有挑戰性是一種極大的激勵。你想有機會做出在長期內對很多人和對很多資金產生影響的決策嗎？一個年輕人管理擁有幾百萬美元資產的企業已經出現。處理眾多的員工和顧客問題所帶來的挑戰和刺激也能夠引以為證。

你將如何加入餐飲服務業呢？也許你已經受聘於餐飲服務業的某個工作單位。如果是這樣，你應該立即與你的上司討論（如果你還沒有討論的話）在你工作範圍內的業務發展機會。

也許你是一個在校的大學生，但已經堅信餐飲服務業是你的未來職業，你將如何得到更豐富的資訊呢？你應該與你所在學校的教師、負責就業安排的人員以及當地企業的經理交談，並請教有關就業機會的問題。

如果你對餐飲服務業感興趣，但卻不是一個大學生，你應該與你所在地區能夠提供觀光旅遊教育課程的學校或學院取得聯繫，你可以去上課，也可以從他們那裏得到就業安排方面的建議，你也可以在家中自學。美國飯店教育學院所提供的課程涵蓋了飯店、汽車旅館和餐飲經營的所有專業領域的內容。美國飯店教育學院的課程提出了一套有計劃的、有助於你業務提升和發展的長遠職業規劃，這套課程的設計能夠使你在方便的條件下自學[1]。你還應該向當地的觀光業調查瞭解就業機會。你首要的目標應該是「入門」，入門之後，隨著你工作經歷和相關知識的不斷增加，將會有許多職業提升的機會供你考慮。

註釋

[1]欲獲更多資訊，請與美國飯店業協會教育學院取得聯繫，地址為：800 North Magnolia Avenue，Suite 1800，Orlando，FL 32803。

名詞解釋

第一線經理（line manager） 在一個部門內擁有決策權的經理，其所在部門直接向顧客提供產品和服務。

組織架構圖（organization chart） 表明一個企業中各種人員職位之間關係的示意圖。

公共酒吧（public bar） 由調酒員調製好含酒精的飲料，並將其直接提供給顧客或提供給餐廳服務生的酒吧。在公共酒吧中，顧客可以自點酒水飲料，並且自己端取他們所點的酒水飲料。

服務酒吧（service bar） 由服務調酒員調製好含酒精的飲料，然後透過餐廳服務生提供給餐廳內就坐顧客的酒吧。在服務酒吧中，顧客通常不自點酒水，也不自行端取他們的飲料。

支援部經理（staff manager） 向第一線經理提供諮詢和特殊功能的經理。支援部經理的主要角色是向第一線經理提供資訊和業務分析，協助第一線經理做出決策。

複習題

1. 從事餐飲服務工作的人員可分爲哪三種基本類型？
2. 高階管理人員、中階管理人員和低階管理人員各自都有哪些主要任務？
3. 在大型的股份有限公司中，高階管理人員通常都採取何種組織形式？
4. 餐館的總經理通常都需承擔哪些短期的任務？
5. 第一線經理和支援部經理的主要區別是什麼？

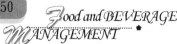

6. 在食品製作人員的隊伍中都有哪些類型的員工？
7. 服務領班的基本職責是什麼？
8. 什麼是扁平式組織？
9. 鄉村俱樂部餐飲部門與其他類型的餐飲部門之間的主要區別是什麼？
10. 人們對餐飲服務業都有哪些正確的和錯誤的認識？

網　址

欲獲更多資訊，請瀏覽下列網站，但網址名稱變化時不另行通知，敬請留意。

American Culinary Federation
http:// www.acfchefs.org

Hospitality Net Job Exchange
http://www.hospitalitynet.org

Club Managers Association of America
http://www.cmaa.org

Monster.com Jobseareh（See restaurants and food service）
http://jobsearch.monster.com

Educational Institute of AH&MA
http://www.ei-ahma.org

National Restaurant Association
http://www.restaurant.com

3

CHAPTER

管理基本原理

本章大綱

- 什麼是管理
  - 管理程序
  - 管理程序的整合
- 管理人員的職責和關係
  - 主要團體
  - 次要團體
- 熱情好客的重要意義

本章將闡述管理的基本原理。首先，我們將明確管理的定義和管理的過程。而後，我們將討論管理人員對顧客、業主、員工和其他人應負的職責。本章的結尾將討論熱情好客的概念對餐飲管理人員的特殊重要性。

第一節 什麼是管理

什麼是管理？管理者應該做什麼？簡言之，管理活動就是用你所得到的東西去做你需要做的事情，即利用獲得的資源去實現組織的目標。

可供餐飲管理人員使用的資源有很多種，包括：

1. 人；
2. 資金；
3. 時間；
4. 能源；
5. 產品；
6. 設備；
7. 步驟。

所有資源的供給都是有限的，你將永遠不會擁有足夠的人、足夠的資金、足夠的時間等資源去做你想要做的每件事情。作爲一個管理者，你的任務就是要確定如何對可用的有限資源進行最佳利用。

決策就是你的工作。能夠合理配置資源、在解決經營中最關鍵的問題時做出正確的決策，才是一位優秀的管理者。而無法對資源進行最佳配置，無法對解決問題做出正確決策者，則不是一位稱職的管理者。

一、管理程序（The Management Process）

管理程序可分爲七項基本活動或任務：計劃、組織、協調、用人、指揮、控制和評估（見圖 3-1）。當管理一個餐飲服務業時，你將會接觸到上述全部或大部分的活動內容。

圖 3-1　管理程序

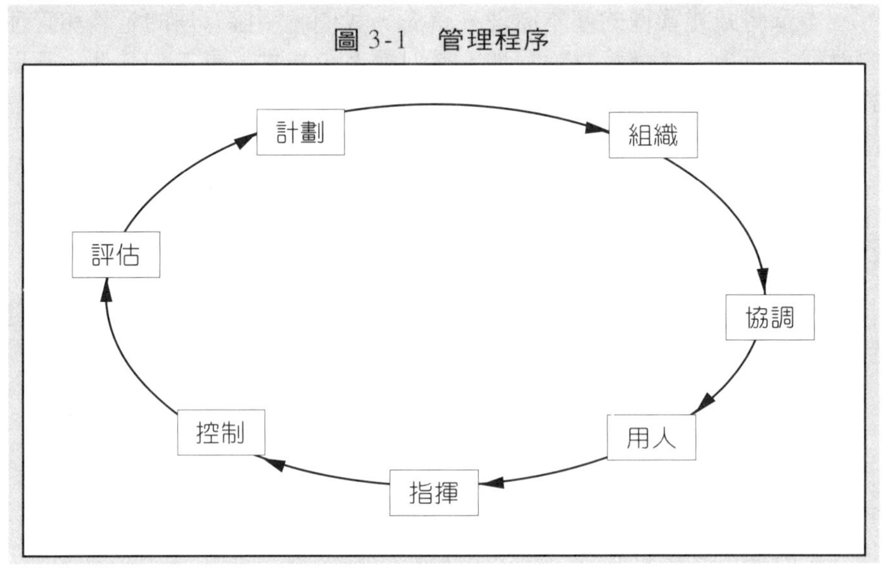

㈠計劃（Planning）

計劃是設立目的和目標，制定實施方案，達到目的和目標的管理活動。目的和目標指明你需要做什麼，實施方案告訴你如何去做。計劃應該在你所進行的管理活動開始之前完成。

無論處於什麼職位，或在何種餐飲服務企業中工作，每個管理者都必須制定計劃。在最高管理層中，由高階主管編制長期計劃，以拓展長遠目標和促進目標實現的發展戰略。在中間管理層，由經理人員編制經營計劃，以完成短期目標。在較低的管理層中，由主管人員制定日常經營管理模式計劃。

讓我們看一看多單位組成的大型餐飲公司是如何做計劃工作的。董事會、董事長和首席執行長是公司的最高管理層，他們可以設立 2 年、3 年、5 年甚至 10 年期間應達到的目標。例如：「餐飲連鎖公司的總收入 10 年內在美國中西部地區要名列第一」就屬於這類目標。處於中間管理層的單位經理和部門經理，他們的工作重點是完成當前的預算目標和短期經濟效益計劃。處於較低級管理層的主管人員要計算下個月的宴會成本、安排下星期的人員班次計劃，或者確定一些在短期內能夠完成的目標。

不論一個機構是多單位組成的連鎖集團，還是一個獨立的企業，計劃的制定必須從高層開始。只有當高層管理者確立了明確的行動方向，各機構層級的管理者才能夠制定出符合機構長期發展的計劃。

制定有效的計劃尚需具備以下因素：

1. 資訊：為了有效地制定計劃，你必須能夠取得完整的資訊。
2. 溝通：制定計劃時，各級管理人員要互相溝通。例如，餐飲總監在編制經營預算時，聰明的做法是先從主廚和飲務部經理那裏瞭解資訊。只要有可能，管理人員在制定計劃時就應該與員工溝通，這將影響員工，員工會更願意執行由他們參與制定的計劃，這樣的計劃就成為「大家的計劃」，而不是「管理者的計劃」。
3. 彈性：計劃應該是靈活的。有些餐飲服務管理人員在制定計劃後，即使事實證明計劃需要修改，他們也不願意修改。經營預算就是一個明顯的例子。如果銷售量低於預算計劃應該怎麼辦？管理人員就要對計劃進行調整，或降低成本，或擴大銷售量。
4. 執行：顯然，計劃必須執行才會有效。有時，花費了大量時間和口舌形成了一項計劃，但計劃卻從未實施過或僅實施了部分內容，這不但浪費了有限的資源，並且讓那些參與計劃制定的員工感到失望。

管理人員不應該事到臨頭再定計劃。各級管理人員都應該留出一定的時間去建立目標，制定實現目標的計劃，並根據需要調整計劃。如果沒有保留定計劃時間，企業就會陷入重重危機。管理人員將會變成「消防員」，解決了連續不斷的意外問題，又陷入新的矛盾之中。這種狀況透過制定有效的計劃是可以避免的。

㈡組織（Organizing）

組織在管理活動中要回答的問題是：「如何對有限的人力資源進行最佳配置和利用，以實現組織的目標？」組織就是要在人群中建立權力流動和溝通體系。

任何機構都應該注意，確保每一個員工只有一個主管，如果一個員工有兩個上司，在他接到兩個相互矛盾的指令時，問題就會產生。

必須慎重確定每個主管應該管理的員工人數。每個主管所管理的合理的員工數量取決於多種因素，包括：主管本身的工作經驗、工作的複雜程度、需要管理的員工總數、問題可能發生的頻率、主管期望上級管理人員給予的支援程度以及其他多種因素。最重要的是主管所管理的員工數量不能超越其控制能力。

所有層級的管理人員，都應該擁有使用資源的決策權。一個主管人員僅有做事的責任，而沒有相當的權力，這是非常糟糕的。對職責範圍內必須完成的日常工作，主管人員應無需得到上級管理人員的批准。對員工賦予決策權的情況也在逐漸增加。例如：允許餐廳服務生酌情處理烹調品質不合格的菜餚，而無需事先請示經理。

由於組織架構的發展變化貫穿於企業的整個生命，許多餐飲服務業已有的組織架構圖不能反映目前的經營管理模式。例如：一個組織架構圖中可以顯示廚師的管理人員是主廚，但實際上，餐飲總監承擔了領導廚師的職責。組織架構圖應該定期更新，以便確切地反映當前企業人爲資源的組織狀況。

㈢協調（Coordinating）

協調是分派工作任務、組織人員和資源去實現企業目標的管理活動。

協調的基礎是溝通，企業中必須建立有效的溝通管道，使資訊能夠在組織架構中上下流通。處於同一機構層級的人員也需要互相溝通，只有在各部門經理之間和其他單位的管理人員之間建立開放的溝通體系，組織的目標才能實現。

授權是協調的重要內容，授權意味著在組織中權力能夠下放。但是最終的責任是不能下放的。例如：餐飲部經理向飯店總經理承擔完成餐飲全部經營預算的責任。他（她）也可能將餐飲決策權授予主廚和飲料部經理，但卻仍然向飯店總經理擔負達成預算目標的責任。

㈣用人（Staffing）

用人是指招募和任用求職申請人的管理活動[11]，用人的目標是將最高素質的員工吸引到餐飲業中來。在大型的企業中，可能要求你去挑選經過人力資源部測試的求職申請人。在較小型的企業中，總經理可能會全權責成你去發現、篩選和錄用求職申請人。

求職申請表、篩選測試、個人資料審核及其他審查手段都是招募和

挑選過程的部分，然而，選擇的空間常常極少，每當一有人辭職，下一個人就會很快地被錄用。

將求職申請人合理地安排到空缺的職位，而不是招聘後再去問他（她）能做什麼工作，是十分重要的。要做到這一點，工作職位必須規定所承擔的任務。工作說明書列出了每個職位需要完成的任務，這便於將求職申請人分派到相應的職位上。

用人的第二個工具是使用工作條件說明書。工作條件說明書中列出了有效完成工作所需要的個人素質。我們每個人都有不同的知識、經歷和對職位的共同認識。任職條件說明書明確規定了成功勝任工作所必備的個人條件。

要重視從一切可能的管道招聘員工。大企業的人力資源部可以從企業內部僱用，也可以請在職員工推薦，還可以與就業服務機構合作，並且刊登廣告。

一些管理人員認爲，職位申請人越多，篩選他們的工作也越複雜。所以，他們儘量限制職位申請人的數量。從企業的整體角度來看，這是一種錯誤的策略。如果鼓勵大量人員前來申請職位，發現適合的員工的機會就會增加。

確保新聘人員一到職就有好的開始是用人之道。老員工過去的工作經歷強烈地影響著新員工與企業之間的關係。精心安排好人員的培訓工作對新員工，正確瞭解主管人員、一起工作的同事和企業的整體情況是非常必要的。

㈤指揮（Directing）

指揮是絕大多數管理人員的主要工作任務。人們通常認爲，管理就是透過他人來完成工作。對勞力密集型的餐飲服務業來說更是如此，員工是每個餐飲業獲得成功之極其關鍵的因素。人都是複雜的，有時也是難以理解的。但是，瞭解員工的需求、慾望和期望可以幫助你更有效地指揮員工。

指揮是指對員工的督導、工作安排和制度約束。督導包含了在工作過程中管理者與員工之間相互聯繫的所有方式。當你對員工進行督導時，你應懂得如何激勵員工的士氣，如何使員工有合作精神，如何對員工下達指令，如何使員工在人群中表現最優。

將機構目標與員工的目標融為一體，變得越來越重要。只有當個人的需求在工作中得到滿足時，員工才能被激勵。要儘量讓員工參與對他們有影響的決策。

合理地安排員工的工作是非常重要的。你必須精確地瞭解需要多少勞動力，然後才能在此範圍內展開工作，並且公平地對待所有的員工。

用制度管理員工是許多管理人員感到畏懼的事情。但是，如果你確信制度管理不是一種懲罰的方式，它便能成為一種積極的感受。確切地說，制度管理是一種提醒和糾正員工不正確行為，並幫助員工成為組織中高效率成員的管理方式。制度管理的方法包括：非正式的督導、舉辦輔導課，以及經理、也許是上一級經理或人力資源部派出人員（在大企業中）與員工進行更為嚴肅的會議。在某種情況下，也可以採取書面警告和暫時停職的方式。執行正式的書面規章制度是保護你自己和企業的最佳方法，這樣可以避免偏袒、歧視和不公正行為的發生。

指揮人的工作是複雜，有時又是困難的。在許多指揮的場合下，想一想你希望別人如何對待你是十分有益的。你的員工很有可能具有很多與你相同的想法[2]。

㈥控制（Controlling）

僅有有效的計劃制定、資源整合、員工挑選和指揮實施還不能保證目標的實現。為此，在管理過程中，你必須實施管理的控制功能，它包括建立和實施控制系統。

餐飲產品都是經過餐飲服務企業生產出來的。因此，對產品的採購、驗收、儲存、發放、製作和服務過程進行控制是非常重要的。

然而，控制不僅僅是鎖倉庫門、審核食譜上菜餚標準配料、在磅秤上稱一稱到貨的重量等有形的工作。控制模式實際上是從編制預算開始的，預算標示了預計達到的收入和成本。你可以瀏覽一下最近的財務報表，特別是看一下損益表，或以內部編制的統計資料為依據來計劃預期的收支預算。預算制定後，你必須衡量完成預算目標的程度如何，如果預期的結果與實際結果誤差較大，就須加以糾正，並對調整後的結果是否有效進行評估[3]。

你應該建立一套能夠及時警示問題發生的控制體系，幾個星期之後才知道問題的存在而需要控制，顯然是無濟於事的。餐飲服務管理人員經常要制定每天或每週的控制程序，以便補充會計和出納所提供的財務

報表的不足。

你還應該意識到，執行控制體系所產生的效益必須高於其成本才是有價值的。例如：採用某種控制體系，每週需要支付的成本爲50美元，而每週節約的成本僅爲 35 美元，這就不是一種理想的方法。反之，花費500美元購買了一件設備，每週可因此而節約成本50美元，這就是划算的，因爲設備的回收期只有10周時間。

㈦評估（Evaluating）

評估在管理活動中的內容有：⑴總結在實現組織總體目標過程中的經營業績；⑵評估員工的工作表現；⑶評估培訓計劃的效果。管理人員必須回答的一個問題是：「我們的工作完成得怎樣？」

不管組織目標是否完成，你必須經常不斷地進行評估，因爲自滿情緒會給今後的經營帶來麻煩。如果目標即將實現，你可以去完成新的目標。如果組織目標還沒有完成，評估過程還可以產生釐清存在問題的作用。意識到問題的存在是邁向解決問題的第一步。

管理人員還必須評估自我以及自身的工作。有些管理人員認爲他們的工作總是做得很出色，因此不需要自我評估。另外一些管理人員認爲，自己已是在盡最大的努力完成工作，不可能任何事情都做得更好。所以，對他們進行評估是沒有意義的，這兩種認知都會導致工作的低效率。以真誠的態度反覆檢查自己的工作表現，可以幫助管理人員提高他們的業務能力和處理人際關係的能力。

評估是「任何時候」都要進行的重要工作。在管理的過程中，管理人員應該定期安排時間去實施這一步驟。

二、管理程序的整合

在前一節中我們分別討論了管理程序中的各項活動。在現實社會中，管理活動是不會如此簡單地被分類的。各機構各層級的管理人員每天都在進行、有時是同步進行多種管理活動的。例如：一個餐飲管理人員每天通常可能完成的管理活動：

1. 幫助編制下一年度的經營預算（計劃、控制）；
2. 處理由授權不當所引起的問題（協調）；
3. 與其他部門的同事共同安排即將舉辦的特殊活動（計劃、協調）；
4. 修改工作說明書和工作條件說明書（組織、用人）；

5. 實施日常督導活動（指揮）；

6. 調整食材標準和勞動力成本（控制）；

7. 評估員工的工作表現（評估）。

隨著管理人員在從經驗中的學習和獲高，他們在完成各項管理活動和日益繁雜的工作時會表現得更爲出色。

第二節 管理人員的職責和關係

能夠與管理人員產生互動關係的人群通常可以分爲兩大類：主要團體和次要團體（見表 3-1）。主要團體包括顧客、業主、管理人員和員工，你對這些團體負有最重要和最直接的責任。而你應負間接責任的則是那些次要團體，即：供應商、當地社區和政府管理機構。

表 3-1 管理人員的各種關係

主要團體	次要團體
顧　客	供應商
業　主	當地主區
管理人員	政府管理機構
員　工	

一、主要團體（Primary Groups）

(一)顧客（Guests）

顧客是主要團體最重要的組成部分。沒有顧客，餐飲業就無法生存。

由於沒有兩個相同的顧客，所以關照顧客是很困難的。每位顧客通常都會因不同的原因光顧你的餐飲業。有些顧客可能需要速食，另一些顧客則渴望獲得一次悠閒的用餐感受，還有些顧客可能想逃離其日常的活動，也有一些顧客想在此洽談生意。參加特殊的活動，發現新環境和新菜餚或有機會受到他人的重視等，都是顧客光顧的原因。

管理人員對顧客的關照，首先要向他們提供一個清潔、安全的用餐環境，對待客人熱情周到也是非常重要的（在後面的章節中本書將對「好客」進行更詳細的闡述）。然後，管理人員必須判斷顧客光顧你企業的需求和願望是什麼。速食業的巨人麥當勞公司擁有許多研究團隊，協助公司瞭解顧客的需求和願望。獨立經營的餐館可以採用顧客意見卡、顧客意見調查和個人訪談或觀察的方式去瞭解顧客的需求和願望。一旦瞭解了顧客的需求，管理人員必須盡力去滿足他們的需求，建立起一支忠誠的顧客隊伍，以保證企業經營不斷獲得成功。

㈡業主（Owners）

業主對企業經營當然也是十分重要的，在股份有限公司中，業主就是股東；在合夥制企業中，業主是兩個以上擁有投資權益的人；在僅有一個業主的企業中，大多數業主也是經理人。

業主的目標是什麼？他們通常最主要的目標是追求利潤最大化（在商業性的餐飲業中）或力求成本最低化（在非商業性的餐飲單位中）。業主可能還有更多的實現自我需求和自我願望的個人目標。你對業主所擔負的主要責任就是要使企業獲得經濟上的成功，這常常意味著要達到或超過企業經營預算目標或利潤計劃。使企業走向經濟成功的諸多因素都是對管理工作的挑戰。

㈢管理人員（Managers）

如果你在一個大型的企業中工作，你會立即感覺到你似乎在為另外的管理人員進行管理。這就是說，你的上司是更高一級的管理者，你的責任是在上司的指揮下，完成工作職責和執行其他相關任務。他（她）將負責對你的工作表現進行評估。有時，你上司的動機很容易被人們怨恨和誤解，不要忘記，你的上司也許在很多方面與你有同樣的想法，他〈她〉也在盡力去滿足業主或更高一級主管提出的工作要求，同時也在滿足其個人的需求和願望。

㈣員工（Employees）

管理者不僅要管理員工，還要為了員工而管理。你的決策會影響一個企業走向成功，成功的企業又為員工提供謀生、交友和規劃未來的空間。換句話說，作為管理者，你的管理就是為你的員工、同時也為你自己創造福祉。

二、次要團體（Secondary Groups）

㈠供應商（Suppliers）

對供應商擔負的責任是建立合理的工作關係，公平而道德地與其進行所有的業務交易。餐飲管理人員必須避免以「我盈你虧」的態度去對待供應商，這是一種目光短淺的做法。反之，應該鼓勵與供應商建立公平合理和雙贏的關係。

需要與供應商保持良好的關係至少有兩個原因；⑴供應商與他的員工是你的餐飲業的潛在顧客；⑵供應商會向其他可能成為你潛在的顧客的人，談論你的企業是如何對待他們的。

㈡當地社區（The Local Community）

餐飲業所處的社區環境與企業的經營有著割不斷的聯繫。在很多情況下，飯店、餐館等觀光旅遊接待業的經營狀況，也可以促使社區各部門興旺與衰退。

管理人員應該瞭解社區所關注的下列主題：

1. **注意擾民問題**：過分吵鬧和粗暴的顧客聚集在社區的停車場就是干擾社區的例子。管理人員對此應該予以處理。
2. **重視環境問題**：管理人員應該確保本企業範圍內沒有廢棄物，並保證本企業的廢棄物不會污染周圍的企業。使用環保的洗滌用品和可自然分解的拋棄式用品，也是表示一個企業對環境關心的其方式。
3. **注意娛樂問題**：在歌手的簽約、喜劇演員參加的經營活動以及其他娛樂活動中，管理人員在可能的情況下要盡力向社區提供他們所喜愛和適當的社區娛樂服務。
4. **關心居民問題**：管理人員可以透過贊助慈善機構、教育機構和其他民間社團來表示其對當地社區的支持。

我們還可以列舉出很多需要關注的問題，但其含義已經很清楚。餐飲服務業也是社區中的一位「公民」。如果管理人員想得到社區居民的惠顧和讚譽，他必須在企業經營過程中對自己的行為舉止負責。

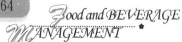

㈢政府管理機構（Government Regulatory Agencies）

政府管理機構徵稅收費，並保證適當的法律和規定得以實施。政府管理部門著重的問題有：衛生、安全、建築物門牌編碼、就業、發許可證和其他問題。餐飲管理人員必須知道政府管理機構的特殊角色。因此，在企業經營中要遵守所有的聯邦政府、州政府和地方政府發布的法律。

第三節　熱情好客的重要意義

餐飲業是一個真正的「以人爲主的企業」。作爲餐飲管理人員，你的工作並不是等客上門。首先你必須提供使顧客滿意的產品和服務，然後你必須培訓和督導你的員工，以熱情周到的方式向顧客提供這些產品和服務，這樣你才能促使顧客再次光臨。

「熱情好客（以熱情態度對待顧客）」說起來並不難，難的是行動中能夠堅持不懈。因缺乏對顧客的關心而引發的各種問題，在絕大多數餐飲業中十分常見。

讓我們來看一看如果沒有熱情好客的態度將會發生什麼狀況。你是否曾在電視廣告中看到過這樣的畫面：一個餐廳的服務員微笑著邀請你光顧這家餐廳？當你真的光顧這家餐廳時，餐廳的服務員並不像廣告畫面中那樣微笑、禮貌，這又會發生什麼情況呢？你會感到很失望嗎？即使這種失望僅僅是一種下意識的感覺。與這樣的情況相對照，如果一個餐廳友好的服務員表現真實的微笑，你當然會光臨他們的餐廳。

熱情與冷淡的員工之間的區別，僅僅是個性方面的不同嗎？與他人相處的能力當然會受到個性的影響。但更有可能的是，熱情的員工擁有一個熱情的經理，這位經理關心顧客，並使自己成爲在員工中倡導熱情好客的優秀楷模。即使每天有千頭萬緒的事情要做，聰明並用心的經理也總能叫出常客的姓名，記住他們喜歡的餐桌，給予他們真誠的關心。管理人員爲員工樹立了榜樣，顧客就會獲得良好的感受。

註　釋

[1]For more information about staffing, see Robert H. Woods, *Managing Hospitality Human Resources* （East Lansing, Mich.: Educational Institute Of the American Hotel & Motel Association, 1995）.

[2]For more information on directing employees, see Raphael R. Kavanaugh and Jack D. Ninemeier, Supervision in the Hospital Industry, 2nd ed. （East Lansing, Mich.: Educational Institute of the American Hotel & Motel Association,1991）.

[3]For more information on food and beverage control, see Jack D. Ninemeier, *Planning and control for Food and Beverage Operations*, 4th ed. （Lansing, Mich.: Educational Institute Of the American Hotel & Motel Association, 1998）.

[4]The Educational Institute has numerous educational and training resources that address guest service issues, including CD-ROMs, videos, seminars, and workshops. For more information, phone the Institute at 1-800-349-0299 or review the Institute's Web site at http：//www.ei-ahma.org.

名詞解釋

控制（controlling）　控制是衡量預期目標與實際結果之間差距的管理活動，如將實際的銷售額與預估的銷售額進行比較。控制，還被稱爲企業資產和收入的看門高招。

協調（coordinating）　協調是分派工作任務、整合人員和資源去實現企業目標的管理活動。

指揮（directing）　指揮是指對員工的督導、工作排班、用制度管理的管理任務。督導的內容包括培訓和激勵員工。

授權（empowerment）　授權指在組織中分配權力，使經理、主管和員工完成工作更有效率和效能。授權的整體目標是加強對顧客的服

務，透過在組織中向各階層授權下放決策責任、決策權力和信任的方式來提高企業的利潤。

評估（evaluating） 評估包括以下管理活動：(1)評估企業在實現組織整體目標過程中的成績；(2)評估員工的工作表現；(3)評估培訓的效果。

熱情好客（hospitality） 以熱情的態度接待顧客。

管理（management） 指利用資源實現組織目標的過程，「透過他人來完成工作」是對管理下的另一個常見的定義。

組織（organizing） 組織是力求對有限的人力資源進行最佳配置和利用，以實現組織目標的管理活動。它涉及在人群中建立權力流程和溝通體系。

計劃（planning） 計劃是設立目標和目的、採取實施方案以實現目標和目的的管理活動。計劃的完成應該在進行管理任務之前。

用人（staffing） 用人是指招募和任用員工的管理活動。

複習題

1. 什麼是管理程序？
2. 餐飲管理人員擁有什麼資源？
3. 為什麼保留出時間制定計劃是十分重要的？
4. 組織架構圖的作用是什麼？
5. 招募和聘用工作屬於管理活動中的哪部分內容？
6. 是否應該鼓勵大量的人員去申請一個空缺的職位？
7. 控制程序應該從哪裡開始做起？
8. 管理人員的職責都涉及到哪些主要團體？
9. 一個餐館應該如何對社區產生積極的影響？又如何避免消極的影響？
10. 政府管理機構在哪些方面對餐飲服務企業進行規範管理？

欲獲更多資訊，請瀏覽下列網站，但網址名稱變化時，不另行通知，敬請留意。

American Hospitality Management Company
http://www.american-hospitality.com/

Lodging Magazine
http://lodgingmagazine.com/

Educational Institute of the Management American Hotel & Motel Association
http://www.ei-ahma.org/

Society for Foodservice
http://www.sfm-online.org/

CHAPTER

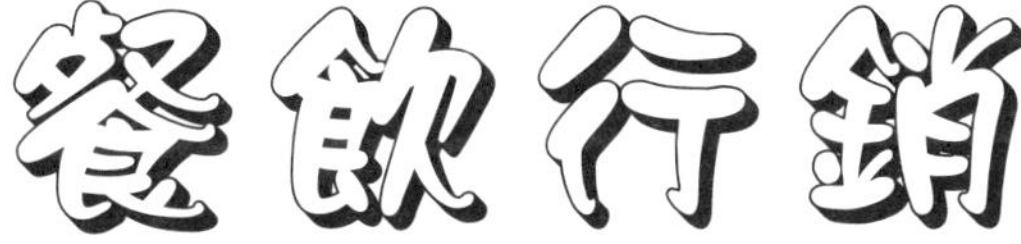

餐飲行銷

本章大綱

- 市場行銷：以顧客為中心
- 可行性研究
  - 掌握市場區域特徵
  - 選址評估
  - 市場競爭分析
  - 需求分析
  - 預測經營結果
  - 注重時效性
- 持續性市場行銷研究
  - 企業分析
  - 競爭分析
  - 市場分析
- 市場行銷計畫
  - 推銷
  - 廣告
  - 公共關係與宣傳

餐飲市場行銷是一個既複雜又具魅力的課題，它涉及的問題很多，本章僅對餐飲市場行銷進行簡單介紹。在對與顧客有關的問題論述之後，我們將對可行性研究進行討論，然後再研究潛在市場開發和現有市場調查的問題，並討論市場行銷計畫的制定步驟。最後，本章將討論爲達到市場行銷目標而使用的主要方法：推銷、廣告、公共關係及宣傳[1]。

第一節 市場行銷：以顧客為中心

市場行銷可簡單地定義爲「從顧客角度出發的經營之道。餐飲經理應當始終關懷顧客，雖然這一點相對來說容易理解，但有時也會發生忽視顧客的現象，因爲其他管理問題會對此產生一些干擾，諸如：「價格問題」「員工的不滿情緒」「經營者的興趣」等等。然而在市場行銷中強調良好的顧客關係，對經營者的成敗來說是一個關鍵性的問題。

在建立成功的顧客關係工作中，最重要的是高層管理者的努力程度。所以，負責市場行銷的餐飲服務經理應該做到：

1. 採取策略明確重點：如何爲顧客提供最佳服務；
2. 將服務融入每日工作流程；
3. 利用對顧客友好之管理系統；
4. 複製對最佳顧客關係產生影響的所有與顧客互動資訊；
5. 處理好高技術與高頻率人際接觸的關係，也就是說，要利用人際因素來調整顧客關係和聯繫方法；
6. 爲顧客提供市場服務；
7. 對服務進行評估，使員工便於操作。

餐旅服務業的經理必須瞭解，他們的首要任務是滿足或超越顧客的需求。一旦滿足了顧客的需求，就有可能帶來生意的興隆。

餐飲服務經理應當能夠很好地回答以下與行銷有關的問題：

1. 在我的餐飲組織中，服務究竟佔有多麼重要的意義？
2. 應該如何將服務相關的問題告知員工？
3. 應該如何評價服務水準？
4. 服務策略是什麼？
5. 服務程序是什麼？
6. 如何培訓員工使其能夠處理好服務中的問題？

7. 如何強化服務策略？
8. 在餐飲服務場所，服務是一種「活動」，還是一種「哲學」？
9. 員工知道「真實時刻」嗎？即無論何時都應讓顧客對餐飲服務場所有這樣的印象：顧客隨時都將獲得真誠的服務。

餐飲經理人員必須把重視顧客的觀念貫穿到服務人員的全部工作中，這一點說起來很容易，但堅持下去是相當困難的。餐飲經營的成功是依靠持續不斷的良好市場行銷來實現的。所以要首先認識市場行銷的意義是非常重要的，然後則是發展與顧客的友好關係，即永遠爲顧客提供符合餐飲服務標準的產品和服務，最後要對備受顧客歡迎的產品和服務進行評估，並做出反應。

第二節 可行性研究

在餐飲經營場所建好之前（如果是新建的），或者在接管與租用之前（如果是舊有的）就得對其進行可行性研究（feasibility study)，有潛力的投資者都是經過對餐飲經營場所進行可行性研究後，才做出投資決策的。這些研究結果是餐飲設計者的指導性依據，它將幫助經理人員制定市場行銷計畫，做出企業經營預算。

可行性研究一般是由以下的單位來進行，如會計事務所、房地產公司、開發商或有潛力的業主委任的管理諮詢公司。雖然開發商和有潛力的業主可以親自進行可行性研究，但如果需要外來投資，就需要由獨立的諮詢顧問來指導這一研究。

在不同的項目中，可行性研究的範圍也各不相同，但以下幾點是研究中常見的問題：

1. 市場區域特徵描述；
2. 選址評估；
3. 競爭形勢分析；
4. 市場需求預測；
5. 經營結果設計。

一、掌握市場區域特徵

市場區域特徵包括預定地點所在的整個區域中潛在顧客的人口統計

資料，有用的資訊則是指那些潛在顧客的年齡、性別、婚姻狀況、子女數量、家庭收入、僱傭形式及居住地。另外還有區域零售商數量、工商企業種類和數量、旅遊業影響情況以及現有的交通運輸狀況。

除了要統計出目前市場區域的資料外，在市場特徵研究中還要分析有潛力的和無潛力的市場發展趨勢，因爲這些情況都有可能影響原計劃的市場需求量。例如，區域內的工商企業，特別是餐飲服務場所主要顧客的來源企業的經濟穩定性，對餐飲服務場所未來的成功與否有著直接的關係。如果計劃推銷區域周圍的社區經濟正在走向衰退或繁榮，這都有可能影響到我們在這個區域的行銷計劃。

二、預定地點評估

餐飲服務場所的地理位置是決定其今後成功或失敗的一個最重要的變數。如果有一家餐飲服務場所不但能夠提供高品質的餐飲和優質的服務，而且裝修豪華，環境優雅，充滿好客的氣氛，但是卻地處經濟不景氣的地區，也一定會面臨失敗；相反地，一家很糟糕的餐飲服務場所，如果它地處經濟繁榮的地區，仍然會在短時期內成功。

對預定地點進行可行性研究，就是要對預定地點的區域環境進行評估，透過對下列情況進行調查而制定的：(1)周圍大都市區域的人口數量；(2)餐飲服務場所附近居民或從業人員的數量；(3)近距離開車易達地區的人口數量。另外還要研究分析其他資料資料，如：停車的方便性、交通流量、離主幹道的距離及其他一些吸引顧客的因素，如大商場、影劇院以及其他餐飲服務場所等。

當然對餐飲服務場所周圍的道路情況也應進行分析，影響交通的轉彎及單行道等，都有可能成爲限制顧客前來用餐的因素，但並非一定會直接損害生意。總之，在競爭激烈的市場中，禁止轉彎及其他一些不方便進出餐飲服務場所的因素，都可能影響到前來用餐的顧客數量。

三、市場競爭分析

對市場競爭進行可行性研究和分析，主要應介紹市場區域中所有餐飲企業市場佔有率的情況。競爭不僅僅是指獨立的餐飲場所，而且還包括位於辦公大樓、私人俱樂部和社會互助組織中的餐館和會議設施等。

有時，競爭分析僅僅限於市場區域附近的地區，但是，當餐飲場所具有特色時，同樣也能吸引遠距離的顧客。

一般情況下，可行性研究對每項競爭內容都要進行分析：

1. 地理位置（選址附近的競爭對手）；
2. 餐館的類型；
3. 生意來源和數量；
4. 營業天數和小時；
5. 菜單價格；
6. 顧客平均消費額；
7. 服務類型；
8. 座位數量；
9. 提供烈酒的情況；
10. 娛樂設施；
11. 促銷力度；
12. 連鎖企業情況。

在可行性研究中還應分析每個競爭者在當地經營了多長時間，在不同日期、不同餐時段內的銷售量，以及目前顧客對餐飲服務場所提供的食品和服務的滿意程度等。

競爭分析有助於制定開業前的市場戰略，可行性研究的結果有助於明確下列問題的回答：

1. 餐飲服務需求的種類和數量；
2. 競爭滿足目前市場需求的競爭程度；
3. 競爭的優勢和限制條件；
4. 在擬行設施和競爭者之間出現的差異。

競爭分析的結果還有助於指導餐飲服務場所、菜單和服務類型的設計、食品價格和營業時間的制定、廣告開發和宣傳策略的制定。

四、需求分析

餐飲服務場所的需求預測，應當從分析市場上餐館和酒吧的推銷情況著手，因爲這一情況有助於瞭解餐飲發展變化趨勢和市場需求，這些分析資料還可以從調查潛在顧客對餐館、宴會設施、會議設施的需求情況中收集而來。

調查可透過個人採訪或直接問卷形式完成。詢問潛在顧客的問題可以是：您喜歡的食品是什麼；多久的時間外出用餐一次；若外出用餐，願意走多遠的路程；用在早餐、午餐和晚餐的時間分別是多長；每一餐希望花費多少錢等等。

五、預測經營結果

大多數可行性研究都是為餐飲經營場所第一年、第二年，甚至第三年的經營而預測財務結果的。在決定是否投資專案之前，潛在投資者對這方面資訊的需求非常迫切。

一般來說，投資者期望瞭解到餐飲的收入情況和使用在管理、勞動力、市場、設備維修、動力、租賃、保險、稅收等方面的費用情況。雖然並非所有的諮詢顧問都使用同樣的方法提供同樣的數字，但是可行性研究應當清楚地解釋每一項主要收入和費用的基本預測情況，這一資訊對餐飲經理人員制定第一年的經營預算具有指導意義。

六、注重時效性

可行性研究一般是在普通餐飲經營場所動工之前，或者在大廈裏的餐飲經營場所開張之前的一段時間內進行的。處在不斷變化的經濟環境中，除非原始資料沒有發生重大變化，否則六個月前所做的可行性研究也就沒有太大的價值了。當然，在沒有做出進一步分析的情況下，往往難以判斷其資料是否已經發生了變化。由於實際上可行性研究具有一定的時效性，這也強調了餐飲服務場所需要不斷進行市場行銷研究。

第三節 持續性市場行銷研究

餐飲服務場所開業後，必須持續地進行市場行銷研究，以此保證其經營能夠滿足顧客的需求，並且這一研究還為制定有效的市場行銷計劃奠定了基礎。持續性市場行銷研究工作的內容包括企業分析、競爭分析、市場分析等。將所有這些分析組合在一起，就構成了對情勢的分析。

一、企業分析（Property Analysis）

企業分析應當以書面形式進行，並對企業的生產和服務區域、產品和服務等有一個正確的評價，對企業的優勢和劣勢進行評估，包括：餐飲業所在地點的外部環境、景觀情況和本身的情況等。應當根據交通流量、可進入性、醒目程度、與周圍環境的融合等情況仔細對企業的便利情況進行分析。

進行企業分析應利用可行性研究中的各類資料，對企業的情況進行分類評估：地理位置、餐館類型、業務來源和數量、營業天數和小時等。這些統計資料可以使餐飲經理對企業和競爭對手之間，進行有意義的比較。

但是，企業分析不是一張簡單的資料列表，重要的是要站在顧客的立場上來思考企業的問題。換言之，管理者應該儘量以顧客的眼光來看待餐飲服務情況，選一個營業的時間，邀請管理者和員工的朋友來作爲顧客，提出「內部人員」觀察不到的回饋資訊。

二、競爭分析（Competition Analysis）

雖然對企業自身的分析非常重要，但是瞭解競爭狀況也同樣有其必要性。競爭分析應該包含在可行性研究的內容中。

一些完整的調查表和一覽表對競爭分析十分有用，但是到實際工作中去體驗競爭狀況將更爲有效。餐飲經理和員工應該在早餐時間、午餐時間、晚餐時間，營業高峰和離峰等不同的時間，去參觀競爭對手的情況，目的是全面瞭解競爭對手的服務和用餐環境情況。

三、市場分析（Market Analysis）

市場分析應當釐清餐飲業面臨的市場現狀，考察能夠爲企業帶來機會和威脅的市場因素和發展趨勢。市場是指具有相同需求、相同背景、相同收入、相同消費習慣的顧客群體。市場分析包括對顧客情況進行調查，對市場因素和趨勢進行分析。

㈠顧客情況調查

顧客年齡、性別、光臨的頻率和就業情況等資料，對於定位和重新定位餐飲經營方向十分重要。例如，如果顧客調查指出餐飲業的午餐主要吸引上班族顧客，晚餐主要吸引家庭顧客，那麼這一調查結果就便於制定適合每個顧客群體需要的菜單。同樣，如果顧客情況調查指出用午餐的顧客絕大部分是職業女性，餐飲業就應該做好吸引這一市場顧客的工作，諸如，引人注目的沙拉吧、適合小飯量者顧客需求的特價小份午餐等。

對顧客資料的收集一般應由餐飲經理、接待領班或服務員，透過與顧客談話來進行，另外還可以透過細微的觀察來進行，如透過觀察公事包，可以看出顧客是生意人；透過觀察購物袋，可以瞭解到顧客是到附近商業大廈購物的；透過觀察運動包，可得知顧客是附近健身俱樂部的成員等等。

另外，還可以使用特別的促銷方法獲得重要顧客的資料，例如，可在特別促銷活動中要求顧客贈送名片作爲免費用餐入場券，可設計一種或多種促銷卡來供特別時間使用，或贈給獲獎者。這種形式的促銷活動是獲得現有顧客姓名、職業和電話號碼的有效方法。

顧客調查資料，如詳細的調查問卷、簡單的意見卡也是獲得資訊來源的成功管道，這些資訊資料在爲特殊顧客群體設計菜單和組織促銷活動中是很有價值的。完善顧客調查工作有助於價格決策管理，還可彌補遺漏的市場線索。

根據不同的用餐時間可以向顧客提出不同的問題。例如，餐飲企業向上班族提供午餐，那麼午餐調查就可以提問一些有關顧客喜愛的菜餚選擇、服務的速度、利用傳真機以及其他對上班族有吸引力的問題。調查可以根據管理的目標變換方式，問卷可以集中在食品製作方面的問題上，如顧客的喜好已經從油炸食品轉移到燒烤食品和蒸煮食品方面，還可以調查顧客對餐飲服務形式的喜好，是喜歡自助服務還是正式的桌餐服務。

應鼓勵顧客填寫問卷調查表和評估卡，把顧客的注意力吸引到問卷上，並且告知顧客如果他們在付帳時遞交了問卷調查表，他們將會收到禮品或享有折扣。例如，給遞交問卷的顧客贈送一支筆、一個信封等。對飲食和服務有意見的顧客在把毫無奉承之詞的問卷調查表交給服務員時，總會有膽怯的感覺。在這種情況下，附贈一個信封不但有助於解決此類問題，還有可能會從顧客那兒獲得更多的回饋資訊。

(二)市場因素和趨勢分析

市場分析還應弄清可能對經營產生影響的環境機會和問題。人口的變化，社區、地區、州和國家發生的有利的和不利的事件，成本和能源，政府的規定，旅行費用等，都是市場中影響生意淡旺和每人平均消費的因素。要依據人口普查的資料和資料對周圍環境爲經營帶來的影響進行統計。這些資料和資料可從工業委員會，如州或城市的經濟發展部的工業報告中得來。圖 4-1 便是這些數據的部分來源。

表 4-1 市場訊息來源

人口和人口統計資訊
美國人口統計資訊
紐約 Ithaca 區
第一手資訊來源/Donnelly 市場行銷部
人口和經濟統計辦公室(亦稱調查和統計部門
可在州名下政府頁中查詢

收入／就業資訊
州商業經濟發展部
經濟發展部，可利用電話簿在州名下政府頁查詢

零售業資訊
銷售和市場管理
州人口經濟統計分析辦公室
州商業部
經濟發展部
第一手數據資訊資料／Donnelly 市場行銷部

商業和工業活動訊息
州銀行部門
可在州名下電話政府頁查詢美國金融
資金控制
在「美國」名下政府頁中可查詢
地區(地方)商業
州商業部

旅遊訊息
州高速公路部門
州運輸部；交通安全部：可在州名下政府頁查詢
地方機場管理部門
州交通部門；公共交通處；可在州名下政府頁中查詢
區域旅遊景點
區域飯店

區域旅遊景點資訊
地區(地方)商業
會議和旅遊局

可適應的地區訊息
主區計劃部門
(同上)

市場供需資訊
地方飯店與汽車旅館協會
會議和旅遊局
訪談飯店

直接競爭資訊
實地調查鎮機構
指南(連鎖公司、AAA、Mobil)
訪問飯店經理

潛在競爭訊息
建築許可證
地方建築部門，可在縣或州名下政府頁
工程項目
和地方銀行合作的地方建築部門

查詢需求
美國商業指南
地方商業統計
飯店銷售稅務統計(如果有)
月和年度住宿業報告
會議和旅遊局
當地飯店經理

第四節 市場行銷計畫

市場行銷是將發展性市場行銷轉換為市場行銷的策略戰術。制定市場行銷涉及到：目標市場選擇、進行目標決策、制定達到目標的行動、控制和評價行動、評估執行情況、幫助設立新的目標等[2]。

雖然許多餐館經理在促銷上似乎都以他們的餐館為單一產品，針對單一市場為訴求，但實際上絕大多數餐館都佔領多個市場。正如前所說，午餐顧客的組成比起晚餐顧客的組合情況有很大的不同。在瞭解這一差異的同時，餐飲經理還應記住，誰也不可能生產出滿足顧客所有需求的餐飲產品。餐館首先要透過顧客調查表和顧客意見表來確認已佔領的主要市場，然後在開拓新的市場客源之前，把自己的市場行銷力道放到保持和擴大顧客人數。

選擇好目標市場之後，制定市場行銷的下一個步驟就是建立具體的市場行銷目標了。理想的做法是，為每一市場、每一個用餐時間設立目標，根據這些市場行銷目標設定出具體的銷售目標和金額。要想達到最佳效果，市場行銷目標必須做到：

1. **書面形式**：以書面形式編制，人人都可獲取同樣的資料。
2. **通俗易懂**： 如果目標不能被餐飲經理和員工們所理解，該目標就不可能實現。
3. **既實際又具挑戰性**：目標不應定得太高，以至於在實現目標之前人人懼而棄之；反之，目標也不應定得太低，對員工沒有挑戰性。
4. **既具體又可衡量目標**：例如，把目標具體描述為：「在6月份把顧客的用餐數量提高5%，將顧客平均消費提高2美元來提高午餐銷售數量。」也不要「擴大午餐經營」的空洞口號。

一旦制定出市場行銷目標，就必須遵循預定時間表，制定出行動去實現定量目標，應該鼓勵員工對市場行銷行動提出建議，只有這樣，才能保證目標的實現。行動可以簡單一些，也許只需要一個員工來完成；也可相對複雜一點，也許需要多一些員工來完成。行動的費用必須包括在市場行銷的預算之內，執行的責任或監督執行的責任應當落實到每一個人，並且可量化和控制。

對行動控制、評價得越精細，就越容易設定未來的市場行銷目標和行動。因爲餐飲經理可以從中發現什麼是可行的，什麼是不可行的。而且，如果經常對行動進行控制，一旦行動不可行，就有時間對行動進行修改。對的評價和定期的修改，可預防嚴重的失誤發生，而且還可以使未來的市場行銷更加有效可行。

用於實施市場行銷和實現市場行銷目標的主要手段是：推銷、廣告、公關和宣傳。

一、推銷（Sales）

市場行銷及目標必須在保持或擴大銷售量的情況下實現。推銷可分爲兩大類別：內部推銷、外部推銷或個人銷售。內部推銷的重點在於提高來自顧客的收入，這些顧客是指餐館的常客。外部推銷運用於具有大型宴會設施的餐飲企業中，其目的是發現新的業務來源。

㈠內部推銷（Internal Selling）

內部推銷的目的是儘量提高從餐館現有顧客那裏獲得的收入。幾乎所有的員工都可以透過內部推銷創造額外的銷售額，吸引回頭客。內部推銷的形式可以是建議性推銷餐飲產品、內部廣告宣傳以及特別促銷活動。

建議性推銷是讓服務員在服務中運用介紹食品的技巧，銷售更多或更貴的食品，如：開胃小吃、葡萄酒、優質烈酒、甜點等。積極推銷這些商品的服務員，對餐飲業的成功產生重要的作用，他們使顧客感到用餐實際上是一種享受。

內部宣傳廣告（internal merchandising）是利用餐飲服務場所內的標誌、展示和其他促銷資料來提高銷售。館內標誌和展示可印製在海報、桌面餐飲促銷卡（見圖 4-1）、葡萄酒宣傳畫和送甜點的手推餐車上。當服務員把裝滿令人垂涎的甜點餐車直接推到顧客桌前，建議性宣傳推銷的力量便可征服顧客。

圖 4-1 桌面餐飲促銷卡

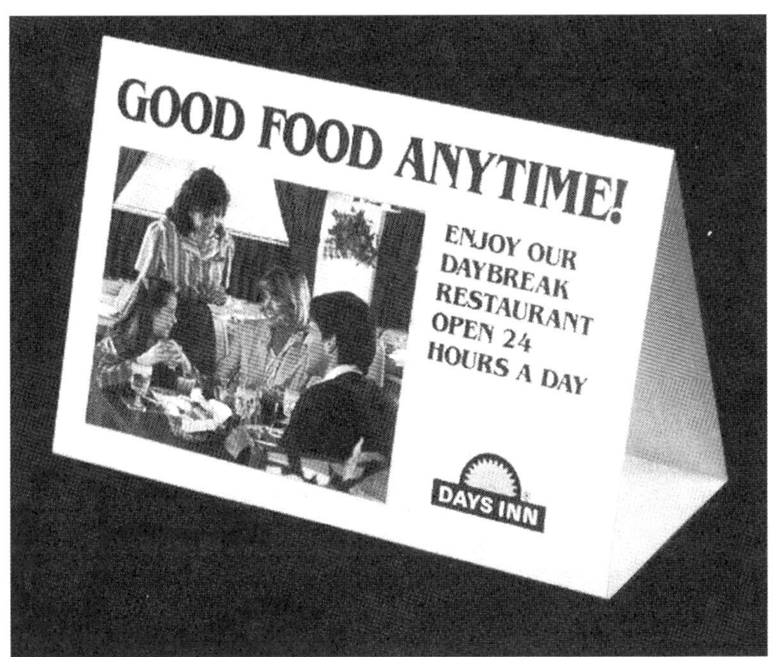

圖片提供：Days Inns of America, Inc.

僅僅按照個人想像所實行的特別促銷活動是有限的。餐飲經理利用特別促銷活動可以達到多種目的：增加公眾對於餐館營運的認知、吸引新的顧客、使常客戶保持愉悅、擴大淡季經營、宣傳特殊的節慶活動等。

特別促銷的形式有：

- 贈送優惠券；
- 贈送樣品；
- 有獎競賽；
- 系列優惠；
- 贈送禮品；
- 贈送禮品券；
- 銷售折扣；
- 有獎促銷。

1. **贈送優惠券**：優惠券上常常印有特別的優惠措施，以此吸引潛在顧客。這種優惠券可以用直接郵寄和刊登報紙雜誌廣告方式傳遞給每個顧客。

2. **贈送樣品**：可以使顧客瞭解新製作的食品。例如，安排顧客入座後，服務員可先讓顧客品嘗一些開胃小菜，使顧客感興趣後點菜單上的菜餚。

3. **有獎競賽**：如果該項活動能夠極大地促銷，並補足所贈出的獎金，那麼這項活動就是值得的。如跳舞或讓顧客競賽就是有些餐飲場所使用的最典型的方式。優勝者可現場獲得一份現場獎金，或者一頓雙人正餐。速食連鎖店常常舉辦大獎比賽和遊戲活動，希望能透過這些活動吸引更多的顧客光臨他們在全國各地的餐飲服務場所。

4. **系列優惠**：該活動是把幾項銷售折扣合在一起用來吸引顧客、增加銷售總收入。系列優惠活動的形式一般有：用餐和票券組合，即把兩人用餐一次贈送兩張電影票結合在一起；飯店週末組合優惠，即把週末飯店用餐和住房結合在一起。

5. **贈送禮品**：是向經常按照正常價格用餐的顧客贈送禮物的活動。例如，爲了刺激夜間蕭條的生意，可以給用餐的成年人贈送一個馬克杯。速食連鎖店通常展開的贈品活動要比其他餐館多一些。他們還備有贈送給孩子的禮物，希望這些孩子要求家長帶他們到這些連鎖店用餐，爲的是領取這些禮物。大的飲料杯受到兒童的歡迎就是最典型的贈品禮物。

6. **贈送禮品券**：與零售商場銷售禮品券一樣，速食連鎖店喜歡銷售小面額禮品券，特別是在節慶假日的時候，這些禮品券使那些預算有限的孩子們爲他們的父母和親朋好友購買禮物。

7. **銷售折扣**：是把餐飲服務場所的食品和飲料的價格降低以吸引更多的顧客，從而擴大總銷售額。折扣有多種多樣的形式：如餐飲經理可爲比薩餅打1美元的折扣；下午7：00以前，所有的飲料可定價爲1.50美元；星期一晚上，大罐啤酒可售2.50美元，雞肉正餐可打50%的折扣等。

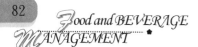

優惠的形式是多種多樣的，主要獎勵那些按照正常價格消費的顧客。例如：顧客可以按正常價格消費三個正餐，第四個正餐即可免費享受；星期四晚上花一杯的錢可以享受兩杯飲料；全價購買一個大比薩餅，可享五折優待購買第二個。

(二)外部推銷（External Selling）

外部推銷亦稱個人銷售，是透過銷售人員在外推銷團體宴會或其他大型餐飲活動。而內部推銷則是透過員工向現有顧客推銷額外的食品和飲料。外部推銷是一種在餐飲業中使用得越來越廣泛的市場銷售技術。在有些餐飲企業中，外部推銷是餐飲經理工作中不可缺少的內容之一——他們必須在每週或每月制定出一個確切的銷售額。而在另外一些餐飲業中則是制定出人員推銷額後，由聘用的銷售人員爲領導進行人員推銷。

只有那些接待大型宴會的餐飲企業才聘用外部銷售人員。如：飯店的餐飲部，具有宴會設施的飲食包辦商。外部銷售要求最大限度的進行宴會預訂和獲得收入，宴會銷售人員要向外發放介紹團隊顧客特別系列促銷活動的宣傳品、宴會菜單、信件等，並隨後進行人員電話推銷。銷售人員也都規定有一定的銷售額。他們還接待和處理團體顧客的諮詢，親自與顧客商量宴會或會議的具體安排等。宴會推銷人員和行政主廚、餐飲經理一起工作設計宴會菜單和系列產品，然後他們便開始對外宣傳這些菜單和系列產品，幫助提高收入金額。

二、廣告（Advertising）

廣告是餐飲經理爲了實現市場目標而運用的第二種重要的手段。與內部推銷和外部推銷相比，這是間接接觸顧客的方式。餐飲經理透過廣告向公眾介紹餐飲服務設施，吸引顧客前來光顧。廣告可透過如報紙、雜誌、廣播、電視、直接郵寄、電腦網路等多種媒體進行。每一種媒體都有它的優缺點，應該對各種媒體進行評價比較，選擇最合適的方式使用廣告費用。

當決定使用何種廣告媒體後，就要選擇其視聽讀者最接近本企業目標市場的媒體做廣告。在企業的持續性性市場行銷調查中，要確定誰是本企業的顧客，他們都分布在哪兒。當目標市場明確後，就要選擇價格便宜、便於接近目標受眾的媒體進行廣告宣傳。例如，如果青少年是本企業的一個重要目標市場，那麼，廣播電臺反覆播出廣告可能就是節約成本的有效媒體。

㈠戶外廣告（Outdoor Signs）

戶外廣告是餐飲服務業經常使用的媒體，這種廣告採用醒目、有朝氣、動態的宣傳畫吸引過往行人的注意力。這些宣傳畫可貼在公共汽車站牌、畫在公共汽車上，還可設在街道兩側或商業大街上。

在戶外廣告中，有兩種最廣泛使用的方式是企業標誌和廣告看板。企業標誌可以透過介紹餐飲服務場所情況來吸引顧客，廣告看板則可用來樹立在餐飲服務場所外的路邊以吸引顧客。

■戶外廣告的優點：

1. 費用低：企業標誌和廣告牌雖然製作費用昂貴，但是它們的租金和維護費用相對來說卻很便宜，分攤到潛在顧客身上費用就更低。
2. 時間長：戶外廣告的使用期限可在一到幾年之間，並可設置在任何地方。
3. 接觸範圍廣：企業標誌和廣告牌的資訊每天可傳播至百人、千人，甚至萬人。

■戶外廣告的缺點：

1. 內容受限：企業標誌和廣告牌必須特別簡明。因爲面積有限，只能表明一些要點。人們駕車在高速公路上經過廣告牌時，沒有時間去閱讀冗長、詳盡的廣告內容。
2. 浪費版面費：沒有人選擇戶外廣告去閱讀。成千上萬的人們看到廣告，但卻不一定都有興趣和機會光臨你的餐館。這就是說，廣告者付了沒有必要付的版面費，因爲廣告牌的費用的一半是以過路車輛的數量而定的。
3. 地方法律問題：在許多地區，地方法律對餐飲企業標誌和廣告的大小和形式都有限制，因此就常常需要費時費錢解決這些問題。

㈡報紙（Newspapers）

餐飲業都廣泛利用報紙來進行廣告宣傳。每個區域市場都有報紙，報紙幾乎滲透到國內的每一個家庭。對許多家庭來說，地方報紙是他們唯一可買來閱讀的印刷媒體。

報紙上的廣告有很強的吸引力，其原因很多。相比較其他媒體，在報紙上刊登廣告價格偏低。不同年齡層次、收入水準、種族、國籍、職業階層的人都喜歡閱讀報紙。獨立的餐飲服務場所，如家庭式餐館可透過地方報紙廣告進入當地大多數的家庭。在整個地區有多家餐館的連鎖餐飲企業，也可透過一個普通廣告或透過列出每一家連鎖餐館的位置，獲得非常強烈的效果。

即使報紙有著廣泛的目標市場，它們也需要在這個廣泛的市場範圍內尋找目標讀者，其辦法之一是靈活定位。一般情況下，爲了吸引不同的目標市場，報紙往往可分爲幾個版面。許多餐館的廣告就刊登在報紙的娛樂版；以商人爲目標市場的餐飲業可把廣告刊登在商業欄。大城市的地方報紙常常在整個篇幅中設立多個區域版面，如北部區域、南部區域、西北區域、郊區與全國等版面。餐飲經理還可以將廣告刊登在報紙的特別區域版上。例如，城市北部的小餐館會發現，在城市報紙的北部版面刊登廣告是很符合成本效益的。

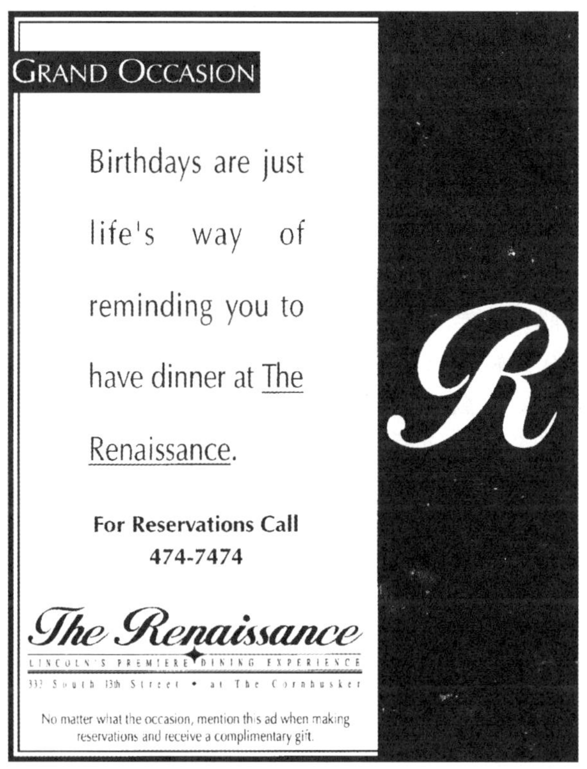

註：這份報紙廣告的定位，是為餐館廣告顧客舉行慶生餐會之類重要活動時可考慮的地點。

資料來源：The Renaissance, Lincoln, Nebraska

直接和靈活是報紙廣告重要的優點。如果你決定發布一則廣告，你可以很快在地方報紙上完成；報紙廣告可在一天中發到許多場合，可在特殊的日子中，發一個星期、一個月，在一個版面中發幾天、每週發一次等。另外，要想在報紙上取消或重發一則廣告，也非常容易。

當然，在報紙上刊登廣告也有缺點。一般來說，讀報都是瀏覽性的閱讀，花很短的時間讀完整份報紙。對於廣告，更是瞥一眼或是匆匆閱過。報紙上的新聞很快就會過時，一俟讀畢，就幾乎成了無用之物，寧可送人，也不願重複再讀。

低質印刷和高速印刷的報紙通常會造成複製的麻煩。希望展示令人垂涎的菜品、漂亮的餐桌和精緻裝潢的餐館經理，往往對報紙有限的複製能力感到惋惜。最好的報紙廣告是既醒目又簡潔。

㈢雜誌（Magazines）

在雜誌上刊登廣告有許多優點。雜誌和每天都會過時的報紙的區別，是它可以持續一個星期、一個月，甚至更長的時間，並且還可以從一個讀者傳到另一個讀者。家中的雜誌通常可持續到下一期雜誌到達，在這期間，它可以在家人中或者來訪者中傳閱。在專業辦公室裏、在航空公司、在各種地方人們都可以把雜誌拿來閱讀以消磨時光。雜誌上刊登的一則廣告在傳遞過程中，可能會被許多讀者閱讀數次。

和報紙不同的是多數雜誌可被不同群體的讀者所閱讀，有些雜誌的設計適宜各種目標市場。無論何種年齡、性別、收入、職業、區域還是興趣愛好的人群，都有可以滿足其需求的雜誌供其閱讀。例如，《商業週刊》、《財富》雜誌就適於高收入的管理層閱讀。

許多讀者比較喜歡高品質印刷，每一期都很漂亮的雜誌。那麼就可利用這些雜誌刊登令人食指大動的菜品和典雅的設施。

用雜誌刊登廣告也有其不足之處。比起報紙來說，在雜誌上刊登廣告的費用要高得多。因爲雜誌的目標市場不同，雜誌比報紙提供的周轉性要小，甚至有些浪費，因爲許多雜誌的讀者可能住在不方便訂閱，或者不適合的目標市場。

彩色的雜誌廣告需要幾個星期或者幾個月才能生產出來，藝術設計、片面設計、文案撰寫、彩版製作等需要花很多時間，並且還要在投遞之前留出足夠的時間，這樣才能在出版的前幾周或者前幾個月完成廣告製作工作。這就是說，在此之後雜誌廣告不能有任何改變和取消，這

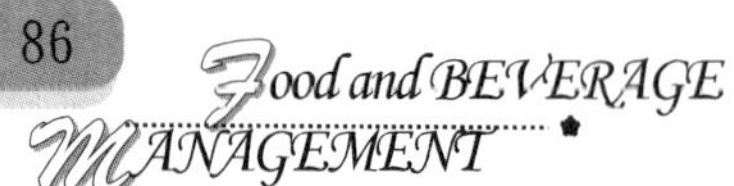

一缺乏靈活性的缺點在你要對某一特別菜餚進行打折時，可能就會對你造成不良影響；而且廣告發出之後，若遇菜品成本上升，還會對你造成損失。另外，因為時間的限制，雜誌廣告也不能對競爭對手做出快速反應。

㈣電臺（Radio）

收聽廣播電臺的人很多，電臺廣告可以滲透到當地的各個區域。電臺廣告的另一個重要的優點是費用低廉。電臺廣告一般來說只需很少的製作費用，和其他媒體相比，攤到每一個顧客身上的費用很低。電臺廣告可以在短時間內製作出來，而且幾乎可以立即發出。

電臺廣告可以有目的地傳送給餐飲服務場所區域內駕車的人，並可以按計劃安排傳達到特定的目標市場，在符合餐飲服務場所目標市場要求的合適時間播出。例如，餐飲服務場所休息室中有爵士風格的娛樂內容，就可透過具有爵士風格的地方電臺播送廣告，到達預期的目標市場。如果目標市場是老年人，則可在早晨或下午的繁忙時間中，在「輕鬆聆聽」節目中或者全新電臺發送廣告。

電臺可提供高頻率的資訊發送工作。電臺廣告可每天在幾個不同的電臺重複播放多遍。一有新的促銷活動，速食連鎖店就常常在電臺上重複播放他們的資訊。

電臺廣告的缺點有：

1. 時間短：和雜誌廣告不同的是，電臺廣告適用的時間特別短。雜誌廣告幾個月後還可以閱讀，而電臺廣告是在短時間發送的，不重複播送，是不可能再聽到的。因此，電臺廣告只能用來發送近期資訊，如即將來臨的母親節的餐宴等。
2. 只能聽：在電臺廣告上不能表現食品的美味或舒適的環境，所以在播送資訊時，此資訊的形式便形成了限制。看不見資訊傳遞，就意味著許多聽眾不一定注意收聽其傳播的資訊。

㈤電視（Television）

電視廣告有許多優點。其主要優點是既可以聽又可以看。可以利用電視廣告展示餐飲服務場所精美的食品飲品、氣氛環境、典雅的裝修及其他特別的風貌。電視廣告可以把主廚製作食品的過程表演給觀眾，還可以把服務員熱情的服務和細膩規範的佈置過程展現在觀眾面前。電視有很強的吸引力，所以觀眾可以對廣告留下很深的印象。

電視廣告有無限的資訊空間。在美國每個家庭至少有一台電視機，所以可以一天內在多個頻道上連續播放你的廣告，以加深觀眾對該廣告的印象。

你還可以選擇適合觀眾需求，符合一個以上目標市場的電視節目和時間段來吸引特別的觀眾。例如，一家經營速食或家庭餐的餐館，可以在星期六上午播放卡通節目的時間段中播放其餐館的廣告，這種廣告可以讓兒童市場看到。運動俱樂部酒吧則可在運動會節目的播放時間段中播放有關廣告。

電視廣告的主要缺點是費用昂貴，在聯播的電視臺做廣告的費用更加昂貴，播放時間越長，費用就越大。一家大型餐飲服務場所要花幾百甚至幾千美元－或者更多來製作餐飲廣告。在國家電視臺的黃金時間播放一分鐘的廣告要支付100萬美元或者更多的費用。甚至在地方電視廣告的費用也要達到每分鐘幾千美元。有線電視的廣告費用特別便宜，但是仍然有很多餐飲服務場所認為其廣告費用太貴。

製作播放電視廣告需要提前好幾個月的時間。如果想很快地把廣告內容傳達給公眾，電視廣告就很不切實。而且電視廣告的時效也很短，儘管你可以有選擇地尋找目標市場，但是，透過電視做廣告也還是太奢侈了。

㈥直接郵寄（Direct Mail）

直接郵寄廣告就是透過郵遞方式發送廣告，如小冊子、優惠券、信件、明信片，以及其他形式的通知等。這些廣告可展示目前餐飲服務場所的特色食品，將餐飲服務場所有關設施、員工、菜單等情況的變化告知顧客，巧妙地鼓勵顧客光顧並接受這些改進（見圖4-2）。

■直接郵寄廣告的主要優點

能有目標地選擇顧客和進行特別目標市場的行銷。私人俱樂部就是一個很好的說明，因為非俱樂部成員不能光臨俱樂部，所以俱樂部成員代表整個市場，而且宣傳廣告只發到俱樂部成員手中，所以俱樂部經理有權選擇受眾。

餐館經理可透過收集顧客名片的方式，安排郵寄廣告並按名單投遞。為了做好將來的特別促銷活動，可把這些名片上的姓名和地址整理成郵寄名單。另外一個利用直接郵寄廣告接觸某一特定市場的例子是：

圖 4-2　直接郵寄信函

NINO PERNETTI

CAFFE BACI

To all our friends ......

For the past three years, I have enjoyed my position as the manager of Caffe Abbracci. I was delighted when Nino asked me in May to become the new general manager of Caffe Baci. It is not every day that something like this happens.

The beautifully renovated Caffe Baci is something to be proud of. **Some things never change...Caffe Baci just got better.** As you enter the charming foyer, you will enjoy the ambiance of our new marble wine bar. Next you will want to be seated in the "Il Giardino Room" that has been decorated in unique Italian bisque tiles and accented by a magnificent vaulted skylight. The center of attraction is an imported Tuscany wood burning oven. During the day we serve an executive lunch as well as a variety of thin-crust pizzas. At dinner, we still serve the same wonderfully classic Italian cuisine that made Caffe Baci famous. We have also introduced creative specialties, prepared in the Tuscany oven. To tempt your palate I have enclosed a copy of the menu.

I trust that you will find these new changes a welcome addition for your dining pleasure. I look forward to greeting you soon.

Ciao,

We Welcome The American Express® Card

VALET PARKING NOW AVAILABLE

2522 Ponce de Leon Blvd. • Coral Gables, FL 33134 • 442-0600 • Fax 442-0061

註：這封是餐館經理寫給顧客的，告訴讀者餐廳已經重新裝修完畢，菜單亦一併附上。

資料來源：Caffe Baci, Coral Gables, Florida.

宴會餐廳經理寄出專案婚宴系列的資訊給在當地報紙上刊登訂婚喜訊的新人們。

直接郵寄廣告還有很大的靈活性。你可以以個人名義發廣告給收件人，還可以酌情自行決定何時開始郵寄，何時結束郵寄，不用考慮開始與截止日期問題。

利用直接郵寄廣告，經理們可以很好地衡量廣告的品質和促銷成功與否。例如，某家餐館寄出 1000 份折價券，根據顧客使用折價券的數量，就能得知此次促銷活動成功與否。

■直接郵寄廣告的缺點

1. 高成本：製作一份高品質、專業性強、資訊豐富的小冊子，其費用是很高的。如果不購買直接郵寄單（見表 4-2），其他費用則包括購買信封、郵票、支付人工費等。用於每個潛在顧客身上的總費用一般來說比其他任何媒體的費用都要高。
2. 「垃圾郵件」形象：直接郵寄廣告的另一缺點是，「垃圾郵件」形象總是和大多數直接郵寄廣告聯繫在一起。如果能把直接郵寄廣告處理得貼切而具有吸引力，那麼就會改變不良形象。

(七)網路（The Internet）

世界各地許多人定期上網瀏覽。電子商務培育了一個全新的行業，這個行業致力於為使用網路的人傳遞廣告資訊。

對餐飲企業來說，建立直接聯絡顧客的管道，是電子商務的關鍵點。餐館網站可以根據顧客的特殊喜好進行設計，作為提供高品質個性化服務的方式，把上網的人招攬到日常的餐飲專案中來。例如，網站成員可在網站上進行註冊，幫助餐館對準自己的市場目標進行促銷活動。類似的做法如特別新聞報導、促銷資訊以及有關的開發活動等，都可以透過廣播報導出去，招攬「電腦顧客」。希望「一對一」顧客關係的開發，會為企業帶來不斷擴大的忠實客源和日益增長的收入。圖 4-3 的是某餐飲公司的主頁，並列出了提供資訊的種類。

表 4-2　直接郵寄廣告成本估算表

這一公式可用來確定每一份直接郵寄廣告的回信所需的費用。如果以下例子中計算的17.50美元的數字偏高，請記住這種的費用只是前期費用。「前期費用」指的是初期階段每個郵件的費用。經過一段時間後，答覆初期郵件的費用很可能會因額外的費用增加。因此，餐飲業要對後期不斷回信的費用做好準備。

每份直接郵寄廣告所需的一般費用（美元）

收信人名單費	0.10
電腦製作費	0.01
標籤費	0.01
信件費	0.04
小傳單費	0.10
回信費	0.04
信封費	0.04
信件加工費	0.04
郵票費	0.32
總計	0.70美元

$$\text{每封回信的費用} = \frac{\text{每個郵件成本} \times \text{已發郵件的數量}}{\text{回信的數量}}$$

如果每個郵件的費用是0.70美元，而且已經發出2500份、回信率為4%，每封回信的費用應該按照以下方式計算：

$$\frac{0.70\text{美元} \times 2500\text{份}}{100\text{封回信（2500封的}1/4\text{）}} = 17.50\text{美元}$$

除網站外，亦可將橫幅廣告，即電子公告和看板內容放到網頁上。如，將一個餐館廣告登在一個公共劇院的網頁上，這樣就可以比較容易地、有目標地將較多的廣告發送到合適的購買者手中。幾乎所有的橫幅廣告，都允許上網者點擊後直接進入發廣告者的網站。特別值得一提的是，這種「點擊」還自動地爲發廣告者進行了記錄，爲餐飲服務場所衡量廣告效果提供了簡單的衡量方法。

圖 4-3 連鎖餐館網站首頁

資料來源：http://www.rainforestcafe.com

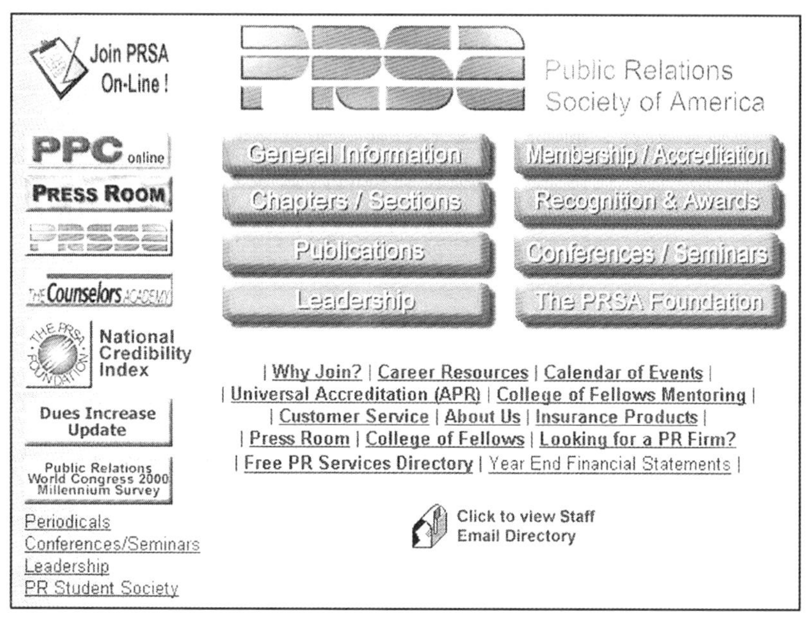

註：類似美國公共關係協會(http://prsa.org)的機構為那些經常與媒體接觸、創造和保持公司良好形象的人們提供各類訊息資源、網路聯誼和業務發展機會。

三、公共關係與宣傳

公關和宣傳是經理人員用來保持現有顧客、吸引新顧客的行銷手段。與推銷和廣告相比，公關和宣傳更加間接和細緻。

公共關係（public relations）指的是爲了樹立良好形象，而把餐飲業有益的資訊傳遞給公眾的活動過程。有效公關的最高目標是創建良好聲譽、擴大喜愛本企業的顧客數量，與顧客、媒體、競爭對手、商場、會議接待部門、商業團體、其他公眾組織、貿易協會、政府團體等組織保持友好的關係。爲了發展友好關係，爲了企業的成功，爲了滿足現有顧客的需求，恰當地處理他們的問題和投訴，是公關應做的主要工作。

滿足了顧客的需求可獲得良好的口碑。如遇火災和其他意外事件，也能夠利用最有效的方式進行處理，會給人們留下非常好的印象。

慈善活動是典型的公關活動。餐飲服務場所可透過收集員工捐贈品、資助活動、支援電視廣播節目、公司捐款等方式，展開慈善活動。另外公關活動的方式還有資助地方運動隊、男童子軍和女童子軍，以及其他公眾組織等。

宣傳是媒體免費對餐飲服務場所、員工及企業的特殊活動進行的報導。媒體可透過對餐飲服務場所的食物、飲料、服務、環境氣氛、餐桌擺設、價格、人員、周圍環境等內容進行討論來宣傳餐飲場所的情況。和廣告不同的是，宣傳通常出現在媒體的正式版面上，並且不是餐飲服務場所，而是媒體掌握著資訊並提供空間和播放時間。雖然你能控制媒體上廣告的內容和播放的時間，你卻不能控制媒體上宣傳的內容和播放時間。

無論如何，餐飲經理都應盡力做好宣傳工作，在希望達到的範圍內，將餐飲服務場所要舉行的活動通知媒體。一般媒體認爲餐飲服務場所的開業活動，或者對重要紀念日的慶賀活動等都是很有價值的新聞。

你還可以將餐飲場所與員工有關的重要事件通知媒體。例如，某員工急救一位被異物卡住喉嚨的顧客。對這個事件的報導將對員工和其服務場所產生正面的效果。

你還可以計劃安排一些媒體認爲有新聞價值的活動。例如，計劃在餐飲場所舉辦聚會和慶祝特別事件等，都可邀請媒體前來參加。

有些宣傳是沒有計劃安排而出乎意料的。典型的例子有，當一位評論者在沒有事先通知的情況下前來視察，事後，評論者會發表或播出他或她的觀點。這種沒有事先的宣傳形式可能是有益的，也可能是有害的。

註釋

[1]A more detailed discussion of marketing can be found in Ronald A. Nykiel, *Marketing in the Hospitality Industry*, 3rd ed. (East Lansing, Mich.: Educational Institute of the American Hotel & Motel Association, 1997)。

[2]Some of the information in the marketing, sales, advertising, and public relations and publicity sections is adapted from James R. Abbey, *Hospitality Sales and Advertising*, 3rd ed. (Lansing, Mich.: Educational Institute of the American Hotel & Motel Association, 1998)。

名詞解釋

外部推銷（external selling） 一種市場行銷技術，包括聘用銷售人員在餐飲企業外部進行一般性的推銷和電話促銷。

可行性研究（feasibility study） 一種市場調查形式，即對有關區域、人口統計資料、潛在競爭對手，以及餐飲企業預計資金投入後的成果情況進行的分析。

顧客意見卡（guest comment card） 由顧客完成的簡短問卷調查表，餐飲經理可以此來瞭解當前市場情況，改善經營狀況。

顧客調查（guest survey） 由顧客完成的問卷調查表，餐飲經理可以此來瞭解當前市場情況，改善經營狀況。餐飲經理可以以與顧客交談的方式來進行調查，也可以完全把表格交給顧客讓其自己填寫。調查問卷可以長些，有些問題也可以要求詳述。

內部宣傳廣告（internal merchandising） 利用餐飲場所內使用的促銷資料，如海報、桌上餐飲促銷卡、葡萄酒展示、甜點車等進行促銷。

內部推銷（internal selling） 與內部宣傳廣告相結合，由員工進行的特別推銷活動，用來促進顧客的消費，增進顧客的滿意程度。

市場行銷（marketing plan） 一種商業，即把持續性的市場調查轉爲經營策略和戰術。市場行銷的內容應包括選擇目標市場、決定市場行銷目標、制定實現目標的行動、控制和評估這些是否成功、制定新的目標等。

宣傳（publicity） 一種免費利用媒體來報導餐飲業、員工或特別事件的活動。

公共關係（public relations） 爲了樹立良好形象，而把餐飲業的有益資訊傳遞給公眾的活動過程。

複習題

1. 什麼是可行性研究？
2. 如果有人請你對一個新的商業性餐飲場所進行調查，你希望對哪些方面進行可行性研究：選址、人口資料、潛在競爭對手、預計財務結果？

3. 持續性市場行銷調查中的三個典型分析是什麼？
4. 怎樣收集顧客資料？
5. 用來實現行銷目標的主要工具是什麼？
6. 內部推銷的三種類型是什麼？
7. 在報紙或雜誌上刊登廣告的優缺點分別是什麼？
8. 在電臺和電視上刊登廣告的優缺點分別是什麼？
9. 餐飲服務業應當與什麼團體盡力保持良好的公共關係？
10. 宣傳與廣告的區別是什麼？

網　址

欲知詳情，請瀏覽以下網站。網址有變動時，不另行通知，敬請留意。

FedWorld Information Network
http://www.fedworld.gov/

National Restaurant Association
http://www.restaurant.org/

Foodservice Consultants Society International
http://www.wompkee.com/fcsi/home.html/

Public Relations Society of America
http://www.prsa.org/

Society for Foodservice Management
http://www.sfm-online.org/

Hotel Online
http://www.hotel-online.com/

第二篇

菜單管理

PART 2

5

CHAPTER

餐飲服務經營中的營養問題

本章大綱

- 營養：食品科學
  - 六大基本營養素
  - 營養準則
- 營養與餐飲服務經理
  - 菜單設計
  - 採購應注意的營養問題
  - 儲存應注意的營養問題
  - 備餐過程中營養成分的保持
  - 標準食譜與營養
- 現代飲食要素
  - 熱量
  - 脂肪與膽固醇
  - 鈉
  - 纖維
  - 食物過敏
  - 素食

人類均需營養，均衡適度的飲食有利於健康。飲食數量與質量是適度飲食的重要因素。因爲大部分餐飲服務經理都不是營養學家，也不是訓練有素的飲食學家，所以他們必須掌握一些營養知識，才能設計菜單；培訓採購員和倉庫保管員，才能製作食品並銷售給顧客。在許多非商業性餐飲服務機構中，諸如教養所、療養院、住宿學校、軍艦等，所有的或者是幾乎所有的飲食都是由供餐機構供給。在這種情況下，營養顯然得到了注意。而在某些商業性餐飲企業中，經營者則對有關營養方面的問題不夠負責任，因爲是客人自主選擇了自己的用餐地點，作爲某處的常客也是心甘情願的。

目前，許多消費者總算注意到了營養問題，開始根據菜單上的營養菜餚來認真考慮飲食的選擇。在非商業性的機構中，餐飲服務經理必須向他們的雇主供應營養飲食。在商業性餐飲經營中，企業經理應該提供營養飲食，以此來滿足顧客的營養需求。從以上兩個例子可以看出，隨著餐飲服務規模的發展，範圍的擴大，價值的提升，重要的營養問題於焉引發極大的重視。

值得慶幸的是，在卓有成效的餐飲服務經營中，已有許多重要的原則直接涉及到了飲食的營養品質，於是，沒有必要再去考慮和強調餐飲經營程序中每一個環節上有關營養的問題。最好還是讓我們來理解一些基礎營養知識，改進一下現行的步驟，以便有助於保證這些重要的營養問題真正引起重視。

例如，食品製作人員應該瞭解以下問題：

1. 爲什麼應認真按照食譜操作非常重要；
2. 如何用另一種配料來替換菜單上的配料（根據顧客要求）；
3. 合適的食品驗收及儲存；
4. 備料前、備料時以及在食品加工過程中掌握有關建議，確保營養的保持。

服務人員應該瞭解以下問題：

1. 菜單上各類菜餚是如何製作的，用料如何；
2. 如何給顧客提出建議，調換菜單菜餚或配料以利於滿足營養或其他飲食要求；
3. 向經理提供有關顧客菜餚及飲食愛好的回饋資訊的重要性。

遺憾的是，許多餐飲服務的專業人士們儘管他們學過營養學，並且還在工作中利用了這些知識，但卻不關心他們自己的身體健康。讀過本章，仔細思考一下，這些知識對你本身會有什麼好處，同時對你的專業會有什麼好處。

第一節 營養：食品科學

學習營養知識之前，讓我們首先釐清兩個概念：食品和營養。食品是指人類食用的植物或動物原體材料。一旦被食用，它可以滋養人體使人體得以生長發育。食品是生命的必需品。

營養則是指食品科學。學習營養知識就是要瞭解食用的食品，瞭解人體如何利用食品維持生命，生長發育，保持健康，總之，營養使人的體形和感覺良好。沒有良好的營養便不可能獲得健康的體魄。的確，這不僅僅是指正在成長發育的年輕人，在日常生活中人人皆當如此。良好的營養能使人們有效地發揮功能，抵抗感染和疾病。營養甚至能影響到人們的長相與身材——影響到人們的頭髮、眼睛、臉色、牙齒以及牙齦。

研究指出，出生前得不到足夠營養的孩子或嬰兒，智力發育將會遲緩[1]。孕婦的飲食嚴重影響著嬰兒的健康狀況。假若哺乳期婦女用母乳餵養嬰兒，母親對出生後孩子健康的直接影響仍將持續。

營養會影響個性，長期的營養不良常常引發心情煩躁。營養也影響人類的身心，不吃早餐的人在上午就會有遲緩比較的表現，工作效率會因此受到影響。因爲個體的自我知覺不同，超重者會呈現出在個性上不同的反應。

作爲一名管理人員，最重要的是應該明白飲食能夠給人們提供工作能力、發育能力，使人們維持生存，補足體力。增加飲食及營養知識有助於你選擇食品及數量，保持身體健康。在工作上也有助於你爲那些注重營養的客人提供這方面的服務。

一、六大基本營養素

食品包含有營養（參閱表 5-1），六大營養素能給人們提供精力，促進細胞發育和再生，調節人體循環機能：

1. 蛋白質；

2. 碳水化合物；
3. 脂肪；
4. 維生素；
5. 礦物質；
6. 水。

表 5-1 基本營養素

營養素	作用	主要來源
蛋白質 Portein	・建構與修補細胞組織 ・任何身體分泌物的一部分 ・有助於維持身體內水份的適當平衡 ・幫助人體抵抗感染	雞蛋、瘦肉、魚肉、禽肉、乳酪、牛奶等包含有優質的蛋白質；黃豆、乾豆、豌豆及其堅果中亦含有高質量的蛋白質；在穀物食品、麵包，其他麵食及一些蔬菜中也含有必要的蛋白質。總之，我們應該以含有高質量蛋白質的食物中吸取這些蛋白質。
碳水化合物 Carbohydrate	・供應身體活動及保溫所需之能量 ・幫助人體有效地利用脂肪 ・儲存蛋白質，用於組織的構成與修復	澱粉：穀物與穀物製品，諸如麵包、實心麵、通心粉、麵條以及烤製品；大米、玉米、乾豆、馬鈴薯、乾果、香蕉。 糖類：蔗糖、糖漿、蜂蜜、果醬、果凍、冰糖、糖果、糖霜以及其他甜品。
脂肪 Fat	・供應身體所需之能量 ・幫助人體利用溶脂維生素（A、D、E 和 K） ・提供全身組織細胞膜結構要素	烹飪的脂肪，油類，奶油，人造奶油，蛋黃醬，沙拉佐料，肥肉，油炸食物，大多數的奶酪，全脂牛奶，蛋黃，堅果，花生油，巧克力和椰子。
核黃素 （維生素B_2） Ridoflavin (VitaminB_2)	・有助於身體細胞自食物中獲取能量 ・幫助保持眼部健康 ・幫助保持口腔周圍皮膚光滑及	牛奶和奶製品，肝臟，心臟，腎臟，瘦肉，雞蛋，深綠色葉類蔬菜，乾豆，杏仁，強化營養的麵包及穀物類。（許多食物中都有少量的核黃素）。
菸酸 （維生素B_3） Niacin (VitaminB_3)	・有助於身體細胞自食物中獲取能量 ・有助維持健康的皮膚，以及消化系統和神經系統 ・有助於維持身體細胞組織的生長	鮪魚、肝臟、瘦肉、魚類、禽類、花生、所有強化營養的穀類製品或維生素麵包、穀物及豆類。

(續)表 5-1　基本營養素

營養素	作用	主要來源
維生素 D VitaminD	・幫助人體吸收鈣和磷，以建造或維持強壯的骨骼和牙齒 ・促進人體正常發育	魚肝油、添加維生素D的牛奶、牛奶、紫外線脫水煉乳、肝臟、蛋黃、鮭魚、金槍魚、沙丁魚。（直接的日照也能產生維生素D）。
維生素 B_6 VtaminB$_6$	・幫助人體利用蛋白質建造身體組織 ・幫助人體利用碳水化合物和脂肪產生能量 ・幫助維持皮膚以及消化和神經系統的健康	豬肉、肝臟、心臟、腎臟、牛奶、全麥或強化營養的穀類、麥芽、牛肉、黃玉米、香蕉。
葉酸 Folic Acid	・幫助人體產生紅細胞 ・幫助細胞內部的新陳代謝	肝臟、生菜和柳橙汁。
維生素 A Vitamin A	・有助於眼睛的視力維持 ・幫助維持皮膚健康光滑 ・幫助維持口腔、鼻腔、喉部的保健以及消化系統的健康並抗感染 ・幫助正常的骨骼發育及牙齒形成	肝、深黃色和深綠色葉類蔬菜、甜瓜、杏以及其他深黃色水果、奶油、添加維生素人造奶油、蛋黃、全脂牛奶、添加維生素 A 牛奶。
維生素 C Vitamin C	・有助於人體細胞的維持 ・增強細胞組織壁膜 ・強化正常的骨骼及牙齒形成 ・有助於恢復傷口及骨骼斷裂的癒合 ・有助於鐵的吸收 ・有助於抗感染	柑橘類水果及果汁、草莓、甜瓜、西瓜、蕃茄、西蘭花、甘藍、甘藍球芽、甘藍、青椒。花菜、地瓜、馬鈴薯和白菜中也有相當數量的維生素 C。
硫胺素 (維生素B_1) Thiamine (Vitamin B_1)	・促進正常的食慾與消化 ・幫助人體將食物中的碳水化合物轉化為能量 ・幫助維持健康的神經系統	瘦豬肉、心臟、腎臟、乾蠶豆、豌豆、添加維生素的麵包和穀類及某些堅果類。
維生素 B_{12} Vitamin B_{12}	・有助於人體細胞的正常運作 ・幫助人體紅血細胞的再生	肝臟、腎臟、牛奶、雞蛋、魚類、奶酪、瘦肉。

(續)表 5-1　基本營養素

營養素	作用	主要來源
鈣 Calcium	・有助於強壯骨骼與牙齒 ・有助於改善神經、肌肉和心臟的正常功能 ・有助於正常的血液凝結	牛奶、奶酪、冰淇淋、沙丁魚（包括魚骨）、蛤肉。在深綠色葉類蔬菜和牡蠣中也含有相當的鈣成份。
鐵 Iron	・與蛋白質結合組成血紅蛋白，將人體所需氧氣輸送到人體各個部位 ・有助於細胞對氧的吸收 ・預防缺鐵性貧血	肝臟、心臟、貝類海鮮、瘦肉、深綠色葉類蔬菜、蛋黃、乾豌豆、蠶豆、乾果、全麥及其他強化營養的穀類、加維生素麵包以及糖漿類。
碘 Iodine	・幫助甲狀腺發揮正常的功用 ・幫助預防某種甲狀腺腫大症	碘化鹽、海魚及海鮮食物。
磷 Phosphorus	・有助於強壯骨骼和牙齒 ・構成所有人體細胞的必需成份 ・幫助人體肌肉發揮正常功能 ・幫助人體對糖份及脂肪的吸收利用	肉類、禽類、牛奶、雞蛋、奶製品、堅果、乾豆以及豌豆類。

(一)蛋白質（Proteins）

蛋白質是組成所有生命細胞的最基本元素，除水之外，它便是人體中含量最高的物質。在構成、維護和修復全身細胞組織方面，蛋白質有著不可或缺的功能，除此之外，它還有助於其他功能的發揮，參與化學藥品的功用，產生抗病毒的效果。在酶、荷爾蒙、血紅蛋白中都含有蛋白質的成分。

蛋白質是由一種氨基酸的要素所組成的。經過消化之後，蛋白質被分解成單個的氨基酸，然後被人體再次分配，組成人體必須的細胞組織。

蛋白質可以被看作是能量源，當食物中的碳水化合物和脂肪不能提供足夠的能量時，或者當蛋白質被其他活動過量消耗時，更是如此。

何種食物中包含有蛋白質呢？完全的蛋白質食物來自於動物，包括肉類、禽類、魚類、雞蛋、牛奶和乳酪。「完全的蛋白質」指的是能夠提供基本氨基酸的食物，提供的數量大約接近人體所需蛋白質的數量（基本氨基酸人體不能合成，必須依靠飲食來供給）。不完全蛋白質食物是指那些缺少一種或多種人體需要的基本氨基酸的食物。不完全蛋白質食物包括堅果、乾豌豆、蠶豆、麵包、穀類等，水果和大部分的蔬菜中都含有非常少的蛋白質。

㈡碳水化合物（Carbohydrates）

碳水化合物能夠提供人體能量，是人體能量物質的主要來源，人體依靠能量來完成新陳代謝，諸如消化和呼吸。碳水化合物還有助於維持人體的正常體溫，並阻止人體將蛋白質作為能源的需求。碳水化合物是組成人體某些元素的必需成分，而這些元素又有調節人體多種機能的功用。碳水化合物包括澱粉、糖、植物纖維，這些物質則源自於水果、蔬菜和糧食。在動物製品中也能發現此類物質，例如，牛奶中含有乳糖。在美國的日常飲食中，碳水化合物在眾多營養類別中位居第二，其消耗量僅次於水。

碳水化合物提供給大量的所需熱量（卡），熱量（卡）即食物中所含能量的單位。人體需要相當數量的熱量（卡）來有效地進行工作和活動。然而，當熱量吸收超出人體所需，它們就將以脂肪的形式儲存在體內，而吸收過量碳水化合物的人常常都是超重者。

㈢脂肪（Fats）

脂肪是另一類給人體提供能量的物質。脂肪可以被分為飽和脂肪（常溫下為固體）和不飽和脂肪（常溫下為液體）兩種。常見的脂肪包括奶油、人造奶油、蔬菜油以及動物油。在日常飲食中，這些顯而易見的油脂大約能提供給 1/3 的脂肪，而隱含在霜淇淋、乳酪、全脂乳製品、肉以及蛋黃中的油脂則要提供給美國人 2/3 的脂肪。

脂肪有什麼作用呢?首先，脂肪是濃縮的人體熱源和能源，每單位脂肪能夠提供比其他營養物還要多的能量（卡）。第二：脂肪是人體吸取某些維生素必不可少的。第三：脂肪使得食物變得香味撲鼻，芬香可口。

許多醫生覺得美國人飲食中具有過多的脂肪，營養過剩的飲食是人們肥胖的主要原因。如果人們食用太多的油脂而缺乏運動來消耗一些過剩的熱量，那麼就特別容易引起麻煩。

㈣維生素（Vitamins）

維生素有多種類型，在人體中發揮著多種功能，維生素的功能有：

1. 在人體中產生一定的作用，它們是人體的必需，雖然需要量不大；但在人體中不能生成，必須從食物中獲取或額外補充；
2. 能夠促進發育，幫助再生與消化、利於人體抗感染、預防某些疾病的能力，能夠維持神經系統的靈敏性；
3. 缺乏維生素就會引起疾病，這些疾病經常會因爲維生素的攝入不足而引起，雖然有時是因爲人體本身的吸收功能紊亂而引起的。當然，有時攝入某種維生素過量也會出現問題。

維生素極易遭到破壞，所以掌握適當的烹飪技術對於保護維生素和其他營養物質便顯得相當重要。

維生素的基本類別有兩種：油溶類與水溶類。

■油溶類（Fat-soluble）

油溶類維生素攝入人體後就被累積起來，以備所需。因爲可以積蓄，油溶類維生素就不像水溶類維生素那樣經常被消耗掉。屬於油溶類的維生素有：A、D、E、K。

1. 維生素A具有許多重要的功能。缺少維生素A，骨骼不能正常發育，就不能達到合適的長度。維生素A有助於人們在昏暗中看清物體，並能使人體皮膚變得柔軟而光滑。維生素A有助於保持口部、鼻部及喉部健康的線條，保持消化系統的健康。維生素A能夠促進男性精子繁殖，能夠使母親腹中的嬰兒發育健全。維生素A在牙齒發育與荷爾蒙產生中也產生很重要的作用。
2. 維生素D有助於鈣和磷的吸收，而鈣和磷都是構成人體骨骼和牙齒必不可少的。遺憾的是，這種維生素在許多食物中都不存在。在美國，加入維生素D的牛奶是提供這種維生素的重要途徑。最好的維生素D的來源是陽光，當太陽照射到皮膚上後，它馬上將皮膚上的普通混合物合成爲維生素D。
3. 維生素E通稱爲生育維生素，雖然在人類的繁殖生育活動中它並沒有產生什麼影響作用。維生素E的功能主要在預防維生素A和C的損失，幫助人體保護脂肪和油性物質免遭破壞。
4. 維生素K能夠幫助血液凝結，最優良的維生素K來自於深綠色蔬菜，由生長在腸內的微生物合成。

■水溶類（Water-soluble）

水溶類維生素（能溶於水的維生素）能被血液吸收，但一般不能在血液中存留，一定會規律的被消耗掉。水溶類維生素包括維生素B與維生素C。

複合維生素B幫助人體合成蛋白質，並利用碳水化合物產生能量。在複合維生素B中包含有多種維生素，最重要的三種複合維生素B是硫胺素（維生素B_1）、核黃素（維生素B_2）、菸酸（維生素B_3）：

1. 硫胺素即維生素B_1，有助於人體細胞從血液中獲取能量，維護神經系統處於健康狀態，增強食慾，促進消化。
2. 核黃素，即維生素B_2，有助於人體細胞利用氧氣從血液中釋放能量，保持口腔與鼻腔周圍皮膚的健康，同時也對視力有一定的作用。
3. 菸酸，即維生素B_3，有助於人體細胞利用必要的氧氣產生能量，改善皮膚、舌部、消化系統和神經系統的健康功能。

維生素C又被稱爲抗壞血酸，常被用於結合人體細胞。維生素C能夠增強血管壁膜，有助於傷口癒合，抗感染。維生素C能使牙齦健康，並可強化人體對食物裡鐵的吸收。

㈤礦物質（Minerals）

礦物質既是人體組織結構材料，又是調節劑。在正常人體體重中，礦物質所占的比例相當小，但是它們卻是構成肌肉、骨骼、牙齒和毛髮的基礎材料。礦物質能夠幫助保持每一細胞中水分的平衡，並使某些化學反應在人體中進行。酶與荷爾蒙有助於人體多種功能的發揮，它們之中就包含有礦物質。其他礦物質的作用是輸送神經訊息，收縮肌肉。人體所需的礦物質實在太多，其中包括鈣、磷、鉀、硫、氯、鎂、鐵、錳、銅、碘、溴、鈷、鋅。有些礦物質僅僅只有一種功能，有些卻包含有多種基本的但常常又是互不關聯的功能。

礦物質常常以水溶形式存在於食物中，在本章後面的內容中我們將討論同類食物的備料技術，即如何保護水溶類維生素，同時也建議保護食物中的有機物。

㈥水（Water）

每個人體細胞中都含有水分，細胞之外，血液中也有水分，還有其他體液。事實上，成人身體中大約有60%的水分，兒童的身體中大約有70%的水分。缺水與缺食相比，人體缺水會死亡得更快。

水在人體中的許多功能都非常重要，它作爲溶解劑被人體中的其他營養物所利用。透過肺、腎、皮膚，水分將人體廢物排出體外，甚至還是細胞的構成材料。水分能夠調節人體溫度，產生汗液，當透過呼吸不能散熱時，它可作爲傳熱器向體外散熱。水分又是人體的潤滑劑，唾液幫助我們吞嚥食物，其他由大量水分組成的液體幫助我們將食物送進腸胃系統。

成人每天需飲用 6 至 8 杯水[2]，這是人體每天透過肺部呼吸、皮膚出汗以及透過腎臟和腸胃系統排泄廢物所需的水分的大約數量。

二、營養準則

眾所周知，對於健康和發育來說，各式各樣的食物中有許多重要的營養素，每日飲食中具有適量的營養成分至關重要。總之，維持健康所必須的營養成分的數量是因人而異的。需求量受每個人性別、年齡、健康狀況、運動水準等因素的影響，所以，在此只能提供一般的營養準則。

㈠建議飲食量

建議飲食標準（RDAs），是由美國國家科學院飲食營養委員會－國家研究會所制定的，有關專家認爲，這些建議飲食標準（RDAs）中所列基本營養量適合大多數健康人群的營養需求。

除了飲食營養委員會所制定的建議飲食標準（RDAs）外，聯合食品及藥品管理委員會也制定了一套被用作基本標準的飲食標準，供食品製造者自動標明營養成分。廠商可利用這些資訊來確定他們的產品應該提供的日常標準及比例。

㈡金字塔飲食指南（The Food Guide Puramid）

許多人很難按照建議飲食標準來制定飲食營養計畫。人們在日常生活中，看見食物就進行處理，不管營養如何。值得欣喜的是，當我們安排健康飲食時，家計經濟師、飲食專家、營養專家還有其他人已經爲我們制定了一個簡易的方法，重點放在食物上而不是營養上。這種方法就叫做金字塔飲食指南，並且包括六種飲食群（參閱圖 5-1）。

飲食金字塔標示的是每天用餐的概覽，是根據美國飲食標準（USDA）的飲食準則。這並非嚴格的規定，而只是一般的準則，它有助於人們選擇健康的飲食。飲食金字塔建議人們要選食多樣化的食品，從中攝取保持健康所需的營養和熱量。

根據飲食金字塔，人們應該首選大量的麵包、穀類、米飯、義大利麵、蔬菜、水果等，再加上 2～3 份奶類，2～3 份肉類，隨意再少加些油脂、蔬菜油和糖果類（這些是金字塔頂端的食物）。

圖 5-1 金字塔狀飲食指南

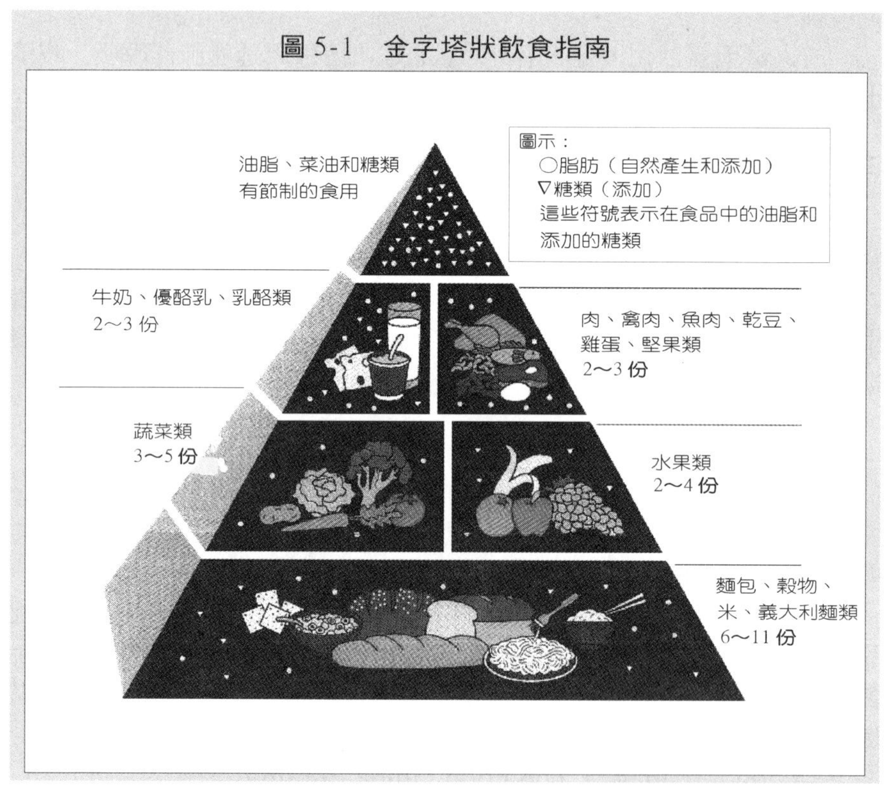

一份飲食是多少呢？以下就是一些準則（假若食用一大份，就把它當做幾小份，例如，一份正餐義大利通心粉就等於2～3份的義大利麵）：

1. 一份牛奶、優酪乳或乳酪：1 杯牛奶或優酪乳；或 1.5 盎司鮮乳酪；或 2 盎司經過加工的乳酪。

2. 一份肉、禽肉、魚肉、乾豆、雞蛋和堅果：2~3 盎司煮熟的瘦肉、禽肉或魚肉；或 1/2 杯煮熟的豆子，一個雞蛋；或 2 湯匙花生油，相當於一盎司瘦肉。

3. 蔬菜：一杯生的葉類蔬菜；或者 1/2 杯其他蔬菜，熟的或生的；或者 3/4 杯蔬菜汁。

4. 水果：一個中等大小的蘋果、香蕉或橘子；或者 1/2 杯生的、熟的或罐頭水果；或者 3/4 杯果汁。

5. 麵包、穀類、大米、義大利麵：1 塊麵包；或者 1 盎司方便穀類食物；或者 1/2 杯熟的穀類食物、大米或義大利麵。

6. 油脂，菜油，糖類：有節制地食用。

雖然金字塔或飲食指南上建議的比例和數量還應根據食用者個人的特殊需求來決定，但是這個設計總算爲大多數人們，提供了一個能把多種營養組合成適合自己飲食的方法。

(三)營養成分標記（Nutrition Labeling）

爲了幫助消費者安排自己的飲食，大量的袋裝食品都在他們的外包裝上標示了營養成分內容。在美國，1990 年頒布的營養成分標記與教育法（NLEA）要求大部分食品都必須要有營養成分標示（肉類及禽肉除外），並規定了統一的營養成分標記內容，經食品和藥品管理委員會健康檢查批准。非商業性機構中的餐飲服務經理，尤其是那些經營多種飲食的單位，更需要這些知識。營養知識對商業性餐飲經營者來說，其重要性也越來越大了。

表 5-2 是一份營養成分標示的樣本，請注意，這份標籤向我們提供了基本內容：(1)食品形狀大小；(2)每份數量多少；(3)每份中熱量、蛋白質、碳水化合物和脂肪的含量。

表 5-2　營養成分標示

每份食品大小	1	圓餅形（43g）	
每份食品數量	10		
每份食品營養含量			
熱量 130 卡	其中脂肪　15		
			%日耗量*
脂肪總量 1.5g			2%
飽合脂肪 0.5g			3%
複合不飽和脂肪 0.5g			
單項不飽和脂肪 0.5g			
膽固醇 10 毫克			3%
鈉 190 毫克			8%
碳水化合物總量 27 克			9%
食物纖維 0 克			0%
糖類 16 克			
蛋白質 1 克			
維生素 A	0%	·維生素 C	0%
鈣	0%	·鐵	2%

*日耗量是根據 2000 卡熱量制定的，或高或低可根據自己所需熱量而定：

	熱量（卡）	2000	2500
脂肪總量	不高於	65 克	80 克
飽和脂肪	不高於	20 克	25 克
膽固醇	不高於	300 毫克	300 毫克
鈉	不高於	2400 毫克	2400 毫克
碳水化合物總量		300 克	375 克
食物纖維		25 克	30 克

第二節　營養與餐飲服務經理

正如上章所述，非商業性餐飲服務機構的經理們在服務中一定會涉及到營養需求問題，而他們在商業性餐飲機構中的同事們也應該關心一下對營養菜單的選擇問題，因爲這將爲他們提供一種競爭的優勢。

假若商業性餐飲服務經理準備給顧客提供我們所強調的營養菜單中

的菜餚，那麼他就應該弄清楚這些菜餚的內容和要求。大部分顧客要點他們認爲適合自己口味的菜，也要求菜的色香味都是上乘的。商業性餐飲服務經理決不會將不合客人胃口的營養菜餚端上餐桌，除非他不想吸引回頭客。

雖然目的不同，但是烹調出顧客需求的營養菜餚，對於非商業性餐飲服務經理來說，也同樣非常重要。商業性餐飲服務經理的目的是保持或擴大銷售額，而大部分非商業性餐飲服務經理的目的，則是保證用餐人員的健康。菜餚上桌而沒有被吃掉，不但說明它不是令人滿意的菜餚，而且也說明它不符合人們的營養需求。因此，非商業性餐飲服務機構的經理也應該提供營養而美味的菜餚。

一、菜單設計

非商業性餐飲服務機構，必須設身處地地考慮到菜單中的營養成分。在非商業性餐飲服務機構中使用標準參考書和受過訓練的專業人員，能夠計算出菜單中各種菜餚所包含的營養成分數量，他們通常也會對營養成分進行檢查，即透過對一份菜餚營養價值的評估，推算出全部菜餚的營養情況。

設計菜單時，商業性餐飲服務機構的經理要考慮許多因素，因爲這些經理面對有健康意識的顧客，其中一個要考慮的因素就是營養。金字塔飲食指南是一份相當實用的指南，例如，你可以從每一類食品中至少選出一份作爲完整的一餐。也可以設計出一份單點菜單，列出所有類型的食品，有營養需求的顧客就可以從菜單中選擇適合自己的菜餚。或者也可以設計一份自助餐菜單，從每一類食品中選出若干種類作爲菜單的內容。

設計菜單時，經理們可以採取各式各樣的策略方式來表達你對營養的關注。例如，可以採取以下方式：

1. **減少菜單菜餚中的脂肪和膽固醇**，提供可替代的瘦魚肉、雞肉、火雞肉、小牛肉等。大多數魚類和貝殼類水生動物都屬於低膽固醇肉類，可供選擇。

2. **減少鈉**，許多顧客都希望避開含鈉量大（鹽類）的食品。爲了滿足顧客要求，在食譜中要儘量不涉及鹽，顧客需要鹽時，可以臨時增加；可以提供醬和醋汁類低鈉調料。

3. **採用低熱量策略**，在菜單內容中減少脂肪和糖類的數量，多提供一些低脂低糖的水果和蔬菜。另外，也可考慮減少份量，即設計一些必要的少量菜餚。

4. **採用低糖策略**，在烤製菜品中減少用糖量並不會影響食品的味道，有時肉桂、肉豆蔻之類的調料也會為食物增加甜味。用水果蜜餞來代替甜點，提供無糖飲料。如果提供早餐菜單，一定要提供無糖的穀類食品。

設計菜單時，商業性餐飲服務經理應該考慮如何滿足顧客特殊的飲食需求。服務員與廚師應經常按顧客需求提供滿意的服務，提供的食品用炭燒要比用油炸好得多，沙拉醬料另外放，要比調進蔬菜中好得多。經理應該積極主動地收集顧客意見，收集服務員回饋的資訊，以備在設計菜單時參考。

實事求是地設計菜單非常重要，美國食品與藥品管理委員會對「少量」、「低熱量」、「無鈉」這樣的用詞都進行了特殊的定義，千萬不能隨意使用。再則，對提供極特殊的營養知識應特別予以注意，例如，要說明一個菜餚中包含某一種特別數量的熱量，這種說法可能就不敢保證，除非主廚經常使用非常精密的量具，而採購食物時也使用這樣的量具，並且還應經常使用精確的能夠控制數量的餐具。每天進行大量操作的忙碌主廚和廚師們並不是飲食科學家，操作間也不是實驗室，即使使用標準的食譜，也不會去使用精密的量具。較為合理的是要說明食品製作使用的是人造奶油而並非奶油，蛋黃可以捨去，食物可以不加鹽，而不能許諾廚師做不到的事情。

飲食趨勢是設計菜單時商業性餐飲服務經理必須考慮的另一個因素。飲食趨勢與飲食風尚不同，飲食風尚通常是指把某種食物當做萬能藥。葡萄果、蔓越莓汁，還有燕麥麩等，因其特殊的質量曾輪番作為「熱銷」食品在媒體上廣泛傳播。飲食風尚經常出現，但一般只能風行一時。

從另一方面說，飲食趨勢是公眾的基本飲食習慣的長期變化，許多近期的飲食趨勢就反映出公眾對營養和健康飲食的關心。例如，在美國就有一種趨勢，避開紅肉，接近海鮮食品；另一種趨勢則是少飲酒。

「新鮮的就是優質的」這一趨勢目前也很流行。聰明的餐飲服務經理應緊跟飲食趨勢，盡可能地把它們融入菜單。

雖然目前的趨勢是傾向於健康飲食，但仍有一些顧客不太關心營養，仍然需要傳統菜單的菜餚，諸如牛排、法國油煎食品、豐盛的甜點等。因此，大部分商業性餐飲經營者也可在菜單上列出這些內容以滿足這部分顧客的需求。

二、採購應注意的營養問題

對營養的關注已經在菜單裏呈現了出來，但計畫進菜單的原料又必須在採購時繼續得到關注。假若操作適當，新鮮食物就是營養的最好來源，儘管冷藏、烹飪以及可能的脫水也是食物營養的良好來源。但是，罐頭食品就常常在加工過程中失去了營養[3]。

當採購低脂、去脂、無脂乳製品（包括人造奶油）時，有營養意識的經理要懂得這些製品是加維生素 A 和 D 的，全麥的穀物製品和麵包製品也是可以採購的。

經理人員應牢記，在美國雞肉和火雞的大腿及小腿肉，通常要比雞胸肉便宜一些，含脂量要高一些。去皮禽肉製品要比帶皮的禽肉製品含脂量低一些。

採購牛肉時，經理人員應記住，低等級的牛肉塊比高等級別的牛肉塊具有低一些的含脂量。但是，經理人員應該牢記，低等級別的牛肉不夠嫩，味道較差。許多餐飲企業在服務經營中使用牛肉絞肉製品，關心健康的經理人員應該儘量去採購牛肉絞品製品，其含脂量比牛肉低 10%。腿肉製成的絞肉是最瘦的牛肉絞肉，頸肉絞肉是含脂量最高的牛肉絞肉[4]。

到聲譽好的供應商處採購食品，若有可能，應找那些關心營養的供應商。餐飲服務經理應該與供應商交換意見，許多供應商能夠向你提供他們出售的食品營養成分的可靠資訊，他們還可向你介紹採購食品的特點及趨勢，進一步強調有關營養的問題。

三、儲存應注意的營養問題

採購到了高品質的營養食品，但是，如果儲存不當，營養食品便會變得沒有任何意義；儲存條件不當，就會破壞食品中的營養成分。例如，即使在良好的冰箱中，維生素在幾小時內就有可能損失。新鮮食品中主要的營養成分在1－2天內也有可能遭到破壞。

經理人員應該按照以下程序操作，可以減少儲存中的營養損失：

1. 儘量縮短食品運送與使用之間的時間。例如，水果與蔬菜，理想的辦法就是每天送貨。當然，驗收應按標準進行，確認送來的水果是絕對新鮮的。
2. 新鮮食品應小心搬運，以免碰撞。
3. 記錄進貨時間，有助於保證食品的先進先用。「先進先出」應成爲制度。
4. 對於多數食品來說，最好將其儲存在原始包裝箱中。
5. 保護好新鮮食品的外包裝或封口，儘量縮短其露氣、透光、吸潮的時間。
6. 儘量縮短半成品水果及蔬菜的儲存時間，半成品水果及蔬菜最容易造成營養損失。例如，提前備餐，即在需要沙拉之前預先準備一些，這對生產過程中非常合適，但是對保持營養就非常不合適。
7. 瞭解合適的儲存溫度、濕度、空氣流通情況始終是必要的。因爲不同的製品需要不同的理想儲存溫度，這一點實際上總是很難做到，這就強調我們一定要縮短食品的儲存時間。
8. 儲存的食物應該存放在陰涼、乾燥、通風的地方。理想的儲存溫度應爲60°F（15℃）。
9. 新鮮水果以及製品應該存放在冷藏的溫度下，相對濕度非常必要。理想的存放溫度應大約爲 40°F（5℃）。之所以建議用這樣的溫度，是因爲在這樣的溫度下能夠減緩微生物的生長速度。
10. 儲存冷凍食品的合適溫度應爲0°F（-18℃）。即使在冷凍溫度下，水果和蔬菜仍會損失營養成分。冷凍、解凍、再冷凍，也會破壞冷凍食品的營養成分；所以要儘量注意這些步驟的進行，只有在必需時才可那樣做，這樣才有助於儘可能地保存食品的營養價值[5]。

四、備餐過程中營養成分的保護

在儲存與備餐過程中，假若操作失誤，就會損失食物的營養成分，爲了保護食物的營養價值，餐飲服務經理就必須確實讓員工們按照設計的保護營養成分的步驟，進行基本的備餐操作。

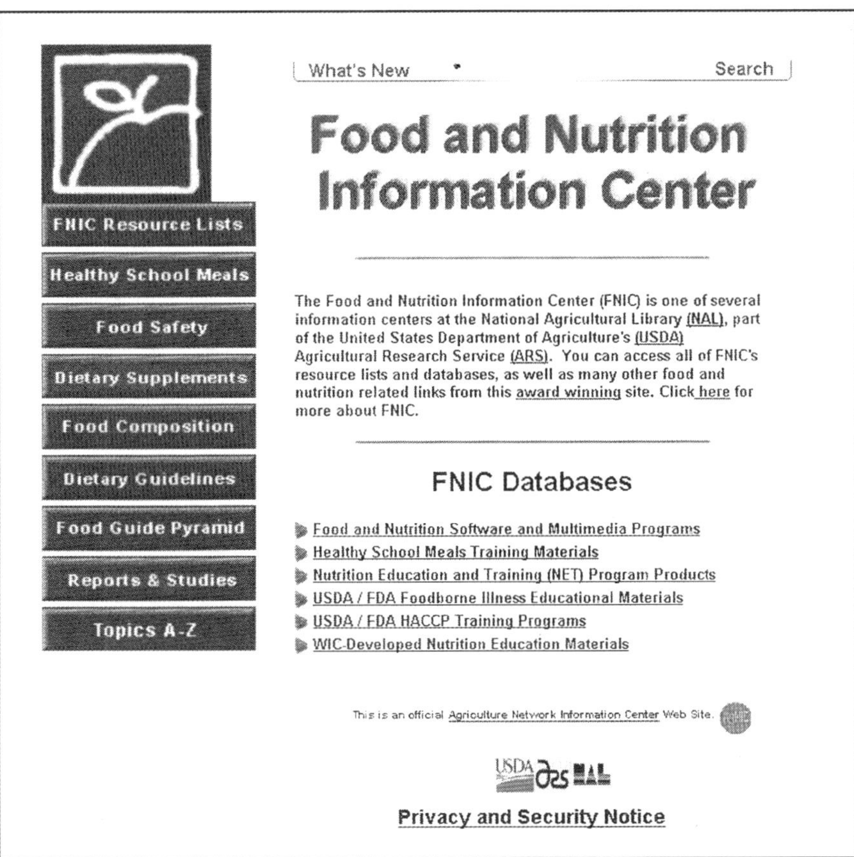

註：飲食營養訊息中心(FNIC)是一個政府資助的營養網站，有助了解到重要的研究訊息與基礎訊息，也有助於培訓餐飲服務人員，有利於消費者。（http://www.nal.usda.gow/fnic）

營養成分是如何損失的在此，有幾點必須強調：

1. 清洗和削切。食物的清洗和削切不能過分，蔬菜不應該削去過厚的外皮，因爲諸如有機物這樣的營養往往就存在於皮下。如果削去了表皮和一些內皮，許多營養成分就會損失。

2. 氧化。某些營養成分的損失是因其與氧接觸。把食物切成小塊，磨成粉，大面積地暴露在空氣中，這就會引起維生素的損失。儲存時間過長也會引起氧化。

3. 光。陽光會損害某些色素，也會損害營養。核黃素（維生素 B_2）和色素，諸如角蛋白（黃色）暴露在陽光下時就特別容易遭到破壞。

4. 熱。有些營養成分，如維生素C和硫胺素（維生素B_1）遇熱就會變質或損壞。因此，烹飪的時間越長，這些營養成分遭到破壞的機會就越大。蛋白質也會遇熱而損失，例如，烤麵包就會破壞麵包中的蛋白質含量。

5. 水。很多維生素和有機物都能溶於水，所以人們應該盡可能避免將食物浸在水中。爲了最大限度地保護營養成分，浸在水中的食物應該與水一同烹飪。烹熟之後，水應加在湯鍋中或者用於做湯、做醬汁和其他相關的菜餚。用最少的水，在最短的時間內來烹飪，同樣有利於保持營養成分。

6. 濫用調料。有些維生素能夠被鹼性物質所破壞，所以，烤製食品時不能過多地使用蘇打，也不應將其加入烹飪的青菜中。

五、標準食譜與營養

在備餐時標準食譜應成爲品質控制的核心。制定食譜時營養問題應該得到特別的重視。例如：

1. 需要避免因脂肪而增加的熱量時，應儘量使用低熱量原料，諸如新鮮水果和蔬菜，應仔細考慮每份數量的多少，使用諸如低熱量沙拉醬料、人造代糖和起泡劑等代用品。

2. 在食譜中可以要求有些菜餚需要用乾鍋嫩煎和烘烤，烹飪時不加油脂或少加油脂；廚師製作時可以將食物懸起進行烘烤，把食物中的油脂烘乾。

3. 讓湯汁冷卻，然後清去油脂，再做醬汁，並將肉上的脂肪刮除。
4. 特別要注意食譜上的動物器官類肉製品，這些食物都是高膽固醇。
5. 烤製食物時儘量將食譜上的脂肪數量減少 1/3 或 1/2。諸如蘋果醬和棗泥等代用品，常常能夠代替脂肪增加食物的潤度和質地。
6. 在食譜中應儘量少用食鹽，但可用香草及香料代替。

第三節 現代飲食要素

適宜的營養僅僅是健康飲食中的一項因素。隨著越來越多的有關飲食與疾病的科學研究，許多消費者都改變了自己的飲食習慣，以求健康長壽。現代飲食要素應包括以下有關內容：

1. 熱量；
2. 脂肪與膽固醇；
3. 鈉；
4. 纖維；
5. 食物過敏；
6. 素食。

一、熱量（Calories）

雖然有些人想增加體重，但大多數注意熱量的人們都想減輕體重，對於多數注重飲食與健康的人們來說，他們關心的焦點主要是味道好，不油膩，雖然也有一些人想胖起來。超重的人們具有疾病增多，壽命減短的趨勢，這是一個不可忽視的嚴重社會壓力。

如前所述，熱量「卡」是食物中能量的單位。一般情況下，吸收熱量超出人體所需就會增加體重，吸收熱量不足就會減少體重。如果熱量的吸收與消耗保持平衡，那麼人體體重就會保持穩定。

人體應該吸收多少熱量呢？這與人們的年齡、性別及體型等多種因素有關，而人與人各不相同。隨著年齡的增長，熱量的需求會相對減少。婦女需要的熱量比男人要少，因為婦女體內脂肪的比例相對高，她們似乎利用熱能的效率也高[6]。運動是決定人體需要多少熱量的另一個重要因素，專業的足球運動員需要的熱量，遠比那些大部分時間坐在辦公室裏的總裁們需要的熱量要多得多。另外還有其他因素，如：

1. 體溫。發燒的病人需要補充更多的熱量；
2. 環境。在寒冷的環境中比在溫暖的環境中需要補充更多的熱量；
3. 健康。手術、創傷以及其他疾病恢復期的病人需要補充更多的熱量。

低脂烹飪，別具一格

特大喜訊！烹飪去脂，肉類熱量減少百卡以上。健康烹飪法絕不增脂，僅會減脂。請留意下列乾熱烹飪法：

* **烤**（Bake／roast）—在炎熱、乾燥的空氣中烹調。
* **焙**（Broil）—運用紅外線烤箱在上述空氣中烹調。
* **燒烤**（Grill）—在開放火架上操作烹調。
* **鍋焙**（Pan broil）—打開鍋蓋，無脂操作，並去除脂肪。濕熱烹飪法可在無脂或低脂的情況下進行烹調。
* **燉**（Braise）—少量湯汁加蓋操作烹調。
* **燙**（Boil）—用沸水或湯汁烹調。
* **煮**（Poach）—熱水或熱湯烹調。
* **煨**（Simmer）—文火小沸烹調。
* **蒸**（Steam）—完全用蒸汽烹調。

一項粗略的統計顯示，如果你的體重非常理想，並且不運動，那麼就用體重乘以 14，相對運動一些就乘以 15，非常喜歡運動就乘以 16。這樣得出的就是你每天保持體重所應攝入的熱量。例如，你的體重爲 140 磅，相對運動一些，你每天就需攝入 2100 卡熱量才能保持體重不變，即：$140 \times 15=2100$[7]。

如果體重不甚理想又該怎麼辦呢？有許多流行食物、藥丸等，甚至外科醫生也可以幫你減脂，許多人都想試一試，但是，對於大多數人來說，最好的減肥方法還是攝入較少的熱量，增加適當的活動量。

餐飲服務經理要滿足注重熱量的顧客需求，就應提供低熱量的菜單，選擇新鮮水果和蔬菜，選擇減肥飲料代糖，低脂奶，低卡沙拉醬料等。菜單上應給節食者提供這方面的資訊，諸如備餐方法，代用醬料，減小份量等。

二、脂肪與膽固醇（Fat amd Cholesterol）

在本章前面已經提到過，脂肪有飽和脂肪與不飽和脂肪兩種。飽和脂肪一般存在於動物肉類中——例如：肉類、豬油、奶油、全脂奶、雞蛋。有兩種植物油——棕櫚油和椰子油中也有極高含量的飽和脂肪。不飽和脂肪大多數都存在於植物類食物及用這些植物製作的油料中，如橄欖、堅果、玉米、黃豆等。

希望減少體重的人們應避免食用脂肪，因爲每克脂肪中含有比其他營養物更多的熱量。專家們一般都建議人體每日所攝入的來自於脂肪的熱量應保持在30％以下，並且這些熱量中的飽和脂肪不應超過10％[8]。應儘量避免飽和脂肪的攝入，因爲飽和脂肪能引起多種腫瘤疾病，還能升高膽固醇，高膽固醇又可引發心血管疾病。不飽和脂肪是較爲健康的脂肪，甚至可以降低有些人的膽固醇。

膽固醇存在於所有動物肉類食物中，它是一種油脂性物質。人類生存需要一定數量的膽固醇，人體利用膽固醇合成維生素D、膽汁和其他多種荷爾蒙，並且膽固醇也是腦細胞及神經細胞的重要組成部分。事實上，人體只合成極少數量的膽固醇。一旦大量動物肉類食物，尤其是那些飽和脂肪含量極高的食物被攝入後，人體的膽固醇含量就會增高。一旦人體出現此類情況，膽固醇就會聚留在脈壁上阻塞心血管以及其他重要器官的血管，造成心血管疾病和心臟病。

雖然，膽固醇能引起心臟病和其他健康問題，諸如高血壓和人體衰老等，但這一問題卻不能完全被人理解，不過專家們大都認爲，從飲食中攝入的膽固醇越少越好。餐飲服務經理應該提供低膽固醇的食物，例如：脫脂奶而不是全脂奶，蛋白而不是全蛋。有些蛋黃則可從食譜中取消掉，沙拉醬料和滷汁可另放，讓低膽固醇的顧客自己掌握應該加添多少最爲合適。還應提供一些低膽固醇或者所謂的有益膽固醇配料來替代那些奶油和人造奶油。

三、鈉（Sodium）

鈉是食鹽中的無機成分，可作爲食物調料或保鮮劑，其作用就是增加食物的味道。食物中鈉的成分過多，就會引起高血壓，增加心臟病、腦中風和腎臟病的危險[9]。

餐飲經理遇到顧客有控制食用鈉的要求時，就應提供低鈉菜單供其選擇，餐桌上在罷上食鹽和胡椒的同時，也放上食鹽的代用品。

醫生告誡許多人應該攝入低鈉飲食，這些顧客的食物中就不應加添過多的食鹽。對於這類飲食，製作時就需少加食鹽，在餐桌上也無需放鹽。同時，高鈉食物和調料，諸如泡菜、橄欖、德國泡菜、火腿、燻肉、熱狗、餅乾、魚醬、豆醬、蒜鹽等就必須避免。稍加考慮，大多數服務經理就可以很容易地滿足低鹽飲食顧客的要求。

四、纖維（Fiber）

纖維是由一些人體不能消化的植物細胞壁膜所組成，它在消化系統中以物理的方法把食物碎粒分隔開來，幫助消化。纖維可以預防便秘，從而有助於調節膽固醇，甚至能減少罹患結腸癌及心臟病的危險[10]。

有些營養學家建議人們每天攝入 15～18 克的纖維，美國國家腫瘤研究院建議健康的成人每天都應攝入 20～30 克的纖維。確認自己每天是否攝入了足夠的纖維的方法就是多吃一些含纖維高的食物：全糧麵包、麩皮粥、糙米、豆皮類、燕麥粥、鮮果、蔬菜等。

餐飲服務經理應幫助顧客滿足其對纖維的要求，在他們的可選菜單中列入麩皮粥（早餐）、新鮮水果、生拌蔬菜或嫩燙蔬菜、糙米以及穀類麵包。

五、食物過敏（Food Allegies）

有些顧客對某些食物厭食或過敏，所以應避開這些食物。食物過敏的反應是人體免疫系統對食物的反應（如同有些人對蚊叮蟲咬過敏一樣），厭食的反應則與人體免疫系統無關。

多數食物過敏人士對該類食物的反應爲皮膚出疹或搔癢，腸胃系統不適（如嘔吐、腹痛）。很大比例的食物過敏者的反應，似乎都是由相關的幾種食物所引起的，諸如：牛奶、雞蛋豆皮類、堅果、小麥等）。顧客一般都知道哪種食物會引起自己的不適，點菜前會詢問一下食物的用料。對於服務人員來說，瞭解菜單菜餚中的配料非常重要，當客人提出特殊的配料要求或其他需求時，服務人員最好與廚房人員聯繫，確認配料的情況。

CHOLESTEROL

AHA Scientific Position

Cholesterol is a soft, waxy substance found among the lipids (fats) in the bloodstream and in all your body's cells. It's an important part of a healthy body because it's used to form cell membranes, some hormones and other needed tissues. But a high level of cholesterol in the blood — hypercholesterolemia - is a major risk factor for coronary heart disease, which leads to heart attack.

Cholesterol and other fats can't dissolve in the blood. They have to be transported to and from the cells by special carriers of lipids and proteins called lipoproteins. There are several kinds, but the ones to be most concerned about are low density lipoprotein (LDL) and high density lipoprotein (HDL).

What is LDL cholesterol?

Low density lipoprotein is the major cholesterol carrier in the blood. When a person has too much LDL cholesterol circulating in the blood, it can slowly build up within the walls of the arteries feeding the heart and brain. Together with other substances it can form plaque, a thick, hard deposit that can clog those arteries. This condition is known as atherosclerosis. The formation of a clot (or thrombus) in the region of this plaque can block the flow of blood to part of the heart muscle and cause a heart attack. If a clot blocks the flow of blood to part of the brain, the result is a stroke. A high level of LDL cholesterol reflects an increased risk of heart disease. That is why LDL cholesterol is often called "bad" cholesterol.

What is HDL cholesterol?

About one-third to one-fourth of blood cholesterol is carried by high density lipoprotein or HDL. Medical experts think HDL tends to carry cholesterol away from the arteries and back to the liver, where it's passed from the body. Some experts believe HDL removes excess cholesterol from atherosclerotic plaques and thus slows their growth. HDL is known as "good" cholesterol because a high level of HDL seems to protect against heart attack. The opposite is also true: a low HDL level indicates a greater risk.

What is LP(a) cholesterol?

Lp(a) is a genetic variation of plasma LDL and an important risk factor for premature development of atherosclerosis . Most of the atherogenicity seems to be the processes that occur in the arterial intima. However, the mechanism whereby an increased Lp(a) contributes to disease is not understood. It may rest with its affinity for fibrin in lesions that leads to accumulation of lipid in fibrous plaques.

What about cholesterol and diet?

Cholesterol comes from two sources. It's produced in your body, mostly in the liver (about 1,000 milligrams a day). And it's found in foods that come from animals, such as meats, poultry, fish, seafood and dairy products. Foods from plants (fruits, vegetables, grains, nuts and seeds) do not contain cholesterol.

Saturated fatty acids are the chief culprit in raising blood cholesterol, which increases your risk of heart disease. But dietary cholesterol also plays a part. The average American man consumes about 360 milligrams of cholesterol a day; the average woman, between 220 and 260 milligrams.

Some of the excess dietary cholesterol is removed from the body through the liver. **Still, the American Heart Association recommends that you limit your average daily cholesterol intake to less than 300 milligrams.**

註：在網路上有豐富的營養與健康信息，美國心臟協會的網站(heep://www.americaheart.org)會為我們提供重要的資料和許多方便的連結，供進一步的研究。

六、素食（Vegetarian Meals）

越來越多的人們開始選擇素食，還有許多人希望減少飲食中的肉類食物，有些人是因爲節食原因，有些人是因爲道德原因不願犧牲動物生命或造成動物痛苦爲代價來滿足自己的食欲。所有素食者都避免吃肉，他們最基本的食物爲：蔬菜、水果、糧食、蛋白質類（黃豆類、豆皮類、堅果）等。根據素食者的飲食，他們可分爲以下多種類型：

1. 純粹素食者：絕對不食用動物類食物的素食者，包括不食用牛奶、乳酪、蜂蜜的素食者。
2. 奶類素食者：飲食中不排除奶製品的素食者。
3. 蛋類素食者：飲食中不排除蛋類的素食者。
4. 奶蛋類素食者：飲食中不排除奶類和蛋類的素食者。

眾所周知，當客人需要「素食」時，最重要的是應立即正確判斷出客人到底吃什麼，不吃什麼，爲安全起見，最好只提供蔬菜、水果、雜糧和無肉蛋白質。當得知客人屬於哪一類素食者時，主廚就可以特製一份美味可口、營養適量、誘人胃口的飯菜以供客人享用了。

註 釋

[1]Lewis J. Minor, *Nutritional Standards* (Westport, Conn.: AVI, 1983), p. 150.

[2]Henrietta Fleck, *Introduction to Nutrition*, 3rd ed. （New York: Macmillan, 1976）, p. 243.

[3]Leslie E. Cummings and Lendal H. Kotschevar, Nutrition *Management for Foodservices* (Albany, N. Y.: Delmar, 1989), p. 200.

[4]Sandy Kapoor, *Professional Healthy Cooking* (New York: Wiley, 1995), p. 16.

[5]This section about nutrition concerns during storage is based in part on information found in Cummings and Kotschevar, pp. 203-207 ·

[6]Cummings and Kotschevar, p. 125.

[7]From a 1989 U. S. Air Force pamphlet on nutrition. Used with permission.

[8]Kapoor, Professional Healthy Cooking, p. 5.

[9]Cummings and Lotschevar, p. 173.

[10]Cummings and Lotschevar, p. 67.

[11]Cummings and Kotschevar, p. 332.

名詞解釋

卡（路里）（calorie） 食物中所含的熱量單位，一克水溫度升高1℃所需要的熱量，簡稱卡。

碳水化合物（carbohydrates） 人體內供消化、呼吸運動而產生熱能的基本營養成分。碳水化合物有助於人體維持正常溫度，作爲能源它能減少人體對蛋白質的消耗。

膽固醇（cholesterol） 人體中的油脂性物質，食物中的膽固醇來自於肉製品，與引起心臟病有關。

脂肪（fats） 基本的營養成分，爲人體濃縮的熱源和能源。

纖維（fiber） 不易消化的植物細胞壁。

飲食指南金字塔（Food Guide Pyramid） 根據美國飲食協會飲食指南所制定的每日飲食指南。但它並非嚴格的規定，而只是一份普通的有助於人們選擇健康飲食的指南。飲食指南金字塔建議人們從多種食物中獲取營養，並告訴人們保持健康所需的熱量。

礦物質（minerals） 合成組織材料，調節人體的基本營養成分。

營養（nutrition） 有關飲食的科學。

蛋白質（proteins） 人體中由氨基酸組成的基本營養成分。在人體消化過程中，蛋白質被分解爲單體的氨基酸，然後被人體重新分配用來構成各類組織。完全的蛋白質食物可以提供足量的基礎氨基酸，滿足人體對蛋白質的需求。

建議飲食標準（RDAs）（recommended dietary allowances） 專家認爲的大部分健康人類所需營養的基本量。

鈉（sodium） 一種能夠調節食物味道，並保護食物的有機物。

維生素（vitamins） 具有促進人體發育、利於食物消化、預防某些疾病、保持人體健康和良好狀態等重要功能的基本營養成分。

複習題

1. 爲什麼商業性餐飲經營者應該關注營養食物的提供？
2. 在服務活動中商業性餐飲服務經理估價食物營養含量時應該考慮的一些重點問題是什麼？
3. 六種基本的營養成分對人體健康都有什麼作用？
4. 哪些食物中含有蛋白質、碳水化合物和脂肪？
5. 對於有健康意識的人來說，瞭解脂溶維生素和水溶維生素的區別非常重要，爲什麼？
6. 對於餐飲服務經理來說，瞭解營養委員會制定的建議飲食標準非常重要，爲什麼？
7. 爲什麼營養檢查對於非商業性餐飲服務經營者來說，比對商業性服務經營者更有價値？
8. 在儲存和備餐過程中，操作不當會造成營養損失，操作不當指的是哪些方面？
9. 每人需攝入多少卡熱量？
10. 如果有客人要控制脂肪及膽固醇的攝入，餐飲服務經營者應該如何爲他們服務？

網　址

欲知更多資訊，請瀏覽下列網站，但網址名稱可能有變動，敬請留意。

American Dietetic Association
http://www.eatright.org/

FDA Center for Food Safety and Applied Nutrition
http://vm.cfsan.fda .gov/index.html/

American Heart Association - Diet and Nutrition
http://www.americanheart.org/health/Diet.and.nutrition/

Food Aller Network
http://www.foodallergy.org/

Food and Nutrition Information Center
http://www.nal.usda.gov/fnic/

Food labeling and Nutrition
http://vm.cfsan.fda.gov/label.html/

The Vegetarian Pages
http://www.veg.org/veg/

CHAPTER 6

本章大綱

- 菜單標價類型
  - 套餐菜單
  - 單點菜單
  - 混合菜單
- 菜單使用週期
  - 固定菜單
  - 循環菜單
- 菜單種類
  - 早餐菜單
  - 午餐菜單
  - 晚餐菜單
  - 特色菜單
- 菜單設計
  - 瞭解你的顧客
  - 瞭解你的企業
  - 選擇菜單內容
  - 菜單的平衡
- 菜單藝術設計
  - 文稿撰寫
  - 版面設計
  - 封面設計
  - 菜單設計中的常見錯誤
- 菜單評估
- 菜單管理軟體
  - 預算成本與實際成本計畫軟體
  - 菜單設計軟體

一切始於菜單，菜單決定你的經營如何組織和管理，決定你實現目標的程度甚至決定餐館本身建構（一般是指內部裝修）應該如何設計和施工。

對於顧客來說，菜單絕不僅僅是一張提供食品的清單。菜單代表了經營者的形象，並把一種氣氛、興趣和樂趣融入了全部用餐過程。

對於食品製作人員來說，菜單決定了哪些食物必須準備。服務人員的任務同樣也受到菜單內容的影響。

對於經理人員來說，菜單是主要的內部行銷和銷售的工具。菜單還告訴他們哪些食物是必須採購，哪些設備是必須具有，需要僱用多少員工，員工技術水準應達到什麼標準，簡言之，菜單影響到餐飲服務經營的每一個層面。

因爲幾乎每一位顧客都要看一看菜單，經理人員必須保證菜單應傳遞正確的資訊。在一個充滿浪漫氣氛的高雅的餐館中，一份精緻的菜單繫著金色的絲帶，印在昂貴的紙質上，有助於帶給顧客和諧的用餐經驗，甚至連菜單的封面裝飾也能傳遞一種資訊。如果經營管理人員允許把破舊、骯髒的菜單遞給顧客，那麼其他方面的經營會亂成什麼樣子呢？

在這一章節中，我們著重瞭解標價菜單的類型，菜單的使用週期，菜單的不同種類，菜單的計劃和菜單設計原則，最後一部分則介紹菜單的定價。書中所講到的大部分內容既適合非商業性餐飲機構，也適合商業性餐飲企業。

第一節 菜單標價類型

菜單的形狀和大小各不相同，反映了餐飲經營者完全不同的風格。有些菜單印製在羊皮紙上，有些寫在黑板上。但所有菜單均可以菜餚種類和菜單標價來分類。三種基本菜單類型爲：

1. 套餐菜單；
2. 單點菜單；
3. 套餐、單點混合菜單。

一、套餐菜單（Table d'Hôte）

套餐式菜單提供非單點、單一價格之套餐，有時一份菜單上提供兩套或更多的套菜，各套價格不同。有些套餐菜單供客人選擇的範圍很小，例如，客人只能在湯與沙拉中任選一項，或者只可選擇甜點。不過大多數情況下，套餐中的菜餚都是安排好的，客人即使挑選，也不會選擇過多。套餐有時又被稱為定餐，來自法語，意思為價格已定。

二、單點菜單（À la Carte）

在單點菜單上，所有菜餚和飲料及價格都被單獨列出(參閱圖 6-1)，客人無須從計畫的菜餚中選擇，他們可以從菜單中列出的多種開胃酒、主菜、小菜、甜點中點出自己的菜餚。他們可以根據所選菜單菜餚的價格決定自己一餐的費用。

圖 6-1　單點菜單範例

Hard Rock CAFE

APPETIZERS

All our soups, chili, guacamole and onion rings are homemade daily with the freshest of ingredients.

HARD ROCK AND ROLL CHILI — HOMEMADE　CUP 2.95　BOWL 4.95

SOUP OF THE DAY　CUP 1.75　BOWL 2.25

RUTH'S SPICY CHICKEN WINGS　2.95

HARD ROCK GUACAMOLE WITH CHIPS　3.95

ONION RINGS　2.50

SALADS

All our salads on every plate are made with fresh hearts of romaine

1 GRILLED CHICKEN BREAST SALAD　5.95
marinated sliced chicken served on a mound of tossed California greens with vinaigrette dressing

2 CAFE CHOPPED SALAD　5.95
chopped California greens, smoked turkey, bleu cheese, tomatoes, and bacon tossed in a light oil and vinegar dressing

3 HARD ROCK CAESAR SALAD　5.75
hearts of romaine lettuce with homemade garlic croutons and our Caesar dressing

4 CHICKEN SALAD ~ HOMEMADE　5.95
an Old Favorite Recipe – served on crisp greens with tomato, cucumber and pineapple

5 SPINACH SALAD　5.95
fresh spinach greens with freshly sliced avocado, crisp bacon, Bermuda onions, mushrooms, Feta cheese and our house Oil and Vinegar

SPECIALTIES OF THE HOUSE

If you've been to the Hard Rock and haven't had our lime chicken or watermelon ribs, then you haven't been to the Hard Rock!

6 LIME BAR-B-Q CHICKEN　8.95
chicken marinated in our special lime marinade and then grilled and served with fries and a green salad

7 HRC FAMOUS BABY ROCK WATERMELON RIBS　9.95
Texas style ribs basted in our special watermelon B-B-Q sauce, grilled and served with fries and a green salad

8 SMOKE HOUSE STEAK　11.95
¾ pound grilled, aged New York Steak with fresh garlic butter and served with a baked potato and a green salad

9 FRESH FISH OF THE DAY (sea waitress)　Priced Daily
Truly a Catch! grilled and served with a baked potato and a crisp green salad

10 HRC FRESH GRILLED SWORDFISH　Priced Daily
Served with lime butter, a baked potato and a crisp green salad

HAMBURGERS and SANDWICHES

All the burgers and sandwiches are served with home cut fries, a fresh green salad and your choice of made from scratch creole mustard, 1,000 island, blue cheese or vinaigrette dressings. Sandwiches served on your choice of white or 10 grain whole wheat bread

11 HRC'S GRILLED BURGERS　5.75
⅓ pound of the finest hand patted chopped steak

12　⅓ pound with melted natural Swiss, Cheddar or Jack cheese　5.95

13　⅓ pound with our Hard Rock and Roll Chili　5.95

14　⅓ pound with crisp bacon, freshly sliced avocado and melted Jack cheese　6.50

15　½ pound – any way you want it　6.75

PIG SANDWICH (Handpulled Hickory Smoked Pork)　5.95
marinated in our homemade B-B-Q sauce

16 GRILLED CHICKEN BREAST　6.50
tender breast of chicken with melted natural Swiss cheese, freshly sliced avocado and tomato on a whole wheat bun

17 BLUE FIN PACIFIC　5.75
white Albacore tuna, lettuce, tomato and water chestnuts

THE HARD ROCK NATURAL　4.95
fresh avocado, tomato, carrots, beets, cucumber, red onion, lettuce and daikon sprouts on honey whole wheat bread. Served with our home cut fries

18 SMOKED TURKEY SANDWICH　6.50
Served with lettuce and tomato (Swiss cheese if you like)

19 GRILLED CHEESE SANDWICH　4.95
natural Swiss, Cheddar or Jack with tomato

20 THE COUNTRY CLUB SANDWICH　6.50
thinly sliced home oven roasted turkey breast, crisp bacon, two kinds of lettuce and tomato

LUNCHEON SPECIALS

SOUP and SANDWICH (served Mon. thru Fri. only)　4.95
Soup of the day, fresh green salad with your choice of dressing and a half albacore tuna, homemade chicken salad, smoked turkey or grilled cheese sandwich

LIQUID REFRESHMENTS

WINE — Red, White and Blush　glass 2.50　bottle 8.50

CHAMPAGNE — Domaine Chandon Napa, California　glass 4.50　bottle 19.00

HARD ROCK WINE COOLER　2.50

DOMESTIC BEER ~ 2.25
BUDWEISER　MILLER LITE
BUD LIGHT　MILLER GENUINE DRAFT

IMPORTED BEER ~ 2.75
CORONA　BECK'S　HEINEKEN
BASS　BECK'S DARK　FOSTER'S

HARD ROCK HURRICANE (keep the glass)　6.50

SUNDANCE NATURAL SPARKLERS 1.75
(Cranberry, apple, orange or kiwi lime)

COFFEE – we fresh grind our own special blend of coffee beans　.95

CLYDE'S ICE TEA (a real taste treat from Music City, U.S.A.)　.95

TEA, CAMOMILLE OR REGULAR　.95

FRUIT JUICE SQUEEZED FRESH DAILY 1.50

COKE, DR PEPPER, SPRITE, ROOT BEER, DIET COKE　.95

PERRIER　1.50

EVIAN　1.75

BALCONY AVAILABLE FOR PRIVATE PARTIES

註：有些菜單為手寫，給人一種很隨意的人情味。

三、混合式菜單（Combination）

許多餐飲經營場所都有混合式菜單，是一種套餐式菜單和單點標價菜單相結合的菜單。套餐式菜單可提供獨立標價的甜點供選擇，單點式菜單則提供蔬菜、蕃茄等蔬菜或米飯供選擇，並標示主菜的價格。

餐飲經營場所的混合式菜單提供豐富多樣的全套系列菜餚，還提供豐富多樣的單點菜餚。少數華人及其他民族的餐館中普遍提供此類綜合菜單。

第二節 菜單使用週期

菜單還可以以使用週期長短來分類。有些餐飲經營場所具有固定菜單，即每天都使用一種單一菜單，也有些餐飲經營場所循環使用不同的菜單。循環菜單在一段時期內每天有所改變，然後重新開始循環。

一、固定菜單（Fixed Menus）

像咖啡店和連鎖經營的餐館，常常在數月甚至更長時間內一直使用某種單一菜單，而後再換一款新的固定菜單。有時也可能會給那些常客提供一些可供選擇的菜單，但是仍有部分基本菜餚是不變的。固定菜單在常客不多的餐館和餐飲服務機構很有必要，或者必須有足夠多的可供選擇的不同層級的菜餚。

二、循環菜單（Cycle Menus）

設計循環菜單是爲了提供給常客，甚至每天都光顧的客人多樣化的菜餚。非商業性餐飲機構，無論是私營的還是那些在學校、療養院、企業機關等進行承包管理經營的餐飲機構都經常使用循環菜單（參閱圖6-2）。客人每天都光顧的商業性餐館，例如偏遠的風景區或者鬧市的自助餐館，也可以使用循環菜單。

圖 6-2 循環菜單

WEEK 1	MONDAY	TUESDAY	WEDNESDAY	THURSDAY	FRIDAY
ENTREES Choose 1	Hamburger with bun Chili	Submarine Sandwich Ground Beef and Gravy	Pizza Cheese Sandwich Bologna	Spaghetti w/ Meat Sauce Tunafish Sandwich	Tacos Sloppy Joes with Bun
FRUITS AND VEGETABLES Choose 2	French Fries Celery Sticks Applesauce	Mashed Potatoes Cabbage-Apple Salad Fruit Cocktail	Buttered Green Beans Carrot Sticks Fruit Gelatin	Tossed Salad Buttered Spinach Apple Crisp	"Round-about" Potatoes Orange Juice Banana
BREAD OR SUBSTITUTE	Sal (wi				
BONUS!					
MILK Whole or 2%	Mi				

WEEK 2	MONDAY	TUESDAY	WEDNESDAY	THURSDAY	FRIDAY
ENTREES Choose 1	Toasted Cheese Sandwich Meatloaf w/ Gravy	Pizza Turkey-Ham Sandwich	Fish in Bun Chicken or Turkey Supreme	Hamburger and bun Macaroni and Cheese	Lasagna Hot Dog and Bun
FRUITS AND VEGETABLES Choose 2	Mashed Potatoes Vegetable Soup Sliced Peaches	Buttered Corn Tossed Green Salad	French Fries Confetti Cole Slaw	Tater Tots Beets in Orange Sauce	Buttered Green Beans Finger Relishes
BREAD OR SUBSTITUTE	Hot rolls (with meatloaf)				
BONUS!					

WEEK 3	MONDAY	TUESDAY	WEDNESDAY	THURSDAY	FRIDAY
ENTREES Choose 1	Tacos Egg Salad Sandwich	Hot Dog and Bun Meat Turnover with Gravy	Spaghetti and Meat Sauce Turkey Sandwich	Pizza Tunafish Sandwich	Hamburger and Bun Ravioli
			h Green d ots nge Smiles	Carrot Sticks Mexicorn Applesauce	Hashbrown Potatoes Cabbage-Apple Salad Pudding w/ Fruit
					rlic Bread h Butter
					k

WEEK 4	MONDAY	TUESDAY	WEDNESDAY	THURSDAY	FRIDAY
ENTREES Choose 1	Sloppy Joes with Bun Beef Stew	Baked Fish Beefaroni	Hamburger and Bun or Cheeseburger	Baked Chicken Toasted Cheese Sandwich	Pizza Submarine
FRUITS AND VEGETABLES Choose 2	Celery Sticks Buttered Corn Orange Slush				
BREAD OR SUBSTITUTE	Cheese Biscuit with Butter				
BONUS!	Peanut Butter Cup				
MILK Whole or 2%	Milk				

WEEK 1	MONDAY	TUESDAY	WEDNESDAY	THURSDAY	FRIDAY
ENTREES Choose 1	Hamburger with bun Chili	Submarine Sandwich Ground Beef and Gravy	Pizza Cheese Sandwich Bologna	Spaghetti w/ Meat Sauce Tunafish Sandwich	Tacos Sloppy Joes with Bun
FRUITS AND VEGETABLES Choose 2	French Fries Celery Sticks Applesauce	Mashed Potatoes Cabbage-Apple Salad Fruit Cocktail	Buttered Green Beans Carrot Sticks Fruit Gelatin	Tossed Salad Buttered Spinach Apple Crisp	"Round-about" Potatoes Orange Juice Banana
BREAD OR SUBSTITUTE	Saltines (with Chili)	Roll (with Ground Beef)		Italian Bread (with Spaghetti)	
BONUS!		Peanut Butter Cookie			Oatmeal Cookie
MILK Whole or 2%	Milk	Milk	Milk	Milk	Milk

註：這是一所新聞學校的循環菜單，此菜單四周為一循環，菜單可供選擇的菜式是有限的。

循環週期一般爲一～四周，也可更長些，確定週期的長短非常重要。週期太短，菜單頻繁重複，會造成客人不滿；週期太長，比如採購、儲存、大量備餐等方面的生產成本就會太大。最合適的循環週期以經營的方式不同而定，即根據客人回頭用餐的機率多少來定。在拉斯維加斯有些娛樂酒店，使用七日循環菜單，因爲多數客人停留時間不長，根本不注意菜單是否重複。在度假區，一般客人都要停留兩周，那麼設計兩周、三周，或者四周的循環菜單就很有必要，這完全要看經營者對那些停留時間超過平均客人的注重程度了。在大學裏，菜單週期循環一次就比較合適。

每日的菜單在循環使用中可以是單點式菜單，也可以是套餐式菜單。學校、醫院、監獄，還有其他機關中可以使用套餐式菜單進行循環，即在一段時間內每天提供一個套餐（早餐、午餐和晚餐）。不過，有許多非商業性餐飲機構也提供可選擇的菜單。在商業性的餐飲經營場所，循環菜單可以使用單點菜單，例如，使用7天一循環式菜單的飯店餐廳就可以輪流使用7種不同的單點菜單。

第三節 菜單種類

菜單的基本種類有三種，即早餐菜單、午餐菜單和晚餐菜單，均爲三種傳統用餐時段所設計的菜單。也有很多特殊的菜單爲特別的人群、或者特殊的市場所設計。餐飲服務經營者所用的菜單種類，要根據服務量大小和經營類型來定。許多經營者都備有單獨的早餐菜單，因爲他們專門經營早餐，而午餐和晚餐菜單通常是合併使用的，是否提供特別菜單要根據經營情況和顧客情況而定。例如，某大型餐館可能還會單獨開列一個酒類和甜點的菜單作爲他們的特色。

一、早餐菜單

早餐菜單相當標準，大部分餐館都提供可供選擇的水果、果汁、雞蛋、各種麥片、燒烤蛋糕、鬆餅和燻肉，以及香腸類的早餐肉食。有時，還會有一些地方特色菜，如燕麥粥類等。

一份典型的早餐菜單的明顯特點是「簡單」、「快速」、「便宜」。多數客人比較注重早餐的價格，他們可能要匆忙去上班或者去赴約，所以希望能夠隨到隨用，爲了能讓早餐變得低價而快速，多數早餐菜單提供相對有限的菜餚，僅僅是基本的早餐菜餚。

二、午餐菜單

像早餐客人一樣，午餐客人通常很匆忙，因此，午餐菜單的內容也必須有特色，比較方便易做。三明治、湯、沙拉都是許多午餐菜單中的重要菜餚。

午餐菜單必須多樣化，許多顧客每週要在同一餐館中多次用午餐，因爲這些餐館靠近工作地點或學校。爲了保持多樣化，多數午餐菜單都每天提供特殊菜式。這些特殊菜式可以印製成單頁附在午餐菜單上，或使用循環菜單來保持多樣化，在某一時段裡可以天天更換全部菜單。

午餐菜單內容通常比晚餐菜單內容要少一些，因爲多數客人不想吃得太飽，而使自己在整個下午都昏昏沉沉。午餐菜單通常也不如晚餐菜單那麼精緻，這是慣例。如果午餐提供開胃酒，一般非常簡單，數量也不多，午餐菜單經常提供甜點。

三、晚餐菜單

晚餐對大多數人來說是一頓正餐，提供的菜單菜餚品種很多，並且比早餐和午餐要精緻得多。晚餐可能吃起來要比早餐和午餐輕鬆一些，因爲客人經常追求良好的晚餐體驗，或者要在晚餐上設計一些特別的慶祝活動。

客人情願爲晚餐多付些錢，而不是午餐，但是他們也希望在晚餐菜單中多一些可供選擇的菜餚，在服務上多一些花樣、氣氛及裝飾。因此，晚餐菜單常常提供多樣的可選菜餚，如牛排、烤麵包、雞肉、海鮮以及麵食類的食品，如焗烤千層麵、義大利麵等這些典型的晚餐主食。再者，紅酒、雞尾酒、風味甜品等都有可能出現在晚餐菜單上而非午餐菜單上。

四、特色菜單（Specialty）

特色菜單非常豐富，從湖畔菜單到下午茶點菜單無所不有，最普通的特色餐菜單如下：

1. 兒童菜單；

2. 老人菜單；
3. 酒水飲料單；
4. 甜點菜單；
5. 客房餐飲服務菜單；
6. 外賣菜單；
7. 宴會菜單；
8. 加州菜單；
9. 民族風味菜單。

(一)兒童菜單（Children's）

兒童菜單不應作爲餐館的主要菜單或者花樣菜單，它的主要目的是吸引兒童的注意力，使得父母及其他客人有時間安靜地用餐，所以，首先應保證該菜單有趣味性（參閱圖 6-3）。兒童菜單的形狀可以製作成卡通畫、恐龍或者火箭，許多兒童菜單都有色彩鮮豔、卡通、活動畫面的特點，也可以是讓孩子塗色的黑白圖畫。把菜單做成折疊帽、面具和其他玩具對小孩具有一定的吸引力；在菜單上出現一些猜字遊戲、字謎、故事以及走迷宮等對大孩子則有一定的吸引力。

出現在兒童菜單上的食物應該家常、簡單、有營養，份量小一些，價格適中些。

絲帶、釘書針或者其他有潛在危險的、能夠取下放進嘴裏的物品千萬不可作爲兒童菜單上的部分內容。

(二)老人菜單（Senior Citizen's）

爲滿足老年顧客的特殊需求而設計的菜單，變得越來越重要。老人菜單可以是單獨的菜單，也可以在普通菜單中單獨列出老年人需要的菜餚。一般情況下，滿足老年顧客需要的菜單內容都包括在普通菜單中。

有些老年人，特別是那些依靠固定收入爲生的老年人，對價格非常在意，寧願點一些比一般份量小的低價菜餚。

另有一些老年人則遵照醫生開列的食譜或推薦的飲食內容用餐。大部分老年人都涉及到控制體重、糖尿病及心臟病，或者預防這些病的問題，以及腸胃不好問題，也有些老年人只是對正確的飲食習慣很在意。關心體重的老年人和有糖尿病的老年人都需要簡簡單單、花色不多的速食、主食和甜點。上一塊新鮮的水果就會使一位糖尿病患者特別滿意地和其他人一起愉快地享用甜點。

許多老年人對鈉有顧忌，他們不可攝取過多的鹽，因此，製作這類飲食時就少加食鹽，尤其是菜上桌後就一定不能再加鹽了。許多美味菜餚，在製作時可以排除多鈉調料，避免高鈉食物。

圖 6-3　兒童菜單

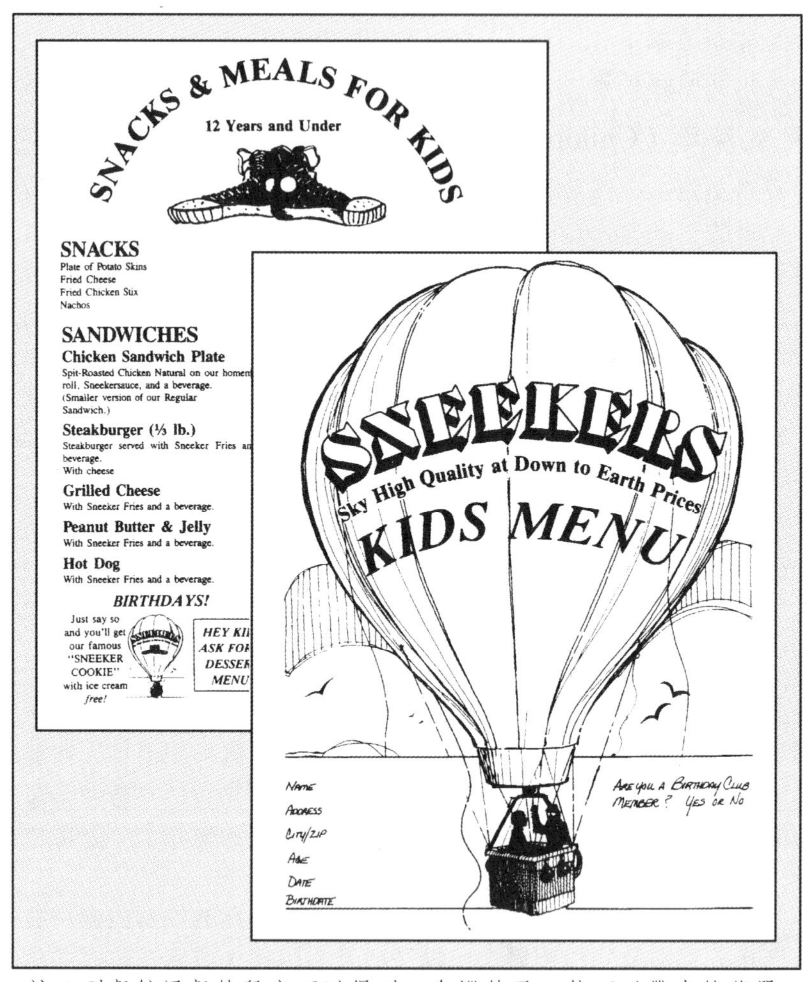

註：到餐館用餐的兒童可以得到一盒蠟筆及一份可以帶走的菜單。

資料來源：Sneekers Restaurant, Lansing, Michigan.

介紹菜單內容時要注意配料情況，這樣有助於老年人進行適宜的選擇。聰明的服務人員會向有特殊飲食需求的顧客介紹菜單上沒有標明的配料和如何準備的情況。

㈢酒水飲料單（Alcoholic Beverage）

雞尾酒和紅酒可以列在單獨的含酒精飲料單上，或者包括在普通菜單裏。如果包括在普通菜單裏，酒水單就應在點菜之前奉上，這樣客人在點菜前飲酒時就可以得到必要的資訊。提供單獨酒水單的餐飲場所常常備有雞尾酒單和紅酒單，單獨的飲料單在休息室裏和在餐廳裏都很必要。

餐飲經營場所應將酒類飲料在酒水單上以大號字體列出，標出商標和價格。目前，許多飲料單都包括了無酒精或低度酒精飲料，標出名稱並加以介紹，以助促銷。

㈣甜點菜單（Dessert）

大多數客人在餐後都不會記起他們在菜單上看到的甜點內容。在有些餐飲經營場所，服務人員端出甜點托盤提醒客人選擇，有些餐飲經營場所則有單獨的甜點菜單，使服務人員可以提醒客人在餐後用甜點。

單列甜點菜單有如下好處：

1. 可以提供更多的甜點；
2. 提供更大的空間、印製醒目的圖片及介紹性文字；
3. 可以向喜歡甜點的客人提供一份專門的菜單；
4. 如果甜點的內容和價格有變動，無須再印菜單。

因爲所供甜點的種類與經營方式不同，各個餐館都有各自的特色。有些高雅餐館的特色是在餐桌旁現做現賣，許多家常餐館則供應蛋糕和霜淇淋。在速食店裏則供應諸如霜淇淋、鬆餅、餅乾，有些大餐館還常常在菜單上列出餐後紅酒、白蘭地、烈酒等。

㈤客房餐飲服務菜單（Room Service）

有些飯店爲客人提供客房餐飲服務。在豪華飯店中，幾乎毫無例外地都備有客房餐飲服務。客房餐飲服務菜單上所提供的是有限的幾種菜餚，這些菜餚可以是飯店普通菜單上的內容，也可以是具有特色的特別菜餚。

大多數酒店客房餐飲服務菜單上的內容都很有限，因爲食物要從操作間送到客房、包廂或者戶外小屋中，很難保證在運送過程中食物品質始終如一。這個問題在所有提供住宿的場所都會遇到，尤其是在高級飯店中，客房餐飲服務員不得不等候電梯；在一些度假酒店，客房餐飲服務員不得使用推車爲客人送餐。

「門把式」（doorknob）早餐菜單是客房餐飲服務菜單的一種類型。「門把式」菜單上列出了幾種有限的可以選擇的早餐菜餚和供應時間，客人選好了菜餚和時間後，將菜單掛在門外的把手上。夜間服務員收走菜單，開始安排餐點，而後在指定的時間將早餐送給客人。

㈥外賣菜單（Take － Out）

越來越多的餐館開始提供外賣菜單，以此賺取消費者的預算，否則這些預算就會流入速食店中，或花費在超級市場的便利食品上，甚至是一些便利商店裏。在美國，取消家中開伙已經成爲一種流行意識。

像客房餐飲服務菜單一樣，外賣菜單應該提供一些能夠保持在一段相當長的時間內不發生品質問題的菜餚。保證購買的食物在食用時仍然要好吃好看，否則客人是不會滿意的。

外賣菜單的菜餚應該便宜一些，因爲客人要帶回家去。有些餐飲經營場所則把他們的外賣菜單當做廣告單直接寄出去。

有些餐館備有傳真機，以方便外賣業務，目的是爲了吸引一些繁忙的高階主管。家庭送餐服務是一種餐飲趨勢，提供外燴服務則越來越流行。

㈦宴會菜單（Banquet）

經營大型宴會的飯店餐飲部和餐館，經常預先編制一些標價不同的宴會菜單供顧客選擇。他們還根據顧客要求，設計出一些常客使用的宴會菜單。

宴會菜單的定價一般使用套餐形式，在套餐中如果另行定價也極爲少見。宴會菜餚可以精心安排，除主食和配菜外，還有開胃酒、湯或沙拉、紅酒及精美的甜點。許多宴會場所還注意到了客人特殊的需求和偏好，諸如提供宗教、藥膳宴會及其他宴會，努力去滿足他們的需求。

安排宴會菜單的管理人員，必須注意選擇那些既能保證數量又能保證品質的食物。

(八)加州菜單（California）

有些餐館在一張菜單上同時列出早餐、午餐和晚餐菜餚，所有的菜餚全天候都可提供：如果客人早餐想點義大利麵條或者晚餐想點煎餅，都可隨意點。這種方式最初出現在加州，所以此類菜單就被叫做加州菜單。顯然，如果一個餐飲單位根本就沒有對早餐、午餐及晚餐供應的菜餚加以限制，那麼也就放棄了由這些限制所帶來的食品製作及計畫安排方面的便利。

(九)民族風味菜單（Ethnic）

提供民族風味菜單的餐館是爲了招徠那些需求特殊風味的顧客，具有義大利、中國或墨西哥風味特色的餐館就是我們所熟悉的餐館。供應日本菜、中東菜、北歐菜、韓國菜、印度菜、泰國菜的民族風味餐館，對美國人來說也越來越熟悉。

民族風味菜單的典型特點，是具有各式各樣的來自不同國家或地區的流行菜餚，當然也提供一些菜餚專門滿足那些有嘗鮮意識的食客。菜餚的名稱通常標著母語，並有英語譯文。菜餚的主要配料也應該列在菜單上。這些菜餚應該如何更突出民族特色呢？如果來到這一餐館的顧客都來自這道菜的所在國，那麼，菜餚就必須嚴格按照傳統的食譜製作。如果大部分顧客都來自其他國度，食譜就不用那麼嚴格，也就是說調料可以變化一些，有些配料也可以不用。所以，最終結果是要讓絕大部分顧客都能接受和適應這些菜餚

第四節 菜單設計

餐飲服務經營的成功，在很大程度上取決於菜單設計者。菜單安排的適當，各項工作進展得順利，有高效的服務，效益目標就容易達到。倘若不是這樣，安排不當的菜單就將引起很嚴重的經營問題，那麼就會影響客源和員工，將極爲影響餐飲經營的正常效益。

並非所有的餐飲經營者都參與菜單的設計，譬如，那些加盟連鎖速食店就可以根本不用菜單設計，他們的菜單可能往往是總店經過大規模的市場調查之後分發下來的。在醫院和學校，菜單通常是由飲食助理來

設計安排的。在大型的獨立餐館中，菜單可能是由一個包括餐館經理、主廚，甚至採購經理在內的小組來設計安排的。在小餐館中，菜單可能是由業主或者主廚來決定的。設計菜單的工作很複雜，需要瞭解全部經營管理情況。值得慶幸的是，菜單設計人員一般都不用無生有，大部分都可參考原有的菜單。亦即，標價菜單的種類包括套餐菜單、單點菜單或者混合菜單都是已經存在的，固定菜單或循環菜單也都有檔案，早餐菜單、午餐菜單、晚餐菜單等都已經確定。

因此，對於大多數菜單設計者來說，設計就是對原有菜單增添新的內容，而菜單設計人員如何去選擇這些內容呢？人與人的想法不同，單位與單位的情況不同，所以不可能有統一的答案，不過，有兩項基本的原則是既定的：瞭解你的客人，瞭解你的餐館。

一、瞭解你的顧客

菜單設計的品質如何全看你瞭解客人的程度如何。光臨的都是哪些客人？他們的需求如何？他們的消費水準是多少？如果你的目標市場是青少年，那麼你的菜單就應與那些目標市場是夫婦帶孩子的餐館的菜單有很大的區別了。

你的客人的飲食需求是什麼呢？有些菜單設計者錯誤地認爲他們自己的嗜好就是客人的嗜好，其實不然。當你選擇菜單的內容時，就必須考慮客人的嗜好而不是設計者的嗜好。要拜訪有關客人，調查有關客人的情況，閱讀有關資料、書刊、評論等，並研究食品製作和銷售的情況，這樣你才能瞭解到客人的嗜好。圖 6-4 中所列就是菜單設計中與客人有關的一些基本情況。

二、瞭解你的企業

餐飲經營場所的類別決定了菜單的菜餚類別，在經營中直接影響菜單內容的因素至少有下列五項：

1. 菜系（或菜式的主題）或烹飪方法；
2. 設備；
3. 員工；
4. 品質標準；
5. 預算。

㈠菜式主題或烹飪方法

餐館菜式主題和烹飪方法，有助於決定適當的菜單內容類型，民族風味餐館的菜單與家庭風格餐館或速食連鎖店的菜單就有很大的差別。

㈡設備

菜單設計者必須瞭解廚房設備的類型及功能。如果手邊具有烤、蒸、煮、炸等設備的話，菜單設計者就有選擇菜單內容的寬鬆餘地，否則，設備有限的餐飲經營場所就不得不設計一些內容有限的菜單。

選擇菜單內容時，菜單設計者應該平均分攤使用所有的設備，例如，假若你的主菜和許多開胃品都需油炸，而你的烤箱和炒鍋又都在使用著，那麼，你的炸具就有可能超載。在多數餐館中，主菜的選擇應該最能反映出一個餐館對炸、燒、煮、烤以及其他備餐方法的分工水準。

㈢員工

員工的數量和員工的技術也有助於決定菜單的內容，菜單設計者不應把廚師不會製作的菜餚列在菜單上。

就如同安排使用設備一樣，菜單設計者也絕不願看到一部分廚師忙得不可開交，而其他的人卻閒得無聊的情況，認真地進行菜單內容的選擇有助於讓員工平均分擔工作量。

㈣品質標準

菜單上的每一種菜餚都必須符合餐飲經營場所的品質標準，菜單設計者絕不應把不會製作，不保證品質的菜餚列在菜單上。

㈤預算

菜單設計者在設計菜單時一定要瞭解財務狀況，除非製作成本下降到預算之內，否則商業性餐館就不能達到獲取利潤的目的，非商業性餐館就不能減少成本開支。

三、選擇菜單內容

在許多書籍、手冊、培訓教材中都提到到了選擇菜單內容的藝術與科學，以下是對這一複雜課題的簡單評論。

圖 6-4 菜單設計者優先考慮的問題

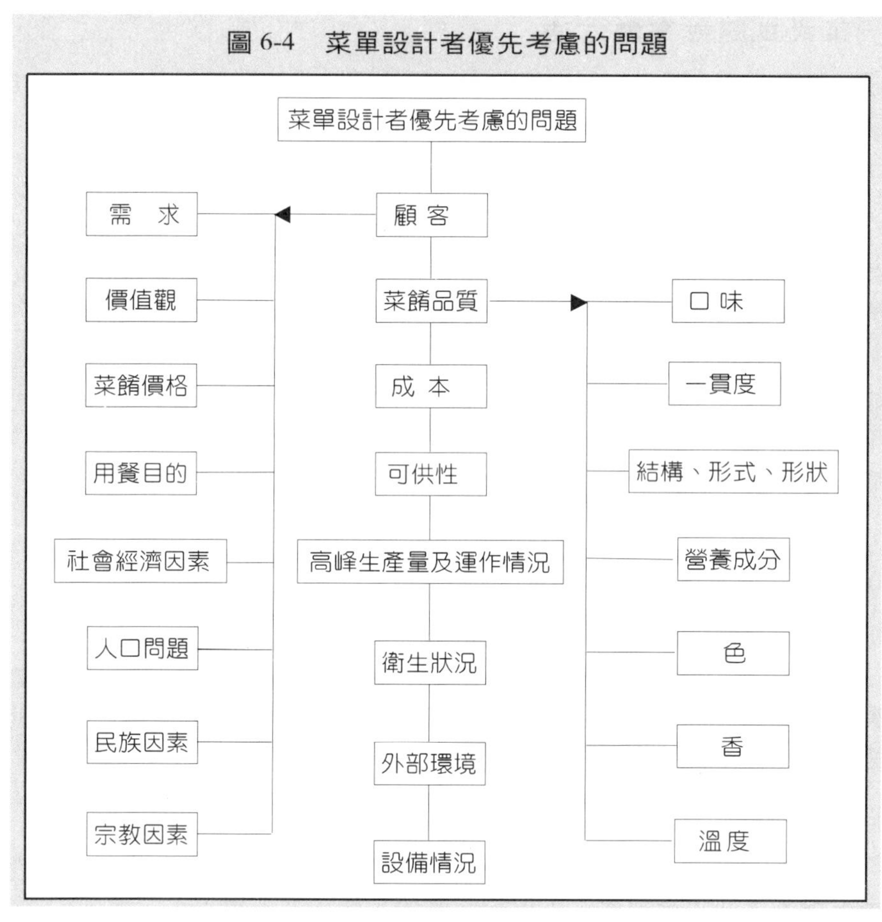

菜單內容可分爲開胃品、沙拉、主菜、澱粉類（馬鈴薯、米飯、麵食）、蔬菜、甜點、飲料等。菜單設計者又如何能從這些類別中去選擇一套可行的菜餚來創造或修訂出一份菜單呢？這裏有一些可供參考的資料：

1. **老菜單**：因爲某種原因，經營者過去用過的菜單上列出的菜，肯定是一些曾經風行一時的菜餚，只不過現在已被放棄，那麼目前可能就是你考慮重新修訂的時候了。
2. **書籍**：餐飲業的有關書籍上寫有食譜和新的有關菜單菜餚的知識。
3. **商業刊物**：商業雜誌上新的菜單菜餚是食譜的最好來源。

4. **家庭烹飪書籍**：家庭烹飪類書籍能夠向你提供許多新的有關沙拉、湯、配菜、主菜、甜點等資訊，當然，如果選擇了這些菜餚，那麼食譜就需被修改成份量較大的。
5. **網站**：餐飲網站的數目在成倍增加，他們在網站上登載了大量從世界各地收集來的各類食譜，首先你應該去看一下食譜線上，網址為：http://soar.berkeley.deu/recipes/，這個網站上有多達 67,000 個食譜。

只有在市場調查中確認了顧客可能會喜歡的菜餚，才是可選擇的菜色，當菜單內容選擇範圍縮小到「本店客人可能喜歡」的程度時，有些菜餚就必須捨棄，原因是：

1. 成本因素；
2. 與該店的菜系和烹飪方法不平衡；
3. 設備達不到要求；
4. 設備功能達不到要求；
5. 廚房操作間空間有限；
6. 廚師技術達不到要求；
7. 配料難以採購到；
8. 製作品質標準達不到要求；
9. 潛在的衛生問題。

考慮完這些因素後，菜單設計者就可以選擇自己希望提供的菜餚了。

(一)主菜（Entrées）

主菜通常被作為首選菜餚，所以必須先決定要提供什麼樣的主菜：如牛肉、豬肉、魚肉、沙拉等。進行菜單設計時，你可能會覺得應該照顧到每一位客人，因此，就想供應很多種主菜。其實，這種做法會造成經營中很多的麻煩，例如，許多種類的食品和配料都必須為了提供此類服務而預訂、驗收、儲存、登記、備料等，還必須具備更多的設備和更多具有該種技能的員工，而製作與服務方面的問題則有可能更多。相反，如果主菜不多，那麼就會減少這些麻煩。許多特色餐館或主題餐館，相對來說提供的主菜種類就很少，這樣也就減少了許多製作和服務的困難。

如前所述，選擇主菜時菜單設計者還必須考慮準備材料的方法，假若所有的或者大部分的主菜都用同樣的方法備料，在餐飲製作與服務方面即會出現問題。

㈡開胃菜／湯食（Appetizers / Soups）

開胃品包括乳酪、水果、海鮮類如蝦、雞尾酒，還有特殊菜餚如：小玉米薄餅、北美野牛肉、雞翅膀和那些蘸醬汁食用的串燒與油炸食物。開胃品應該是在晚餐前食用，調節胃口，所以一般體積比較小，味道比較重，或口感佳，或者酸辣。開胃品在數量及種類上是根據經營形式和客人的情況來決定的。速食店一般不供應開胃菜，高雅的餐館可能會提供全套正餐菜單的開胃品。

許多餐館供應的湯食品種有限，有時會將「每日湯」專列出來。如果供應 2～3 種湯食，他們一般都單獨列在菜單上，不與開胃食品混列在一起。湯食的種類根據經營的性質而定，海鮮餐館通常供應蛤燴湯、濃汁蝦或龍蝦湯，而義大利餐館則經常供應濃汁肉湯，大型餐館也可能會供應冷湯如奶油濃湯等。

㈢澱粉食品及蔬菜（Starch Items ／ Vegetables）

下一個必須設計的菜單內容通常應該是澱粉類食物和蔬菜類。有時，澱粉類食物也會作爲主菜的一部分，如米飯澆蓋牛腰肉湯汁蓋飯。在許多餐館中，蔬菜是與主菜一起上桌的，當然也可作爲配菜。

同樣，經營的形式與接待客人的類型也決定了澱粉類食物及蔬菜的種類。在許多海鮮館中一般不供應澱粉類食物。烤馬鈴薯和炸薯條除外，經營高級的餐館要供應大量米飯、麵食、馬鈴薯等；例如，馬鈴薯既可以烤、炸、奶油煮，製成馬鈴薯泥，還可以做成焗烤等。中國餐館則供應多種多樣的蔬菜，速食店則一般不供應或極少供應此類菜餚。

㈣沙拉菜單（Salads）

設計者首先要決定到底是把沙拉嚴格的限制爲配菜，還是作爲主菜。如果供應沙拉，如雞肉沙拉、蝦肉沙拉或者廚師沙拉，通常都單列在菜單上作爲主菜沙拉，而涼拌沙拉、油菜沙拉、花生沙拉、水果沙拉以及白菜乳酪沙拉則總是作爲配菜沙拉。

㈤甜點（Desserts）

甜點是典型的高利潤食品，從速食店裏的小甜餅到大飯店現場製作

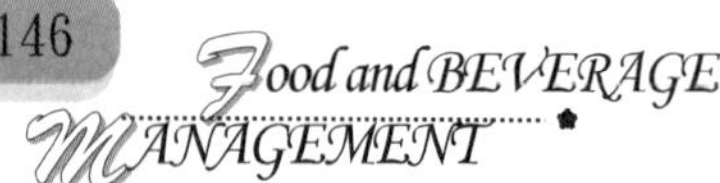

的甜點都是如此。有些餐館特色經營「家常」甜點，這些都產生了很重要的招徠顧客的作用。除此之外，還可向注重健康食品的顧客提供低熱量的甜點。

㈥飲料（Beverages）

無酒精飲料常常被列在菜單的後面，特別是咖啡、茶、牛奶以及一些可選的碳酸飲料。高級飯店中甚至還特別供應很多種可供選擇的咖啡，如哥倫比亞咖啡、土耳其咖啡、義大利咖啡（蒸汽加壓煮）、卡布奇諾咖啡以及香料咖啡等和很多特色茶類。

在供應酒精飲料的餐館中，應決定好有多少種類及品牌的酒精飲料需要供應。要供應幾種標準的啤酒呢，還是要供應大量的，包括地方啤酒、國際啤酒、特釀啤酒呢？要供應多少種不同種類的紅酒呢？是否在酒單上除甜點紅酒外還應列出烈酒呢？要供應多少種不同品牌的白酒？在連鎖餐館和連鎖經營餐館中，這些一般都由公司總部來做出決定。在獨立經營的餐館中，經理人員必須根據顧客的特殊需求，餐館的形象，飲料的總成本，經營場所及其他因素來進行綜合考慮，做出自己的決定。

四、菜單的平衡

一旦所有菜餚選定後，就應對菜單進行全面考慮，從經營美學以及營養角度來進行平衡。

業務平衡（business balance）指的是對食物成本價格、銷售價格菜餚的大眾化，以及其他成本及銷售各方面關係所進行的考慮。無論在商業性或非商業性餐飲經營場所，菜單都必須有利於實現餐館獲取效益目標；所以，一定要抱著完成這一目標來對菜單進行審定。

美學平衡（aesthetic balance）指的是菜餚的色香味形，對人們感官的影響程度。很顯然，這種平衡在套菜菜單上就遠比在單點菜單上顯得重要，因爲供應套菜的客人的菜餚是全部的，他們在選擇自己的各種菜餚時，有著比單點客人更大的自由度。但是即使對於單點菜單，美學平衡也是一個需要注意的問題，因爲有些食物通常需要配套供應，如：主菜與澱粉類及蔬菜類。

Search the archives: (67180 recipes currently indexed)

[Search]

Additional options are available on our Advanced Search Form

Browse through the recipes in these areas:

Main Dishes:	*Breakfast Dishes, Burgers, Casseroles, Crockpot Cooking, Dinner Pies, Fish & Seafood, Meat, Pasta, Pizza, Poultry, Sandwiches*
Soups & Stuff:	*Chili, Soups, Stews, Stocks*
Baked Goods:	*Bagels, Biscuits, Breads, Buns, Desserts, Muffins, Pastries, Scones*
Fruits, Grains, & Vegetables:	*Bean Salads, Beans & Grains, Fruits, Fruit Salads, Pasta Salads, Pickles, Pilafs, Polenta, Potato Salads, Rice, Salads, Stuffed Vegetables, Stuffing, Vegetables*
On the Side:	*Beverages, Butter, Cheese, Chutneys, Condiments, Dressings, Jams & Jellies, Marinades, Oils, Pesto, Pickles, Preserves, Puddings, Relishes, Rubs, Sauces, Salsas, Spices, Stuffing, Vinegar*
Sweets & Desserts:	*Brownies, Cakes, Candy, Cheesecakes, Cookies, Cobblers, Frozen Yogurts, Mousses, Pies, Sherbets, Tarts, Trifles, Frostings, Frozen Desserts, Other Desserts*
Snacks & Appetizers:	*Appetizers, Dips & Spreads, Snacks*
Holiday Foods:	*Easter, Halloween, Thanksgiving, Christmas, Other*
Restricted & Special Diets:	*Baby Food, Diabetic, Gluten Free, Vegetarian*
Miscellaneous:	*Camping, Canning & Preserving, Cat Treats & Food, Cooking for/with Kids, Copycat, Crafts, Dog Food & Treats, Extraterrestrial & Bizzare, Gift Ideas, Hair & Skin Products, Hints & Helpful Information, Food Humor, Medieval, Microwave, Mixes*

or view recipes from these regions & ethnic groups:

Africa & Middle East:	*Armenian, Egyptian, Ethiopian, Lebanese, Moroccan, Persian, Turkish, Other African, Other Middle Eastern*
Asia & Pacific Ocean:	*Australian, Burmese, Chinese, Filipino, Hawaiian, Indian & Pakistani, Indonesian, Japanese, Korean, Singaporean, Tahitian, Thai, Tibetan, Vietnamese*
Europe:	*Austrian, Basque, Belgian, British, Czech, Danish, Dutch, Finnish, French, German, Greek, Hungarian, Icelandic, Irish, Italian, Norwegian, Polish, Portuguese, Russian, Scandinavian, Scottish, Serbian, Spanish, Swedish, Swiss, Ukrainian, Welsh*
North & South America:	*Argentinian, Brazilian, Cajun, Canadian, Caribbean, Colombian, Eskimo, Mexican, Native American, Peruvian, Venezuelan*
Non-regional:	*Jewish*

The Recipe Ring

This Recipe Ring site is owned by the SOAR Team.

Click for the
[Previous] [Random] [Next Site] [Skip Next] [Next 5]

Click here for info on how to join The Recipe Ring.

This page was last modified on Saturday, January 01, 2000

SOAR ABOUT SEARCH SUBMIT MAIL US

註：網際網路上有著千成上萬的食譜，使你能夠很容易地找到餐飲專家，他們能設出符合顧客胃口的菜單和食譜。

資料來源：http：http：// Soar. derkerly. edu/ recipes/

顏色是菜餚吸引力的重要成分，如果一盤菜餚中包括了燒銀魚、蒸菜花和馬鈴薯泥，那麼就會使人們胃口大減。一盤菜中有兩三種顏色就遠比只有一種顏色有趣味。

一桌菜應該有多種不同的菜色，多數客人不會喜歡包括了湯、燉菜、奶油玉米粥、馬鈴薯泥以及巧克力布丁的一桌菜餚。一般來說，主菜若爲口感厚實的菜，配菜就應爲搭配口感細嫩菜；反之亦然。

組合不同口味的菜餚是經驗問題，也是對傳統配菜的瞭解問題。試想，有一桌菜餚，其中包括了葡萄汁、糖醋豬肉和櫻桃餡餅！這樣一桌菜對多數客人來說甜酸食物未免太多了。

營養平衡（nutritional balance）對非商業性餐飲場所來說向來非常重要，商業性餐飲場所倒是次之。但是，爲了滿足有營養要求和健康意識的顧客，商業性餐館經理應該明確瞭解自己所供應菜單中，各項內容的平衡和平均。目前，對許多顧客來說營養非常重要，因此對餐館經理來說，營養也非常重要。

第五節 菜單藝術設計

菜單內容選好之後，必須將它們組合成菜單，以促使吸引客人點菜。一份設計精美的菜單應包含餐館的所有主題特色，與餐館的內部裝潢融爲一體，達到與客人交流的效果，這樣才有助於餐館的銷售和菜餚的推銷（見圖 6-5）。

菜單藝術設計的主要依據是餐飲經營場所的形式與規模，高級飯店裏餐廳的菜單與療養院餐廳的菜單就有相當大的區別。雖然有區別，但在藝術設計和推銷技巧上幾乎所有的餐飲服務場所都大同小異。

無論是正在經營餐館或即將要經營餐館，菜單都是由速食特許經營者或連鎖餐館的公司總部所設計。總之，在你的職業生涯中，當你到獨立餐館或其他餐飲服務機構工作時，總有機會在管理中需要你對菜單的設計提出全部或部分建議。當你負責菜單設計時，瞭解基本的菜單設計原則對你是有幫助的。

菜單對餐飲經營成功與否具有決定性作用，許多獨立餐館的菜單藝術設計者都求助於廣告公司或自由藝術家和設計師。菜單設計者應該把餐館顧客的情況告訴設計師，讓設計師體會一下餐館的內部氛圍，向設計師介紹一下菜單中的菜式及數量，菜單的循環週期，要達到什麼樣的效果，整個設計製作的預算是多少等等。設計師應該能夠提出創造性的提案，並說明製作成本及可選類別。

圖 6-5　特色餐館菜單

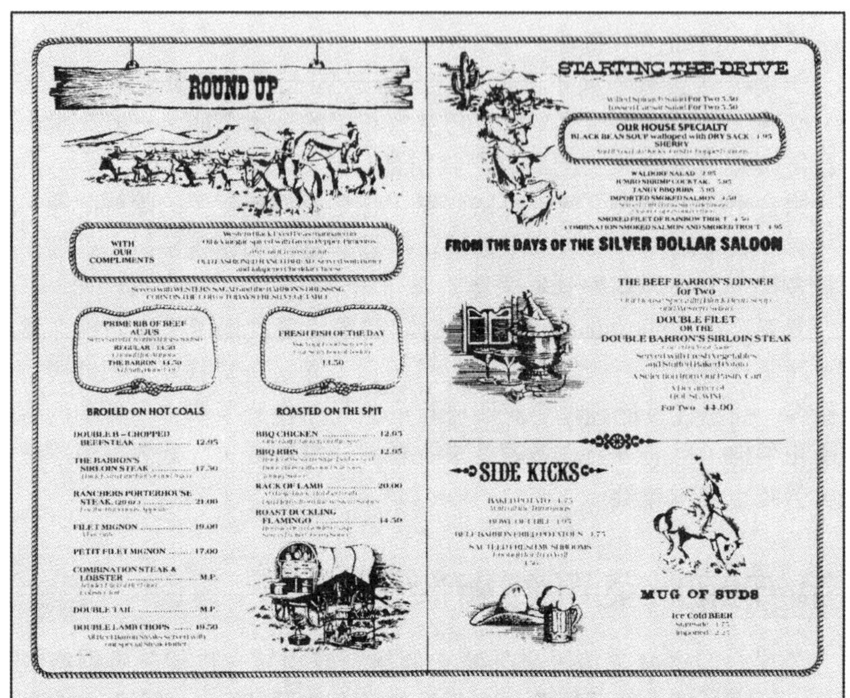

註：這張菜單上，標題的比夫・巴倫畫面使人回憶起了古老的西部，菜單中的素描畫及圍繞主菜的繩索加強了西部的特色。(http:// soar. berkeley. edu/recipes/)

一、文案撰寫（Copy）

菜單設計者選好菜單內容後，這些內容就出現在菜單上，下一步就該撰寫文稿了。許多餐飲經營者都願意僱用專業的撰稿人員來完成文稿的創作。

如同菜單設計中的其他專案一樣，菜單文案的寫作也應依據餐飲經營場所的情況、顧客的情況和用餐時段的不同來進行。兒童菜單的文稿應該活潑有趣，午餐菜單應該簡潔明瞭。晚餐菜單可多一些描述性語言，因爲客人可能有時間來閱讀菜單文案，或因爲菜單內容比較複雜，或特色菜餚比較陌生，或者在備餐方法上需要有更多的介紹。

菜單文稿應包括三部分內容：標題、菜單內容的描述和附加促銷內容。

㈠標題（Heading）

標題包括主標題（「開胃菜」、「湯類」、「主菜類」），副標題（「牛排類」、「海鮮類」、「本日特餐」）和單個菜餚的名稱。

菜餚名稱必須認真選擇，有些餐飲經營者爲他們的菜餚選擇了簡述性名稱，也有些選擇了詳述性名稱。對多數餐飲經營場所來說，最好的菜餚名稱應簡單易讀，這樣不至於使客人把菜餚弄混淆。

如果菜餚爲其他語言，用英語進行簡單的描述將方便於不懂其他語言的客人，這將可能增加該菜餚的銷售量。另外，菜單內的插圖在克服語言障礙方面也有幫助。

語法規則的使用。一本好的字典將會使撰稿人拼寫正確的字詞，標註正確的發音，只有在語言上正確無誤，外國語言菜單文案才能產生應有的作用。

㈡正文（Descriptive Copy）

菜單的正文能向客人傳達菜單內容，產生增加銷售量的作用。菜餚的主要配料，副料，備餐方法等通常都包括在正文裏，雖然如此，正文也不應像食譜那樣詳細。華麗的語言，太多的過分誇張和技術性解釋以及冗長的句子都會使客人轉身而去。正文敘述應精確、簡潔，語句應易認易讀，精選的字詞遠遠勝過冗長繁縟的段落。

何時使用描述性語言，其決定性因素很多。通常利潤極高的主菜應使用描述性語言，店內的特色菜亦應下功夫進行描述，因爲它們有助於突出該餐館的主要特點，能產生一定的感染作用。誘人的開胃品、甜點、主菜沙拉以及紅酒等是另一類菜式的代表，也需要描述性語言。如果菜餚名稱不夠明瞭，那就需要多一些描述性語言來進行解釋。例如像「蒸蘆筍」菜，本身就很明白易懂，就沒有必要進行描述了。

㈢菜單真實法則（Trutn-in-menu Laws）

描述性語言不應誇張菜單的內容，因爲誇張將會使客人因此而失望。另一個原因是，誇張會造成言過其實的宣傳或虛假的行爲，違反菜單真實法則。因此，以下幾點應該特別注意：

1. **等級**：如果在菜單上標明牛排是美國農業部（USDA）優質產品，那麼供應的牛排就必須符合這一等級。如果描述的是精選牛腰肉，那麼就不能用次等牛肉來代替。有些食物的等級是以形狀大小來分類的，所以標明的大小必須符合政府要求的標準，例如，若菜單標明的是特大蝦，那麼供應的就必須是特大蝦，而不是較大蝦或大蝦。
2. **新鮮**：如果菜單上標明某道菜為「新鮮」，那麼這道菜就不能是罐頭食品、冷凍食品或新鮮的冷凍食品。
3. **產地**：食品原產地一定不能做虛假的宣傳。威斯康辛乳酪絕不能標示成「進口瑞士乳酪」。
4. **備餐**：對菜單菜餚的備餐備料的表述一定要精確。老年顧客、節食顧客和其他注重健康的顧客特別關心菜單菜餚的備餐備料情況。如果菜單上標明為烤的方式，就不能以炸來代替。
5. **飲食或營養承諾**。不要在菜單上做出與科學資料不符的飲食或營養承諾說明，或者不能保證每次都能提供含有飲食或營養承諾的菜餚。

(四)附加性宣傳內容（Supplemental Merchandising Copy）

附加性宣傳內容與其說是用來宣傳菜單內容，不如說是用來宣傳餐館經營的主旨。它包括的基本資訊有：餐館地址、電話號碼、營業時間、供應餐別、預訂及付款方式等。附加性促銷內容也可以具娛樂性的：如餐館歷史介紹，對顧客的服務允諾，甚至也可以是一首詩歌，許多餐飲經營場所都有自己的特色、服務、歷史、特點或者位置，這些都可以有一個有趣的故事，並能強化該店的形象，或者有助於該店在競爭中脫穎而出。

附加性宣傳內容的多少，主要應根據菜單上空間的大小和管理者的想法來決定。是要多些文案呢，還是多要些其他插圖類的內容？皆是促銷的方式。

二、版面設計（Layout）

菜單文稿寫出之後，菜單版面必須安排好。版面就是完成後的菜單草圖。版面的設計包括將菜單的各項內容按合適的順序進行安排，將菜單菜名和描述性語言（假若有的話）布置在頁面上，確定菜單的版型，選擇合適的字體和紙張以及完整的畫面在菜單上的位置等。雖然這些步驟在該項工作中比較分散，事實上許多版面都是同時確定的，因爲版面的各部分內容都有著不可分割的關聯。

㈠順序（Sequence）

每餐都有開頭、中間和結尾，如果沒有專門的開胃品和甜點菜單的話，正常情況下菜單內容就應該以這樣的順序列出：首先是開胃品和湯類，然後是主菜，最後是甜點。其他內容如何排列呢，諸如，配菜類、沙拉、三明治、飲料等，這就要根據餐飲經營場所的情況和餐別來決定了。午餐時沙拉可以與主菜排在一起，晚餐時沙拉可以和開胃品排在一起。酒類飲料絕對不列在早餐菜單中，但可以排在晚餐菜單的首位。

多種菜餚在同一類別中的排列順序通常依據其受歡迎程度和利潤高低來決定。最受歡迎或利潤較高的菜餚要特別列出，使客人能夠容易地發現它，最不受歡迎或者利潤較低的菜式通常排列在菜單較次要的位置上。吸引客人注意力到某個菜餚上的方法有很多，諸如：將其列在菜單的前端或者次前端，畫上一個方框將其框起來，將其列在整頁菜單的中間，將其放置在一幅顯眼的圖畫的旁邊，或者還可以把它單列出來。

㈡排版（Placement）

因爲菜單內容的順序暫時已經排好，設計師就可畫出一張菜單的草圖用方框或者直線標出每種菜餚的文稿所需的空間，當然也必須給附加性促銷內容留出位置。有些設計師可能已經知道要在菜單中插入什麼圖樣－畫面、邊飾、照片等，如果是這樣，就應考慮給這些內容留出位置。

設計師應該注意不要使菜單顯得過分擁擠。多數設計師都喜歡所謂說的「留白」，即空出一塊位置，這樣有助於將人們的眼光引向重要的內容。

如果餐館中經常使用夾子，那麼就應該在菜單上爲夾子留出一塊地方，因爲多數客人不願取開夾子去看夾子下面會印些什麼。

㈢版型（Format）

完成菜單草稿之後，菜單設計者就應知道最合適的版型該是什麼樣。

「版型」是指菜單的形狀、大小及結構。菜單的可選版型很多（參閱圖6-6），每個餐館的決策者都必須確定出適合自己經營場所的版型，總之，要有一些綜合的指導原則。太大的菜單佔據了小餐桌的桌面，或者還有可能使客人拿起菜單時撞翻杯子；太小的菜單讀起來不方便並且還顯得擁擠；頁數太多的菜單又會使客人茫然。

確定了菜單的大小及結構後還要做一些調整。相對於選出的版型，如果菜單內容太多，菜單設計師可進行多種選擇：(1)取消一些菜單內容；(2)減少描述性內容；(3)縮短附加性促銷內容；(4)換一個空間較大的版型。

如果菜單內容太少，版型太大，設計師可以：(1)增加菜單內容；(2)利用多餘空間添加畫面或者「空白空間」；(3)換一個空間較小的版型或者用大號字體。

圖 6-6　菜單版型

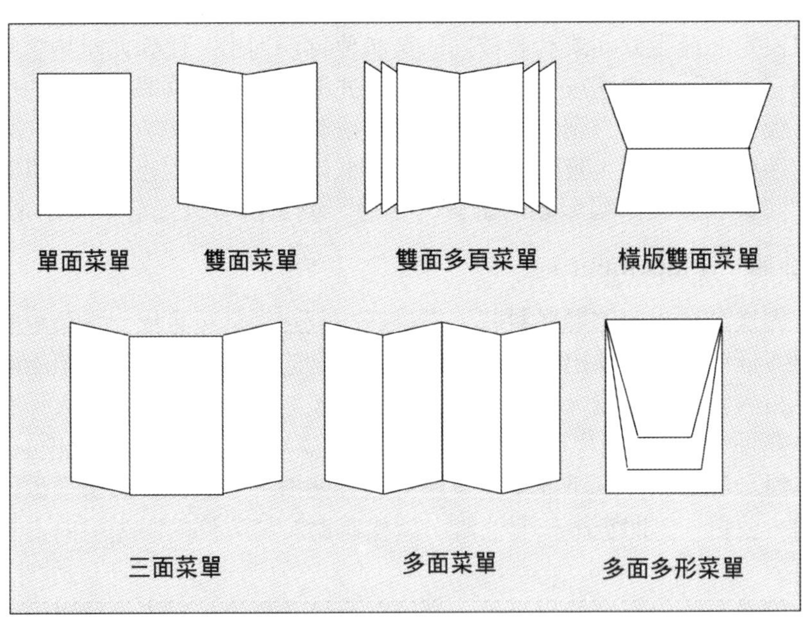

㈣字體（Typeface）

有些餐飲經營場所爲了呈現活潑輕鬆的形象，使用手寫菜單。不過，大多數菜單都是印刷的。客人認讀菜單的感覺如何，在很大程度上

是由菜單上所用字體來決定的。

字體種類繁多，小的有 6 號，而特別大的有 72 號。字體越小，閱讀的難度越大。對於兒童菜單和老年菜單，大些的字體對他們特別有益，而在任何菜單上，字體大些在微光下也能看得清楚。按照一般規則，菜單上的字體無論如何也不應小於12號。

行距不應太密，就是說，行與行之間應該有一個看起來舒適的空間，又叫行間距。一般來說，用深色字體，淺色背景，這樣認讀起來就容易一些。聰明的設計師應該考慮到一件事，餐廳中的燈光通常都比設計菜單的辦公室裏的燈光要暗淡得多。

菜單設計者應該記住，閱讀大小寫字母結合的單字要比閱讀純大寫的單字容易一些。只有標題、菜名和需要特別強調的描述性內容才應該全部使用大寫字母。

每種字體有每種字體的特性，有些在頁面上具有深沉濃重的效果，有些則具有開放明快的感覺。選擇的字體應該能反映出餐館的特色，但起碼的要求是字體必須可以產生交流的作用。如果選擇的是陌生而又難以閱讀的字體，那麼客人就會反感，收入就會損失。

字體選好並排版後，應首先印出一頁樣稿看看效果如何，樣稿就是印出後所應取得的效果圖。此時，再做一些調整是有必要的。如果菜單看起來太擁擠，設計師可以增大菜單，調換一下字體，或者字體不變，字型縮小。調整之後，設計師應該重出一張樣稿，確認調整是否解決了問題。

㈤畫面（Artwork）

畫面包括了圖畫、照片、裝飾畫以及用來引起客人興趣，增加文字效果，強化餐館形象的邊飾。如果畫面包括在菜單之內，那麼它就應該與餐館的內部設計，或者與餐館的主題裝修風格相和諧。畫面不應過多或者太複雜，否則客人會因此而不知所云或者難以看懂。一份雜亂無章的菜單不是用來邀請客人的，它會使點菜變得困難無比。

設計室或廣告公司的自由畫家或畫家們，能夠為菜單創造出藝術原作，但也有一種簡便的辦法，那就是讓印刷廠從公開發行的插圖及圖畫書籍中複製出一些畫面來。另外，桌面印刷系統軟體上也提供了許許多多非常漂亮的畫面。

藝術畫面越多，越難將其與菜單結合起來，當然成本也越高。如果你想讓畫面表現出與眾不同的色彩，製作的成本就會上漲。讓畫面物有所值的一個辦法就是把它利用到其他地方——明信片上，業務信函上，顧客帳單上，餐巾上，廣告牌上以及火柴盒上。

㈥紙張（Paper）

多數菜單都是由顧客觸摸和可用手拿著的，印製菜單的紙張將某種資訊從經營一方傳達給顧客。規模較大的餐館菜單可能會印製在昂貴的紙張上，而熟食店的菜單則可能會印製在一張普普通通的單頁紙上。

紙張的類型眾多，其質地也各有不同，有粗糙異常的，也有光滑無比的。分辨其品質要根據其光亮度或者反光度，反光太強會引起閃光，造成閱讀困難。紙張還有硬度的不同，感光度（即透明度）的不同，以及吸墨情況的不同。當然，紙張的顏色無所不有，菜單不一定印在白紙上。

在菜單用紙問題上需要考慮的事情還真不少，菜單的表面可以燙金，即在紙上燙一層薄薄的錫箔，可以是燙金畫面，也可以是燙金文字，如餐館名稱。紙張也可以壓痕，就是說，可以將一幅照片用壓痕的方式印在紙上。紙張還可壓膜，即用一層薄薄的塑膠紙覆蓋在上面，這樣可使菜單不髒不破。還可將紙張上的一些有趣的設計進行折疊和剪切。如前所述，兒童菜單就常常使用特殊的形狀，甚至還有活動裝置。

紙張是否合適，部分要看菜單的使用時間有多長，如果一份菜單只用一天就棄之不用了，可將其印在便宜的紙張上。總之，在多數情況下，如果菜單要長久使用，那麼就應選擇防水紙張以應付高頻率的使用。

全部菜單不必用同一類紙張印刷，封面可以厚一些，用壓膜材料，而內頁則可薄一些，便宜一些。

三、封面設計（Cover）

多數菜單的封面都極具特色，設計完美的封面能突顯經營場所的形象、風格、風味，甚至價位。它有助於創造一種氣氛，創造一種對用餐經歷的期望值。

餐廳的名字是所有封面都需要的，有些菜單還在封面印上了餐館的基本資料，如地址、電話號碼、營業時間等，不過按照一般規律，封面不可表現得太淩亂，基本資料最好印在封底上。封底也是印放其他附加性促銷內容的地方——諸如，餐館的歷史、宴會資訊、外賣資訊等。

對於多數餐館來說，封面用料應厚實些，具有耐久性，能防油污或者加保護膜。封面設計必須與經營場所協調。如果餐館看起來像一個英國小酒館，菜單封面就應符合這種風格；如果菜單封面是一個牛排館，那就會使人們產生古老西部的聯想。

封面色調應與餐館主題色調相一致，或與餐館主題色調形成適當的對比。色調一定要慎重選擇，因為它能產生許多有意識的和潛意識的效果。色調能使人感到舒適愜意，也能使人感到沮喪憂鬱；能使人感到冷，也能使人感到熱。淡色顯示出和平的氣氛，深紫色和紅色顯示出華貴繁榮。民族風味菜單的色調常常與發源地的文化相等，大紅、黃色和橘色襯著豆沙色的背景紙張顯示出墨西哥的特色，黑色和紅色相配顯示出日本和中國的飲食；義大利餐館的菜單常常使用義大利國旗的色調一紅色、白色和綠色。

雖然菜單的色彩都出現在封面上，但內頁中仍然也可以使用色彩，只不過一般都謹慎使用。色彩還可用在背景上，如邊飾、畫面等，以此來創造一種氣氛或者吸引顧客視線到特別的菜餚上。

色彩使得菜單多樣化，但是卻會增加成本，使用單色——通常為黑色最便宜，四色印刷包括了光譜的全部顏色，但卻是最昂貴的印刷。

四、菜單設計中的常見錯誤

菜單設計常見錯誤如下：

1. **菜單太小**：擁擠的菜單一般缺少吸引力，也無法發揮很好的銷售作用，認讀起來相當困難。
2. **字體太小**：並非所有顧客的視力都是 2.0，有些餐廳燈光又特別暗，看不清菜單又如何點菜呢。
3. **沒有描述性說明**，或者說明不恰當：有時菜單菜餚的名稱難以使人明白其內容，或者不能說明問題，不能引起客人的興趣。優秀的描述性說明能夠使餐館增加銷售額。
4. **對所有內容一視同仁**：菜單設計師應該使用定位、方框、色彩、邊飾、大號字體或者其他一些方式來吸引客人的注意力到最有利潤或最暢銷的餐點上。如果每種菜餚都低調處理，或者每種菜餚都用大寫字母，並圈上驚嘆號，那麼你最想銷售的菜餚就不能夠有別於其他菜餚。

5. **有些菜和飲料沒有列入菜單**。有些餐館不把所有紅酒或者一些他們供應的特殊飲品列入菜單，或者在菜單上標出「甜點可選」但卻不列出甜點的品種。不在菜單上的菜餚，客人又如何點餐呢？

6. **夾子問題**：經常使用夾子的餐館應該在菜單上留出夾子的空間，這樣夾子就不至於掩蓋住重要的菜單內容。夾子本身也應與菜單的設計和品質相吻合，一個構造不佳的夾子配上低劣的紙張將會破壞設計精美而又昂貴的菜單效果。

7. **沒有餐館基本資料**：讓人吃驚的是有許多餐館的菜單上沒有印上自己的地址、電話號碼、營業時間以及付款方式。

8. **空頁**：空頁就是指在菜單的某頁上沒有任何有關餐館或菜單的內容。許多餐館都把封底留做空頁，除非封底空頁是餐館的形象，否則就應將菜單的附加內容或者附加性促銷內容放在封底。例如：海鮮館就可以在封底上列出該館所供應的魚的種類，以及特色風味和本質特性。

第六節 菜單評估

無論菜單的內容設計和藝術設計如何縝密，菜單評估都應該按步就班地進行。為了對菜單進行評估，管理部門應該首先制定出評估目標，即菜單的期望評估，例如，午餐評估目標可以是「每張客人帳單平均可達到6美金」，晚餐評估目標可以是「每位晚餐客人除主菜外，應點一份開胃食品；一份湯或者沙拉；一杯紅酒，或一份甜點。」如果這個目標達不到，管理部門就必須確定是什麼原因帶來了這些問題。菜色是否達到餐館的品質標準？服務人員是否盡到銷售額外菜式的責任？如果找出的問題，經理人員就必須嚴肅審視菜單了。

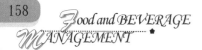

許多生產與銷售的標準可以幫助經理人員評估菜單。生產記錄和銷售的歷史記錄可被用於確定菜單的銷售情況。菜單設計是另一個重要的評估工具，它能讓經理人員瞭解到兩個影響每一菜單菜餚評估的關鍵因素，即大眾風尚與銷售利潤。菜單設計並不困難，或者說並不耗時，但是的確需要利用一下預算出的標準食譜。

菜單是多種多樣的，每一個餐飲經營場所都必須建立自己的評估方案。當對一份菜單評估時，多數餐館經理人員應該考慮的問題如下：

1. 客人對菜單有意見嗎？
2. 客人對菜單提出過讚揚嗎？
3. 與競爭者相比我們的菜單如何？
4. 顧客帳單是穩定的還是增加了？
5. 菜單內容能滿足客人的要求嗎？
6. 菜單訂價正確嗎？
7. 高利潤與低利潤混合在一起的菜餚銷路如何？
8. 菜單有吸引力嗎？
9. 色調及其他設計內容與餐館的主題和裝潢協調嗎？
10. 菜單菜餚的版面能引起注意嗎？合理嗎？
11. 描述性內容是太多？還是太少？容易理解嗎？
12. 對於經理人員的首選銷售專案，用什麼方法才能吸引客人的注意力：位置、色調、說明、字體、其他？
13. 菜單字體容易閱讀嗎？與餐館的主題及裝潢協調嗎？
14. 紙張與餐館的主題及裝潢和諧嗎？
15. 菜單能保持長久使用嗎？是否總能讓客人看到一份清潔誘人的菜單？

餐飲經營場所可以編制出自己的菜單評估表，在表中列出問題，並將其按組分類，諸如「設計」、「版面」、「文字說明」、「促銷資訊」。當確定評估因素和制定評估表時，經理人員應該記住，除非收集到了諸多資訊，菜單設計者根據這些資訊修改了菜單後，菜單的評估才是有價值的。

第七節 菜單管理軟體

菜單管理軟體以回答問題方式幫助經理人員設計菜單、爲菜單定價、評估菜單，內容爲：

1. 如何爲菜單菜餚制定最有利的價格？

2. 在怎樣的價格水準上，如何進行銷售搭配，餐飲服務部門才能最大限度地獲取利潤？
3. 哪些菜單菜餚需要重新定價、需要保持原價、需要調換，或者需要調整其在菜單上的位置？
4. 每日的特色菜和新菜應該如何定價？
5. 如何有效地評估變化的菜單？

在這部分內容中，我們將專門瞭解預算成本與實際成本軟體和菜單設計軟體。

一、預算成本與實際成本計畫軟體

預算成本分析能夠使經理人員在實際製作與服務發生之前就將菜單的利潤情況確定下來，對銷售成本所做的估算資料能夠使經理人員在實際服務工作開始之前就瞭解和調整經營情況，例如，若在預算成本分析中發現估算成本超出了能夠接受的範圍，管理上就應考慮提高定價，減少份量，調換配菜，或者更換菜單。

雖然不具備自動分析系統的餐飲服務場所也能夠做預算，但卻很少有經理去進行手工操作，因爲手工操作起來非常費時。依靠電腦預算程式，利用配料檔、食譜檔和其他檔案的資料，對菜單進行合理地分析，一個菜單成本預算只需幾分鐘時間。

實際成本分析的不同點在於其分析的依據是實際銷售量，並非預計銷售量。實際成本分析軟體運用了特殊類型的銷售分析方法，用標準食譜成本乘以售出菜餚數量，爲一個完整的用餐時段確定出潛在、理想的飲食成本。

二、菜單設計軟體

菜單設計軟體可以爲每一份菜單菜餚，產生出菜單組合和邊際貢獻資料。這些資料能夠使經理人員對現行的組合菜單菜餚進行可能的價格調整，從而制定出令人滿意的價格。全面討論菜單設計工程已經超出本文的範圍[1]，本部分只對一些概念進行粗略的介紹。

菜單組合指出了特殊菜餚的銷售和已售菜餚總數之間的關係。菜單組合的百分比是由已售菜餚的總數除以特殊菜餚的銷售量而得出的。菜

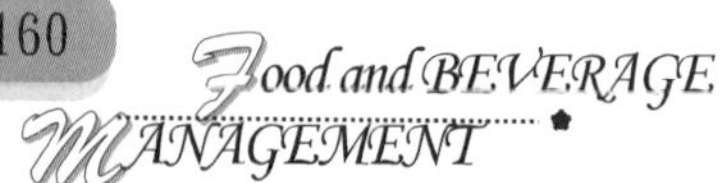

單上的每一種菜餚都可以由此按種類，以顧客歡迎程度分爲暢銷和滯銷。

菜單菜餚的邊際貢獻是由銷售價格減去食品成本的餘額。一種菜餚的邊際貢獻與菜單上所有菜餚的平均邊際貢獻相比較，可分爲邊際貢獻額高或低兩種。經分析可得出下列情況：

1. 菜單組合和邊際貢獻雙高的菜餚爲「明星」；
2. 菜單組合高但邊際貢獻低的菜餚爲「金牛」；
3. 菜單組合低但邊際貢獻高的菜餚爲「問題」；
4. 菜單組合和邊際貢獻雙低的菜餚爲「流浪狗」。

菜單設計軟體提供了很實用的解決辦法，即如何重新設計菜單，其簡單的策略有：保持「明星」菜餚，重建「金牛」菜餚，調整「問題」菜餚，取消「流浪狗」菜餚。

註釋

[1]Menu engineering is discussed at length in Jack D. Ninemeier, *Planning and Control for Food and Beverage Operations*, 4th ed. (Orlando: Educational Institute of the American Hotel and Motel Association, 1998).

名詞解釋

單點菜單（á la carte menu）　餐飲和價格分列的菜單。

美學上的平衡（aesthetic balance）　菜單設計中對菜餚的顏色、質感和口味的組合程度。

酒水飲料單（alcoholic beverage menu）　餐飲經營場所提供給客人的列有雞尾酒、葡萄酒以及其他酒精飲料的清單。酒精飲料可單列在一張酒水單上，也可以包含在普通的菜單中。酒類品種眾多的餐館可以有單獨的酒水單。許多酒水單上都提供無酒精或低度酒飲料。

宴會菜單（banquet menu）　通常指套菜菜單，即菜餚無選擇和極少選擇的一個系列菜單。宴會菜餚的製作很精緻。

業務平衡（business balance）　在菜單設計中，對食品物成本、菜單價格、菜餚的暢銷程度以及其他財務和市場行銷情況所進行的考慮。

加州菜單（California menu） 在一份菜單上提供早、中、晚三餐菜餚，全天候供應所有菜餚的菜單。

兒童菜單（children's menu） 具有爲兒童服務特色的菜單，其特點爲熟悉、簡單，小份量供應的營養食品。兒童菜單通常設計爲娛樂型，可折成帽子或臉譜形狀，也可以做成動物形狀，或者印有測字遊戲、故事、字謎等。

烹飪方法（cuisine） 某種特殊風格或形式的食品製作或烹飪技術。

循環菜單（cycle menu） 在一段時間內每天更換並不斷循環的菜單。循環菜單實際上是一系列不同的菜單，如此設計是爲了爲那些經常甚至天天光顧的客人提供多樣化的菜餚。

甜點菜單（dessert menu） 單獨設計的一種菜單，目的是提醒客人別忘記餐館的甜點。它可以列出一般菜單所沒有列出的甜點，包括一些特別的甜點。高級餐館也可在甜點菜單中列出合適的餐後酒類。

門把式菜單（doorknob menu） 客房服務員或其他工作人員放在客房中的一種客房餐飲服務菜單。客房餐飲服務菜單列出有限的幾種可供應的早餐菜餚和供餐時間，客人選定菜餚和送餐時間後，將菜單掛在客房門外的把手上。夜間收回菜單後開始備餐，並按時送進房間。

民族風味菜單（ethnic menu） 具有特殊風味的異國菜菜單，如：中國、墨西哥、義大利餐飲等。

固定菜單（fixed menu） 某個使用幾個月甚至更長時間才更換內容的菜單。每天可專供一些特殊品種，但菜單的基本內容保持不變。

菜單設計軟體（menu engineering software） 是一種菜單管理軟體，它可以幫助經理人員評估現行菜餚的銷售變化情況，並作爲制定菜單價格的依據。

菜單組合（menu mix） 說明菜單中的某一種菜餚銷量與菜餚總銷量之間的關係。

營養平衡（nutritional balance） 設計菜單時，從基本食品類別中選擇菜單提供食品的類型的程度。

實際成本分析（postcosting analysis） 是一種銷售分析方法。用已售菜餚的數量乘以標準食譜成本，以此來確定一個完整的供餐期內的潛在食品成本。

預算成本分析（precosting analysis） 是一種對餐飲銷售成本量進行計畫的銷售分析方法。它能夠使經理人員在實際服務或餐飲經營期開始之前對經營問題進行評估和調整。

非單點式菜單（prix fixe menu） 整套餐飲爲一個定價的菜單。在這種菜單上列出的菜餚都是由菜單設計者來安排的，客人沒有或很少有選擇的餘地。這種菜單也可稱套餐菜單。

客房餐飲服務菜單（room service menu） 旅館業使用的一種菜單，送餐到客房、套房、船艙和其他住宿地方的菜單。客房餐飲服務菜單通常提供種類有限的菜餚，因爲在送餐過程中很難保證餐飲的品質。

老人菜單（senior citizen's menu） 爲老年人提供膳食的菜單。根據老年人特殊健康需求而提供低價菜餚，並要注意低熱量、低鈉、低脂或者低膽固醇。

套餐式菜單（table d'hote menu） 整套餐飲爲一個定價的菜單。在此類菜單上的菜餚都是由菜單設計者確定，客人沒有或幾乎沒有可選擇的餘地。這種菜單又叫非單點菜單。

外賣菜單（take-out menu） 爲在餐館點菜、帶出去食用的客人所提供的菜單。

菜單真實法則（truth-in-menu laws） 爲了保護消費者，避免菜單上出現不正確的說明而制定的法規。主要是指要求在新鮮程度、原產地、食品製作技術方面的說明。

複習題

1. 三種基本的菜單定價方式是什麼？
2. 什麼是固定菜單？什麼是循環菜單？
3. 早、中、晚菜單各有什麼不同？

4. 什麼是特別菜單？
5. 菜單設計中的兩個基本規則是什麼？
6. 直接影響餐館菜單內容的五個經營要素是什麼？
7. 要平衡一份菜單需從哪三個方面入手？
8. 菜單上的文字說明應包含哪三個要素？
9. 菜單設計中常見錯誤有哪些？
10. 評估菜單時餐飲經理應提出哪些問題？

欲知更多資訊，請瀏覽下列網站，但網址名稱可能有變，敬請留意。

Escoffier On-line
http://escoffier.com/linkcat/software.shtml/

Menu Engineering Software
http://www.resortsoftware.com/

7

CHAPTER

標準食品成本與定價策略

本章大綱

- 標準食譜
  - 食譜管理軟體
  - 標準食譜開發
  - 調整標準食譜的出菜份數
- 確定菜餚的標準食品成本
  - 份量成本的計算
  - 正餐成本的計算
- 標準餐飲成本的確定
- 標準飲料成本的確定
- 菜單菜餚定價
  - 餐飲成本加成定價法
  - 利潤目標定價法
  - 競爭與定價

設計菜單時，經理人員必須做到不僅要考慮顧客至上，也要考慮餐飲經營的財務目標。

當餐飲產品的標準成本確立後，經理人員可以知道製作每一種菜餚所應支出的成本。本章所要介紹的是根據標準食譜規定的每種菜的成本如何制定。由於標準成本的數據考慮到了所有銷售的菜單菜餚，這一數據為經理人員提供了一個可以用於調整實際成本和評估經營中完成財務目標情況的依據。

本章的最後部分要闡述的是菜單菜餚的定價方法。定價策略不但對於商業性餐飲服務場所非常重要，而且對於許多非商業性餐飲機構來說也很重要。為保證餐飲企業達到財務目的，經理人員必須能夠為每一個菜單菜餚制定出有效的銷售價格。

第一節 標準食譜

標準食譜（Standard Recipes）是製作菜餚或飲料的配方。它需要具體的配料、每種配料所需的數量、製作工序、每份的大小和相應的設備、配菜以及食品製作時所需要的其他資料。

表 7-1 是一份標準的食譜範本。請注意，這個食譜是為製作 100 份菜而設計的配料單，每份的標準量為一杯；食譜上明確記載了配料、重量、大小，甚至製作的詳細流程。

使用標準食譜最重要的優點是堅持標準的一貫性。只要嚴格按照標準食譜操作，為客人提供的菜餚就會在品質上、風味上和數量上完全保持一致。這種一貫性能使客人滿意，能為餐飲經營獲得回頭客打下穩固基礎。並且，製作標準一致的產品，經理人員就可確定準確的標準成本。經理人員需要以這些資訊來保證財務目標的實現。如果菜單菜餚成本每次都有變化，因為每次都使用不同數量的配料，或者份量大小不一，那麼，它核算出的成本資料就不一致，就不能給經理人員在成本與嚴格預算的一致性提供幫助。以下是使用標準食譜的好處：

1. 經理人員瞭解到製作菜單菜餚所需的準確配料數量後，可以提高採購的實際效率。
2. 經理人員瞭解到標準食譜能夠製作出的標準份量的具體數量時，就可能減少備料過多或太少的情況。

表 7-1　標準食譜範本

雞肉沙拉標準食譜			
出菜總量：100 份			每份：一杯
配料	重量	數量	製作流程
雞肉（烤或炸）	65 磅		1. 肉放進蒸鍋或湯鍋中，加水、鹽和月桂葉。水沸後，再煨 2 小時直到熟透。 2. 將雞肉去骨，然後切成 0.5 到 1 寸長的小塊。加入配料，攪勻。 3. 將這些配料混合在一起，然後加到雞、菜中混合。輕輕攪拌至勻。放進冰箱，以備使用。
水		$9\frac{1}{2}$加侖	
鹽	7 盎司	2/3 杯	
月桂樹葉		9 片	
芹菜，切好	12 磅	$2\frac{1}{4}$加侖	
青椒，切好	1 磅 8 盎司	1 夸脫(quart)	
洋蔥，切好	8 盎司	1/2 杯	
檸檬汁		1 杯	
沙拉料	3 磅 4 盎司	$6\frac{1}{2}$杯	
鹽	4 盎司	6 湯匙	
胡椒		1 湯匙	

資料來源：Wisconsin Department of Agriculture, Trade and Consumer Protection-Division of Food Safety.

3. 由於標準食譜註明了需要的設備和製作時間，經理人員就可以更有效地設計出食品製作員工的人數和所需設備的數量。

4. 由於標準食譜上已經將每道菜的數量和製作方法告知員工，那麼就無需過多的監督管理。員工只需按標準食譜流程操作，可禁止食品製作中的猜測揣摩。當然，經理人員應該對餐飲產品的品質進行例行評估，以保證標準食譜得到完全執行。

5. 假若主廚生病或者調酒員沒有上班，只要有標準食譜，那麼食品照樣可以製作出來。當然，無經驗的員工做起來可能比較慢，失誤也在所難免。如果食譜裝在缺勤員工的腦袋裏，而不是寫在標準食譜卡上或者存在電腦資料庫中，管理上就會帶來更大的困難。

使用標準食譜並不需要在操作時，將食譜實際地放在操作間裏，廚師將一種菜餚做了多次之後，或者說調酒員調酒多次之後，他們會記住配料、數量和流程。在配製飲料之前，繁忙的調酒員還要去對照一下標準食譜的做法很顯然是不實際的。標準食譜必須時時遵守，必須時時備妥，但並不是說在備餐之前總要事先閱讀一遍。

目前，許多餐館都使用電腦化食譜，滑鼠一點，盡現眼前。有時，食品製作經理人員預測下一班次所需要製作的菜餚份數，經過電腦對所需要的出菜份數進行調整後形成一個食譜，並爲這個班次列印出來，便可以提供給操作者使用。例如，麵包房的食譜就可帶進現場，冷菜的食譜則可以送到冷菜廚師的操作點上。表 7-2 中列出的就是一份用電腦製造業成的食譜範本。請注意，有一種配料——墨西哥玉米餅醬料實際上是一種食譜（用「SUBR2643」註明），這種調料在多種菜單菜餚中都可使用，而在某些菜餚中的用量還很大[11]。

一、食譜管理軟體

食譜管理軟體中包含兩個最重要的檔案，這兩個檔案都用於餐飲服務電腦配料系統：一個是配料檔案，另一個是標準食譜檔案。許多其他類型的管理軟體必須能夠共用這些檔案中的資料，這樣才能爲管理人員制成特別的報告。

㈠配料檔案（Ingredient File）

配料檔案中包括每一種採購配料的重要資料，其中有代碼和說明，還有每種配料的內容：

1. 採購計量單位和每一採購計量單位的成本；
2. 出料計量單位和每一出料計量單位的成本；
3. 食譜計量單位和每一食譜計量單位的成本。

有些配料檔案中特別備有一種以上的食譜計量單位，例如，爲法國吐司所用的麵包食譜計量單位爲塊；對餡類的麵包的計量單位可能會用盎司。

最初創建配料檔案以及隨後更新檔案（按日、周、月）是一件極其繁重的任務，但其效益卻超過了創建和維持成本。當配料檔案與其他管理軟體程式連結後（尤其是與資料庫軟體），配料資料就可輕易地傳輸到合適的管理軟體程式中，而無須再輸入。

表 7-2 電腦制成的食譜範例

報告號：90	＊＊＊CBORD 餐飲服務管理系統＊＊＊	
選擇：3.5.8	功能表管理系統-V6.23	May 05 00
用戶號：28	MSU Residence Hall Fall - Lcode 1	時間 15：40
	製作食譜	

功能名稱：
單　位：
日　期：2000 年 5 月 5 日　星期五

0084　肉餡玉米餅（牛肉和火雞肉）

出菜份數：1.80SCP

份量：	30.00	8.30 盎司	烹飪時間：	25 分鐘
份量形狀：	1 個餅		烹飪溫度：	350°F
準備時間：			烹飪設備：	烤箱
			製作用鍋：	平底鍋
準備主要分批的數量		1 次	製作用具：	木勺

配料	主批數量	分批數量
修訂日期 12/20/96		
火雞泥	21 磅	8 盎司
牛肉泥	11 磅	4 盎司
洋蔥		$4\frac{3}{4}$ 盎司
玉米粉調味品		$1\frac{1}{4}$ 盎司
鹽		$1\frac{3}{4}$ 盎司
煎豆	1 夸脫	$3\frac{1}{2}$ 杯
10″ 玉米餅		30 每個
嫩玉米肉餡調味汁 SUBR2643		$3\frac{3}{4}$ 杯
** 配料 **		
切碎的生菜		$7\frac{1}{4}$ 盎司
蕃茄片		$14\frac{1}{2}$ 盎司
切碎的起司(Cheddar)		$7\frac{1}{4}$ 盎司

1. 將肉泥與洋蔥放在一起烘烤（將二者攪拌均勻）。
2. 去掉肥肉，加玉米粉調味品和鹽攪拌均勻。盡可能使調味品適量。
3. 將大豆加入調好的肉中並攪拌均勻。
4. 調製醬料並保持其最低溫度在 145°F。
5. 製作肉餡玉米餅：用 12 號匙盛一匙餡（4 盎司）放入玉米餅 1/3 下層。首先折邊，然後從底層卷起，將餡包住。
6. 在每個平底鍋中置放入 16 份。
7. 用塑膠膜和錫箔紙將容器蓋子。在 350°F 的烤箱中烤，CCP > 25 分鐘，或者使內部溫度達到 155°F。
8. 打開烤箱，為平底鍋中每個肉餡玉米粉圓餅加添 16 盎司的醬料。
9. 上菜之前，再撒上 4 盎司的碎生菜，4 盎司乳酪，8 盎司蕃茄片。

註：熱玉米餅，應在 300°F 的烤架上烤製大約 30 秒。這樣玉米餅將變得柔軟易捲。

因爲其他管理軟體程式依靠的是配料檔案所具有的資料，所以配料檔案中的資料是否正確便非常重要。

㈡標準食譜檔案（Standard Recipe）

標準食譜檔案包含了所有菜單菜餚的食譜。表 7-3 就是一份標準食譜檔案的範例。請注意，列印結果包括了一個「價格／盎司」欄，該欄底部附近出現的「最高成本率警示標誌」是指當配料成本的變化增加了當時的食品成本，超過了預算成本水準時，最高成本率警示標誌就會顯示出來。

有些食譜管理軟體程式，在製作指南的標準食譜記錄中提供了一些浮動餘地（標準食譜卡上都有製作指導）。當制成一個特別食譜而需要出菜份數增加和減少時，這一特點是非常有用的。例如，假若一個標準食譜能出菜 100 份，而需要的卻是 530 份，就可能需要按比例調整配料數量。一個能出菜 530 份的食譜就應列印出來，其中還包括製作資料，這樣，就爲新食譜的食品製作提供了一份完整的計畫。

很少有餐館將所有菜單菜餚用料都採購進店或按比例購進以備使用；有些備料都是根據訂單準備的。這就是說，標準食譜記錄中的備料或者可能是清單中的專案，也可能是其他食譜檔案中的參考項目。作爲配料包括在標準食譜記錄中的食譜叫做附屬食譜。

包括作爲配料的附屬食譜在內的特殊標準的食譜叫做「連鎖」食譜（chaining recipes）。這便使得電腦系統能夠爲包括許多附屬食譜在內的特殊菜單菜餚維持一個單獨的記錄。一旦配料成本發生了變化，標準食譜管理軟體程式將會自動地更新，不僅能更新標準食譜的成本，而且還能更新作爲配料的附屬食譜的成本。

二、標準食譜開發

開發標準食譜並不是要拋棄已有的食譜重新再來，相反地，需要根據一系列步驟對現有食譜進行規範。

首先爲開發標準食譜選擇一個時段，例如，你可以每週在組織內部廚師開會時對三個食譜進行規劃，或者可以每週抽出一小時與調酒員商議開發標準飲料單的問題。在這些會議中，要求廚師或調酒員對酒水和菜餚配料提出看法。需要什麼備料，每種備料需要多少？準確的流程如何？烹飪或烤的溫度與時間爲多少？控制份量的工具是什麼？用什麼盤

表 7-3　列印出的食譜檔案範例

菜餚名稱紐約牛排正餐　　代碼 4：　　類別正餐＝2

序號	成　分	代碼	價/盎司	型號	大份	小份	合計
0	紐約牛排	2	$0.2484	1	0.0 磅	8.0 盎司	$1.9872
1	紅皮馬鈴薯	1	$0.0125	1	0.0 磅	9.0 盎司	$0.1125
2	奶油片	10	$0.1375	1	0.0 磅	2.0 盎司	$0.2750
3	生菜沙拉	2R	$0.0247	1	0.0 磅	6.0 盎司	$0.1482
4		0	$0.0000	1	0.0 磅	0.0 盎司	$0.0000
5		0	$0.0000	1	0.0 磅	0.0 盎司	$0.0000
6		0	$0.0000	1	0.0 磅	0.0 盎司	$0.0000
7		0	$0.0000	1	0.0 磅	0.0 盎司	$0.0000
8		0	$0.0000	1	0.0 磅	0.0 盎司	$0.0000
9		0	$0.0000	1	0.0 磅	0.0 盎司	$0.0000

售價：$8.95　　出菜份數：100%　　食品合計：　$2.5228

總重量：25 盎司　單位成本/盎司：$0.1189　　+綜合食品成本：　$0.0000

基本食譜代碼：3 正餐　　+基本食譜成本：　$0.4500

最高成本比率警示標準設為：35%　　勞動力或非食品成本：　$ 0.0000

利潤＝售價－總成本＝ $5.98　　＝　總成本：　$2.9728

輸入＜ 1 ＞修改檔案，輸入＜ 2 ＞退出

資料來源：Advanced Analytical Computer Sytems, Tarzana, California.

子或餐具盛菜？是什麼配菜？當菜餚在實際製作時，要透過詳細觀察廚師與調酒員的製作過程來複查食譜。

用標準格式來記錄食譜有助於菜餚的準備。例如：

1. 確定理想出菜份量。假若低峰時段要備75份，繁忙時段就需150份。那麼，食譜就應按此標準設計。

2. 列出客人點菜單中所需要的全部配料。

3. 明確需要使用的秤或量器或者是兩者都使用。稱重通常比使用量器更正確，量器僅用於度量液體、麵粉等。表7-4顯示一些常用的重量和量器的換算單位。爲了避免混淆，在所制定的全部標準食譜中都要使用統一的度量衡單位的縮寫形式。

4. 盡可能對哪些經常製作的菜餚的全部數量單位給予說明。例如，將所有的量度轉換爲最大的單位。可以將4/8杯轉換爲1/2杯，將4杯轉換爲1夸脫，或將3茶匙轉換爲1大湯匙。在進行這項工作時需要確保使用恰當的度量工具。當無法度量3盎司或者2湯匙的配料，而你根本就沒有衡量這些必須項目的工具，那麼，這樣的要求就沒有什麼用處。再者，當應用度量單位時，標準型號的炒鍋和其他設備也是食譜制定中不可缺少的。

表7-4　重量和量具換算表

1磅 ＝16盎司	3/4杯＝12湯匙
1湯匙＝3茶匙	1杯＝16湯匙
1/4杯＝4茶匙	1夸脫＝4杯
1/2杯＝8茶匙	1加侖＝4夸脫(qt)
1/3杯＝$5\frac{1}{3}$湯匙(或16茶匙)	2品脫＝1夸脫(qt)
2/3杯＝$10\frac{2}{3}$湯匙(或32茶匙)	2杯＝1品脫(qt)

5. 簡明準確記錄流程細節，避免含糊不清的說明。例如，「一杯攪拌奶油」是什麼意思呢？是說一杯已經攪拌過的奶油，還是說一杯必須攪拌的奶油呢？當要求攪拌時，要標明如何攪拌（用手或者用機器），提供準確的時間和速度，說明需要的機器型號及大小，並每次都註明準確溫度、烹飪時間和其他必要的說明。

6. 提供份量說明。註明上菜盤的大小型號，也要註明分量工具，諸如湯勺或者菜勺。要列出要求的份量數量和大小，以及要求的所有配菜或者醬汁。

標準食譜寫出之後，要與其他製作人員共同商議，徵求他們在精確與精製方面的意見。

最後，要對食譜進行測試，確切地弄明白，該食譜到底能否制訂出理想的菜餚數量和品質。許多餐飲經營場所都有一個品嚐委員會或者試吃小組。這個小組的成員包括管理人員、廚師、其他有興趣的員工，甚至客人。可使用表7-5的評價表來對菜單內容的基本特點進行評價。例如，對於烤製食品可以評價其基本的外觀和味道；對於肉類食品可以評價其基本香味、嫩度和汁味；對於蔬菜可以評價其基本顏色、含水分程度、纖維結構及味道。

順利測試之後，就可考慮該食譜爲標準食譜了。製作人員目前就應得到一份，並開始接受製作培訓，監督執行。在某些情況下，可以用照片來展示一份成品，這樣有助於製作和服務人員的工作。

儘管使用標準食譜有一定的優點，但在執行的過程中也會遇到一些困難。從來沒有使用過標準食譜的員工，對食譜可能持有不同觀點。例如，廚師或者調酒員可能會覺得他們在廚房或在酒吧中再也沒有創造性了，他們討厭將東西寫在紙上。另外一些有關的問題可能會集中表現在時間上，將現有食譜標準化非常耗時，還得耗時去培訓操作的員工。

總之，與前面已提到的使用標準食譜的優點相比，這些都不是大問題。再說，管理人員在採用標準食譜時可以向員工解釋爲什麼標準食譜非常必要，還可以讓員工參與食譜的開發與施行，從而減少執行的難度。

當你對餐館的某一菜餚的食譜進行標準化管理時，要對食譜所需的配料供應量心中有數。如海鮮、某些水果或者新鮮的蘑菇有時可能就會非常短缺，或者在淡季非常昂貴。你可以從菜單中取消這些菜餚，避免使客人失望，或者爲了求得信譽，就在菜單上簡單地寫上這樣的句子「依到貨量供應」。

表 7-5　菜單內容評價

日期＿＿＿＿＿

菜單菜餚名稱＿＿＿＿＿＿＿　　樣本號＿＿＿＿＿

說明：請在評價菜單菜餚特點的項目中用∨表示你的觀點。

特　　點					
你的評價：					
非常喜歡					
較喜歡					
有點喜歡					
無所謂喜歡不喜歡					
較不喜歡					
非常不喜歡					
評價意見					

所有食譜均需試做，即使設備和溫度略有差異，也有可能對製作的內容的品質造成很大的影響。尤其是烤製菜餚，溫度和濕度都會影響液體、酵母和其他配料的數量。你應在自己餐館中試做該食譜並仔細調製，然後才能寫進食譜。

當你需要的標準化食譜是來自外部，即雜誌、餐飲叢書、製作員工和烹飪網站時，強調製作的程序等就顯得越加重要。製作人員及管理人員必須達成一致意見，該食譜在以下幾個方面是明白、詳細和清楚的：

1. 數量；
2. 配料類型；
3. 製作流程；
4. 服務流程。

這一共識能夠保證大家更有效地利用時間和精力，有助於儘量減少人為的失誤。一旦開始使用食譜，菜餚的熱銷程度及製作該菜餚所需的設備、技術和耗時數就應經常地給予留意。

三、調整標準食譜的出菜份數

標準食譜的出菜份數很容易透過調整係數來增加或減少，調整係數是由原始出菜份數除以理想出菜份數而得出的。例如，如果一個食譜的出菜份數爲100份，你想要225份同樣份數的菜餚，調整係數就可這樣算出：

$$\text{調整係數}=\frac{225\text{份（理想出菜份數）}}{100\text{份（原始出菜份數）}}=2.25$$

那麼用每個食譜的配料乘以調整係數，就可得出理想出菜份數所需的配料數量。例如，假若原始食譜需要8盎司糖，調整後的配料數量就是：

$$\underset{\text{（原始數量）}}{8\text{盎司}} \times \underset{\text{（調整係數）}}{2.25} = 18\text{盎司}$$

當份數和份量大小發生變化時，食譜亦可進行調整。首先，確定原始出菜份數和理想出菜份數的總量，然後計算出調整係數，例如，原始食譜可出4盎司一份的菜餚50份，理想的出菜份數是6盎司一份的菜品75份，那麼調整係數將爲：

$$\frac{\text{理想出菜份數總量}}{\text{原始出菜份數總量}}=\text{調整係數}$$

理想出菜份數總量＝75份 ×6盎司／份＝450盎司
原始出菜份數總量＝50份 ×4盎司／份＝200盎司

$$\frac{450\text{盎司}}{200\text{盎司}}=2.25$$

利用調整係數可以提供非常準確的配料數量，而食譜的出菜總量卻並不會出現大的改變。但是，對於出菜份數變化很大的食譜，使用調整係數時必須特別謹慎。例如，一個出菜份數爲10份的特別菜品食譜僅僅乘上調整係數 100，就要出菜 1000 份同份量的菜品則幾乎是不可能的。在這樣的情況下，最好註明調整原因，然後仔細地修改，直到食譜出來理想的數量。同樣，計算調料及香料數量時也須非常謹慎。最好也把這些配料列進「嘗試」的基本程式中，直到確定其準確的需要量。

第二節 確定菜餚的標準食品成本

標準食譜和標準出菜份數確定之後，每份的標準成本或者整套餐的標準成本就可計算出來。菜單的標準食品成本，是指根據標準食譜備餐時，經理人員所期望達到的食品成本。爲了把成本控制在預算之內，這些資料必須清楚。

份量成本是爲那些作爲菜單可選內容出售的菜餚而確定的。簡言之，每個份量成本是根據標準食譜爲菜餚備餐時產生的食品成本。正餐成本是根據構成正餐的各類菜餚成本，或者其他已定價或出售的菜單可選菜餚成本的總和。例如，一份杏仁魚片正餐可能包括了沙拉和沙拉醬汁、馬鈴薯、蔬菜、麵包、奶油，還有魚類主菜。這些單項的份量成本必須核算出來並彙整，才能確定這份正餐的全部成本。

一、份量成本的計算

用標準食譜的出菜份數除以食譜配料成本總額就可得出份量成本（portion cost）。例如，某項食譜的製作成本爲 75 美元，出菜份數爲 50 份，那麼該食譜份量成本就是 1.5 美元（75 美元／50 份），而標準食譜上各項配料的價格則可從採購發票上查得。

表 7-6 是一份核算表範例，可用來計算該食品的每份平均成本，請注意，所有菜單配料都列在第 1 欄中，每項配料的數量都記錄在第 2 欄中，有些配料沒必要列爲成本，特別是那些數量又小，價格又便宜的項目，諸如，鹽和胡椒的成本就沒有列出（「TT」的意思爲「調味品」）。第 3 欄中則記錄了每個銷售單位的成本。

用配料數（第 2 欄）乘以單位成本（第 3 欄），就可算出每一種配料的總成本（第 4 欄）。例如，魚片的總成本爲：

總成本＝22.5（數量）× 4.85 美元（單位成本）≈109.13 美元

在第 4 欄下方就註明了食譜全部配料的成本。根據食譜所示，備 60 份杏仁魚片所需的總成本爲 119.50 美元。該菜單菜餚的份量成本可在下列作業單中算出：

表 7-6 標準份量成本核算表範例：菜單菜餚

A.菜單菜餚名稱　杏仁魚片
B.每份　6 盎司魚/60 號勺之醬料
C.出菜份數　60

配菜	數量	單位成本	總成本
1	2	3	4
魚片	22 磅 8 盎司	4.85 美元/磅	109.3 美元
杏仁	1 磅	4.26 美元/磅	4.26
奶油/人造奶油	2 磅 8 盎司	1.35 美元/磅	3.38
檸檬汁	1/2 杯	1.90 美元/16 盎司	0.48
檸檬皮	3 個檸檬	0.75 美元/每個	2.25
鹽	TT（調味品）	——	——
胡椒	TT（調味品）	——	——
		總計	119.50 美元

119.50 美元 ÷ 60 = 1.99 美元
總成本（第 4 欄）　份數(C)　標準份量成本

$$份量成本=\frac{119.50\text{ 美元（總成本）}}{60\text{（份數）}}=1.99\text{ 美元}$$

因此，份量成本，即每個食譜中的一份菜所需的成本就是 1.99 美元。份量大小的變化所引起的標準食譜出菜份數的變化，將會影響到份數成本，無論何時，只要份量大小有所改變，份量成本就需重新計算。

二、正餐成本的計算

表 7-7 的作業單爲確定正餐成本（dinner cost）提供了一個格式。正餐是以一個價格出售的許多菜單菜餚的組合，作業單所列每一菜餚的成本來自確定的份數成本作業單。作爲正餐各組成部分的成本總和，應等於正餐成本 4.14 美元。

因爲蔬菜時價每日都有差異，客人又對馬鈴薯、沙拉醬汁和果汁類具有選擇性，所以要花費一定的時間才能確定可能出現的不同的正餐組合成本。至於客人可選的種類，經理人員可在顧客選擇的正餐類別之中挑出最熱銷的菜餚成本，並以此來確定正餐的成本。例如，烤馬鈴薯的客人選擇率最高，那麼就可以烤馬鈴薯的份量成本來計算正餐成本。當然也可以選擇正餐類別中，份量成本最高的項目來確定正餐成本。

作業單中還列出了另外4欄，當菜餚的份量成本有所變化時（由於標準食譜內容上的配料價格發生了變化），可以此來計算正餐的成本。每當此時，就應在不變的其他正餐項目成本上加添新的份量成本，這樣才能得出修訂的正餐成本。

爲標準食譜所需的每一項配料的具體數量，進行成本核算的過程就叫做成本預算。在此應當明白，份量成本就是食品成本，即根據標準食譜準備一份菜單菜餚時所需要的食品成本。也就是說，只有對食譜進行了成本預算，份量成本才能夠計算出來。

當配料成本發生改變時會有什麼事情發生呢？例如，每磅牛肉泥的價格從2.25美元漲到了2.78美元，所有含有這一配料的標準食譜就需要進行成本預算。目前，許多餐飲服務場所都使用了電腦系統，當一項配料成本（諸如牛肉）有了改變，所有包含這一配料的食譜就可迅速準確地改變（重算成本），並反映到受到影響的菜單菜餚的新份量成本中。這項技術的應用，依靠準確及時的資訊使得菜單定價、餐飲成本控制以及相關的財務核算都變得快捷而簡單了許多。

第三節　標準餐飲成本的確定

由標準食譜的預算成本而得出的預期標準成本，與實際餐飲成本不能相比較，因爲實際餐飲成本不是以單個菜餚爲基礎用電腦計算出來的，相反，實際餐飲成本則是與在限定的時段內出售的所有菜餚相關聯的綜合餐飲成本。因此，標準餐飲總成本必須建立起來，以此來估算實際餐飲成本與標準成本是否一致。以下指出如何才能根據限定時段內餐飲銷售總額來建立的標準餐飲總成本。

表 7-7　標準正餐成本作業單

			上次成本計算方法日期			
正餐名稱：杏仁魚片			2000 年 8 月 1 日			
	項目	元	每份成本			
主菜	杏仁魚片	1.99 美元				
蔬菜	時令特色菜	0.32 美元				
馬鈴薯	可選用	0.40 美元				
沙拉	拌青菜	0.60 美元				
配菜	可選用	0.15 美元				
果汁	蕃茄/鳳梨	0.25 美元				
麵包	條	0.15 美元				
奶油	奶油	0.06 美元				
其他						
裝飾菜	橘子/檸檬/西芹	0.10 美元				
調味品	雞尾酒醬料	0.12 美元				
		4.14 美元				

當前，多數商業性與非商業性餐飲場所都使用了電子登記系統，記錄了具體菜單菜餚的銷售單位。因此，要確定每一銷售菜餚的實際數量就變得相對容易了。例如，要統計這一資訊，就可利用電腦以小時、班別、或者天數來完成，還可利用電腦來確定菜單上的每一種菜餚在某一時段的銷售總量。電腦列印出的資料可明確地表明在試驗階段的產出並銷售的全部菜餚應有的標準成本。表 7-8 顯示的是電腦輸出的日餐飲銷售情況。讓我們來仔細分析一下這份資料：

1. 第 1 欄：菜單類別（表中爲「正餐」）。分類報告單中其他類別（沒有列出）還包括開胃品，三明治、沙拉、甜點、啤酒等。
2. 第 2 欄：識別菜單菜餚的編碼，用於瞭解每道菜的銷售狀況。
3. 第 3 欄：菜餚名稱。
4. 第 4 欄：每菜的銷售數量。
5. 第 5 欄：每菜的收入。例如：6 份紐約牛排的收入爲 76.13 美元。

6. 第 6 欄：顯示與菜餚製作相關的食品成本。例如，售出 6 份紐約牛排所需成本為 26.76 美元；該數字是用售出菜品的數量乘以該菜品的標準食譜成本所獲得。
7. 第 7 欄：每菜的邊際貢獻。邊際貢獻是菜餚的銷售收入減去成本之餘額。以紐約牛排為例，用 76.13 美元的收入減去 26.76 美元的成本就得出了紐約牛排的邊際貢獻額為 49.37 美元。
8. 第 8 欄：菜餚的收入成本率。該成本率是以成本除以收入而得出的。以紐約牛排為例，其收入成本率大約是 26.76 美元／76.13 美元＝35%。
9. 第 9 欄：每種菜餚的銷售收入占餐飲銷售總收入的百分比。例，紐約牛排的銷售收入占該表所列時段餐飲總收入的 11.5%。
10. 第 10 欄：每種菜餚的銷售收入在某菜單類別銷售收入中所占百分比。以紐約牛排為例，菜單類別為「正餐」（參閱第 1 欄）。紐約牛排的銷售收入約占－正餐總收入的 22.5%。

表 7-8　標準餐飲成本日報表

(1) 菜單類別	(2) 項目編號	(3) 項目名稱	(4) 銷售量	(5) 收入額	(6) 食品成本	(7) 邊際貢獻	(8) 食品成本率	(9) 收入率	(10) 分類收入率
正餐	6406	紐約牛排	6	76.13	26.76	49.37	35.15	11.47	22.54
	6412	雞/半隻	6	50.66	17.76	32.90	35.06	7.63	15.00
	6416	火雞/胸脯	9	71.75	25.29	46.46	35.25	10.81	21.24
	6419	瘦豬肉塊/半塊	3	21.08	7.38	13.70	35.00	3.18	6.24
	6423	烤肉排/半塊	6	50.66	17.76	32.90	35.06	7.63	15.00
	6426	小羊肉/片	3	39.48	13.95	25.53	35.33	5.95	11.69
	20310	醃牛肉	6	28.02	9.90	18.12	35.33	4.22	8.29
		正餐合計	39	337.78	118.80	218.98	35.17	50.87	

類似表 7-8 這樣的日報表，在結算時可每天列印出一張。

所有出售的餐飲項目的總標準成本都可在會計期內算出，並指出在此會計期內的成本情況。這一數字必須與該階段的實際餐飲成本做出比較，根據標準餐飲總成本與實際餐飲成本的比較，經理人員就能夠算出餐飲經營的情況。如果實際餐飲成本大於標準餐飲總成本，經理人員就需要調查其原因，如果有必要，還應採取糾正的措施。這一點非常重要，因爲每一美元的最低利潤，會根據每一美元的成本高於正常成本而降低。透過降低成本而節省的每一美元，都將提高最低線利潤。如果實際餐飲成本低於標準餐飲總成本，這仍然也需調查，儘管這似乎是好消息。例如，這可能說明客人所花費用超出了經理人員設計的餐飲內容。如果是這樣，就必須進行調整，使得情況合理一些。否則，客人就不會再度光臨，因爲他們付出的費用與他們得到的服務價值不符。

第四節 標準飲料成本的確定

對飲料建立標準成本相對來說要簡單一些，因爲通常配料很少。一個飲料的標準配方，如表7-9中註明的曼哈頓，就能提供出配方成本，計算出標準飲料成本。

在標準配方第1欄中列出了配料，第2欄中註明了每種酒類瓶裝型號。大部分烈酒以升，而不以盎司出售。因此，如果配方和酒吧設備以盎司爲計量單位，就有必要在制定配方或計算成本前將先換算爲盎司。瓶酒的成本則列在第3欄。既然該部分有4欄，在新標準沒有試用之前，就應注意到三種配料的價格變動情況。在第4欄中列出了每種配料的總數，在第5欄中註明了調製每種飲料的配料成本。

配料成本是如何計算出來的呢？例如，要確定曼哈頓中所用黑麥威士卡的成本，首先應以一瓶黑麥威士卡的價格除以瓶中酒的重量，得出每盎司的成本：

$$\text{每盎司成本} = \frac{9.65\text{ 美元（瓶價格）}}{33.8\text{（瓶重量）}} = 0.286\text{ 美元}$$

（計算每瓶的盎司成本時，有些酒吧經理在計算前總要扣除一兩盎司作爲蒸發或濺耗的計算。這將增加每盎司的成本。）

由於在一份曼哈頓中使用了1.5盎司的黑麥威士卡，那麼黑麥威士卡的配料成本就是0.43美元，即0.286美元 × 1.5盎司＝0.429美元，或約等於0.43美元。

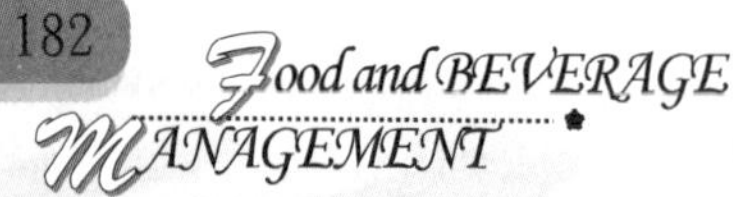

表 7-9　標準飲料配方

項目：曼哈頓　　日期 6/19 -　　日期　　日期　　日期

(A)飲料售價　$4.00

(B)飲料成本　0.530

(C)飲料成本率　13.3%

配料	數量	每瓶數據				每日飲料數據				
		6/19-				含量	6/19			
		成本	成本	成本	成本					
1	2	3	3	3	3	4	5	5	5	5
黑麥威士卡	升(33.8)盎司	9.65				1.50 盎司	0.430			
甜味苦艾酒	750 毫升(25.4 盎司	2.69				0.75 盎司	0.080			
樹皮苦味汁	16 盎斯	4.56				少許	0.010			
櫻桃						每份一個	0.010			
水(冰)						0.75 盎司	—			
合計						3 盎司	0.530			

配製方法:

將配料放置於一調酒器中，加入冰塊攪拌至冷

倒入雞尾酒杯中，用櫻桃裝飾。

用杯：3½盎司雞尾酒杯

曼哈頓中的黑麥威士忌成本和其他配料成本加在一起，飲料總成本0.53美元就記入了第5欄的下方。然後這個數字就記入了配方上方的B項中。

配方上方的C項指的是飲料成本率。該比例說明的是飲料的售價（記在A項）需要定爲多少才能支付飲料成本。飲料成本率的計算是以飲料成本價除以飲料的售價再乘以100而得出的。樣本配方中曼哈頓飲料成本率的計算公式如下：

$$飲料成本率 = \frac{0.53\text{ 美元（飲料成本）}}{4\text{ 美元（飲料售價）}} \approx 0.133 \times 100 = 13.3\%$$

確定飲料售價時，標準飲料成本只是需考慮的因素之一，而飲料的種類（蘇打水、雞尾酒或特種酒）和酒的品質等都應是定價考慮的因素。

第五節 菜單菜餚定價

商業性的餐飲服務必須給菜單菜餚制定售價，當然許多非商業性餐飲機構也一樣。定價有利於明確財務目標是否能達到。但是，許多經理人員利用主觀定價法，便不能夠把相應的售價與所需的利潤，甚至成本連繫起來。當菜單的主體價格上升時，許多經理人員都談到定價「藝術」，指出對客人支付能力的敏銳的洞察力和特別瞭解是最重要的因素。如下定價方法需要我們瞭解，請注意，它們都是根據經理人員的設想或客人的需求來制定價格的：

1. **合理定價法。**該方法制定的價格就是餐飲經理認可並將告知客人其價值的價格。根據客人的看法，經理人員應設想何種價格是合理和公平的。換一句話說，經理人員應自問，「如果我是一名顧客，我會爲服務項目付多少錢呢？」經理人員對這一問題做出的最滿意的答案就成了該產品的售價。

2. **最高定價法。**使用這種定價方法，經理人員設定一個他們認爲客人願意支付的最高價格。這個價格使顧客的價值概念化，即價格與數量和品質之間的關係擴展到最大程度，然後再「調低」到能夠獲得經理人員所估算的利潤差額。

3. **低價誘導法。**這一定價方法爲某些菜餚制定出異常的低價。經理人員設法將客人吸引到餐飲經營場所來購買低價菜餚，客人一旦進來就還會選擇其他菜餚。某些菜餚定價很低，把客人引進餐館後客人卻購買另一些菜餚，對於經營者來說，爲了所需要的利潤，這樣做也是必要的。這種定價法有時被用來作爲對開門客或老年人的優惠手段，以此吸引市場的特殊人群。

4. **直覺定價法。**假若價格僅靠直覺而定，經理人員對銷售定價採用的辦法只能是猜測。與此方法密切相關的只能是確定一個實驗價

格和一個誤差價格，假若定價不妥，就試行另一個價格。直覺定價法有別於合理定價法，它不用努力去確定客人認爲的普通價位是多少。

這些方法在餐飲服務業中普遍使用的原因，一是過去一直沿用，二是經理人員沒有瞭解到有關成本或預期利潤方面的可供操作的資訊，或者說，因爲經理人員對更可行、更客觀的定價方法不熟悉。客觀的定價方法能保證成本和經營所需要的效益，但客人憑經驗感覺出的價位與實際售價卻不能良好地統一。有兩種客觀的定價方法，它們是：餐飲成本加成定價法和利潤目標定價法。

一、餐飲成本加成定價法

有些經理人員以成本的預期加成爲菜餚定價。例如，當製作出一種新的菜餚時，經理人員給該菜餚確定一個合理的成本加成比例。利用直覺、國內的平均值，或者過去的成本率，經理人員可能會決定 33 %的菜餚成本率是最理想的。然後，經理人員根據菜餚的標準食譜計算出該菜餚的標準成本爲 1.50 美元。菜單菜餚的售價就以該菜餚的標準成本除以預期的成本率（十進位）確定了下來：

$$\text{售價} = \frac{1.50\text{ 美元（菜餚的標準成本）}}{0.33\text{（菜餚預期成本率）}} \approx 4.55\text{ 美元}$$

如果經理人員不喜歡這一價格，可以確定另外的價格如 4.75 美元、4.95 美元甚至 4.25 美元；當如此重要的決定僅僅靠一時的直覺來決定的話，那麼像這樣的數字遊戲似乎還有很多很多。

依據餐飲經營場所的實際經營預算可以得出成本加成法中的預期成本率。例如，假設經理人員已經確定了一個 37 %的經營預算成本目標，利用這一比例就可給一個菜單菜餚確立一個基本的售價：

$$\text{售價} = \frac{1.50\text{ 美元（菜餚的標準成本）}}{0.37\text{（預期成本率）}} = 4.05\text{ 美元}$$

總之，當確定售價時，其他因素，包括競爭對手的價格，需求彈性（銷售價格與售出菜餚數量之間的依存關係）和更多的其他因素都應考慮在內。

減低成本率就是我們的目的嗎？以上所談成本加成法是根據這樣的

假設來制定的，即購買食品原材料的效益率越低，所有其他費用及利潤的效益率就將越高。這一理論聽起來似乎很不錯，但卻很容易被駁倒。請看下面的例子：

菜單菜餚	菜餚成本	菜單售價	菜餚成本率%	邊際貢獻
雞肉	2.50 美元	8.25 美元	30.3	5.75 美元
牛排	5.50 美元	14.00 美元	39.3	8.50 美元

在這個例子中，雞肉成本比率爲 30.3 %，與 39.3 %的牛排相比很低。根據傳統觀點，銷售賣雞肉應該比銷售賣牛排更有利於經營。然而，邊際貢獻（菜單菜餚售價減去菜餚標準成本）顯示，銷售雞肉僅能剩 5.75 美元，可用來支付其他成本，並對經營的必需利潤做出了貢獻。而牛排呢，邊際貢獻率爲 8.50 美元。那麼，你願意用哪項邊際貢獻率來支付非食品費用，爲利潤做貢獻呢？是 5.75 美元呢？還是 8.50 美元呢？當然願意用 8.50 美元。

利用餐飲成本率定價法，經理人員認爲成本加成率不僅僅能夠涵蓋食品成本，而且還包括了非食品費用和需求的利潤。總之，我們還有可能去使用一項更加客觀的定價方法，即一開始就將非食品費用和目標利潤組合爲定價策略之中的方法。

二、利潤目標定價法（Profit Pricing）

利潤目標定價法首先要保證把要獲得的利潤和非食品成本作爲定價策略的因素。這種方法首先考慮的是，如果從預計餐飲收入中減去非食品費用和要獲得的利潤，那麼每年限制的餐飲成本（allowance food cost）將是多少。

例如，一個餐飲經營單位的下年度預算餐飲收入爲 800,000 美元，非食品費用爲 415,000 美元。這就表示，業主目標利潤爲 75,000 美元。根據這一資料，年食品允許達到的成本（年經營預算中所「限制」的餐飲成本）可確定如下：

限制的餐飲成本＝800,000 美元－415,000 美元－75,000 美元＝310,000 美元
（預測收入）（非食品費用）（目標利潤）

一旦允許達到成本確定了下來，預算成本率就可輕而易舉地計算得

出，即以限制餐飲成本除以預測餐飲收入：

$$\text{預算餐飲成本率} = \frac{310{,}000\text{ 美元（限制食品成本）}}{800{,}000\text{ 美元（預測餐飲成本）}} = 0.388\text{（約 }39\%\text{）}$$

然而菜餚售價的確定則要以菜餚的標準成本除以預算成本率。如果菜餚的標準成本是1.50美元，售價就可確定爲：

$$\text{售價} = \frac{1.50\text{ 美元（菜餚標準成本）}}{0.39\text{（預期成本率）}} \approx 3.85\text{ 美元}$$

在這一例子中，菜單菜餚的基本售價是3.85美元。這一基本價格可根據各種因素的變化而進行調整，包括顧客認可的價值，競爭對手的價格，捨去零頭的價格，以及餐飲經營所的當前價格或者傳統價格[2]。

三、競爭與定價

定價決策中最重要的是與競爭對手相關的問題。多數餐飲經營場所都會碰到提供相同的菜單內容，還有可能提供相同的服務專案以及消費環境的競爭對手。爲了有效地進行菜單定價，你必須瞭解你的競爭對手，瞭解他們的菜單、售價以及客人的偏好。吸引競爭對手的顧客可用降低菜單價格的技巧。這一技巧可能會成功地吸引一些客人，但是，除非客人認爲你的低價菜餚可以替代競爭對手的菜餚，如果你提供的菜餚與競爭方提供的沒有什麼重大意義上的差異，那麼客人可能在選擇你與競爭方時，就會把價格作爲決定性的因素。總之，如果對客人產生重要作用的因素與價格無關，而與位置、環境、娛樂性有關，那麼，降低價格的技巧就毫無用處。

提高價格也是對競爭對手施加的壓力的反應方法。依據較高的價格，有少部分菜單菜餚將會售出，並爲經營場所保持目標利潤水準。這種技巧可行嗎？答案在於客人的需求、期望和偏好。這些因素決定了人們是否願意繼續以高價購買某個菜餚。

只有在價格提高引起了收入增加、需求下降的情況下而提高了總收入，當客人開始購買其他菜品替代原菜品時，提高某一菜餚的價格，才有可能是一個有效的策略。在某些情況下，較有效的增收策略可能是降低一個菜餚的價格。低價可能會增加單位銷售量，這種增量就有可能創造總收入的增加。

我們在此談論的實際上是有關需求彈性的概念，需求彈性是經濟學者用來論述價格變化對需求量的影響的術語。如果一定比例的價格變化引起了需求量更大比例的變化，需求就是富有彈性的，我們就認為該菜餚是價格敏感型的。從另一方面來看，如果需求量的變化比例小於價格變化的比例，那麼需求就是缺乏彈性的。在改變某個菜餚的已定價格之前，最重要的是瞭解該菜餚的需求彈性，即價格變化時引起需求量變化的幅度。

註 釋

[1] 電腦的應用及其他食譜管理軟體資訊出自 Jack D. Ninemeier, *Planning & Control for Food & Beverage Operations,* 第 4 版（奧蘭多：美國飯店與住宿業協會教育學院，1998）。

[2] 參閱 Ninemeier, *Planning & Control*, 使定價過程更加客觀一些的其他方法。

名詞解釋

限制餐飲成本（allowable food cost）　從預計的餐飲銷售額中減去非食品費用和目標利潤所得出的預算餐飲成本。

預算餐飲成本率（budgeted food cost percent）　是目標利潤定價法中所使用的工具，用限制食品成本除以預算餐飲銷售額來確定。得出的最終百分比除某一菜餚的標準餐飲成本可得出售價。

連鎖食譜（chaining recipes）　包括作為標準食譜配料的附屬食譜。餐飲服務電腦系統可以此來對某一特殊的菜單菜餚，包括許多附屬食譜進行單個記錄。

邊際貢獻（contribution margin）　菜餚售價減去菜餚標準餐飲成本後的餘額。

正餐成本（dinner cost）　組成正餐菜餚的標準餐飲成本，或其他作為一個菜單可選菜餚定價並售出的標準成本。

需求彈性（elasticity of demand）　經濟學者用來表示價格變化引起需求量反應的術語。

配料檔案（ingredient file） 包含有各種採購配料的重要資料，諸如配料代碼、內容表述、採購單位、採購單位成本、登錄單位成本以及食譜單位成本。

份量成本（portion cost） 作爲一個單獨的菜單選項售出的一份菜餚的標準餐飲成本。份量成本指的是根據標準食譜而製作某一菜單菜餚份量而引發的成本。

利潤目標定價（profit pricing） 保證把利潤目標和非餐飲費用作爲定價因素的定價策略。

標準餐飲成本（standard food cost） 根據標準食譜製作菜單菜餚時經理人員應該預測的理想餐飲成本。

標準食譜（standard recipe） 製作菜餚的配方，食譜中特別列出了各種配料、每種配料所需數量、製作工序、份量大小以及設備、配料和其他製作該菜餚時必備的各類資訊。

標準食譜檔案（standard recipe file） 包含所有菜單菜餚的各類食譜。該檔案中所保存的重要資料有：食譜編碼、食譜名稱、配料製作指南、份數、份量、備料成本、菜單售價以及餐飲成本率等。

複習題

1. 餐飲經營場所使用標準食譜有什麼好處？
2. 對現有食譜進行標準化操作時，餐飲服務經理人員應該考慮哪些因素？
3. 餐飲經理人員如何才能說服主廚或者調酒員去開發標準食譜？
4. 如何利用調整係數去增加或減少標準食譜的出菜份數？
5. 單項成本與正餐成本有什麼不同？
6. 菜單菜餚的標準餐飲成本與餐飲總成本有何不同？
7. 爲飲料定價時必須考慮的特殊因素有哪些？
8. 爲什麼說食品購買支付收入率越低，所有其他費用及利潤收入率就越高的想法是不正確的？

9. 爲什麼要把預算餐飲成本加成叫做利潤目標定價法？
10. 如何才能以降低菜單價格來增加銷售總收入？

欲知更多資訊，請訪問下列網站，但網站名稱可能有變，敬請留意。

Escoffier On-Line(food service software)
http://www.escoffier.com/linkcat/software.shtml/

Resort Kitchen
http：//www.resortsoftware.com/products/kitchen/

第三篇

產品與服務

PART 3

CHAPTER

食物製備的準備

本章大綱

- 採購
  - 採購為什麼很重要
  - 採購計畫的目標
  - 採購中的安全事項
  - 採購的道德問題
- 驗收
  - 驗收空間與設備
  - 驗收過程
  - 其他驗收工作
- 儲存
  - 安全
  - 品質
  - 登記
  - 降低存貨成本
  - 存貨管理軟體
- 發放
- 特殊飲料管理
  - 採購
  - 驗收
  - 儲存
  - 發放
- 科技的作用
  - 全球資訊網
  - 即時存貨系統
  - 儲存與存貨

本章重點闡述餐飲服務業的餐飲生產流程。首先我們將討論採購的基本流程，然後研究食品驗收、儲存和分發的準則。本章的最後一部分將論述飲料的採購、驗收、儲存和分發的特殊事項。

第一節 採　購

採購過程由眾多活動組成（見圖 8-1）。餐飲產品製作人員需要食物、飲料和其他輔料去準備製作菜單菜餚。他們填寫領貨單(1)將寫好的用料單交給庫管人員，然後由庫管人員發放所需的原料(2)。

圖 8-1　採購流程

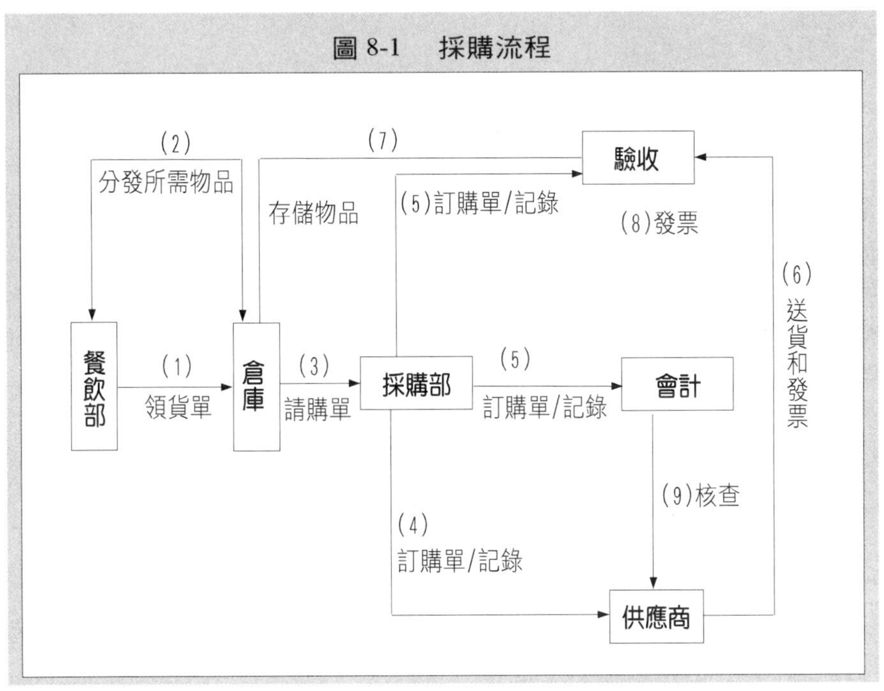

在某些時點上，倉庫的存貨 (inventory)，即食物、飲料和其他輔料的存貨數量必須補充。需要再次訂貨時，由庫管人員填寫請購單(3)交給採購部。請購單是詳細描述所要購買原材料的憑據，包括所需的數量以及所需物品的使用頻率，然後採購部透過正式或非正式的採購預訂系統向供應商訂購所需貨物(4)。將訂貨單的副聯送給驗收人員和會計人員(5)。

供應商將訂購的貨物送到驗收處(6)，並給驗收員一張送貨發票(delivery invoice)，供應商的發票上載明所送的貨物，貨物的數量和價格以及應付款的總價。驗收員要對照請購單的副聯或採購記錄單對所送貨物進行核查。同時也要檢驗貨物的品質（有時可能是非法生產的替代品）和損壞情況等事項。

所送貨物檢驗並接受後，送貨員將其轉送到合適的儲存地點(7)，送貨發票則送到會計部門(8)。這將提醒會計人員供應商已將貨物送來，他們可以處理有關單據，並支付供應商的貨款(9)。

儘管採購程序因企業的經營情況不同而各異，但這些基本步驟卻是相通的。即使電子資料處理取代了圖 8-1 所列的全部或部分人工處理，其基本步驟仍當如此。

一、採購為什麼很重要

從最基本的層面來看，採購是非常重要的，因爲餐飲經營必須購買食物、飲料和其他輔料以便生產和出售食物、飲料產品。但這並不是採購重要的唯一原因。採購過程運作的好壞，將影響到資金的使用或流失。例如，如果採購的物品太少，出現庫存短缺，銷售額將減少，顧客會失望，如果採購物品太多，資金將卡在不必要的存貨上，不能滿足他用。

採購的重要性可以簡單地概括爲一句話：採購直接影響到成本底線。有效的採購節省下來的每一塊錢，將意謂著爲企業增加一元的利潤。只有最可行的採購計畫才能幫助餐飲服務經理贏得最佳經濟效益。

二、採購計畫的目標

無論大型餐館是由採購部的採購員採購，還是小型餐館由一線經理採購，採購計畫均包括如下目標：

1. 購買適當的物品；
2. 獲得適當的數量；
3. 支付適當的價格；
4. 選擇適當的供應商。

㈠購買適當的物品

菜單會顯示哪些物品必須購買，如果青豆在菜單菜餚上是必須的，那就必須購買青豆。然後有關購買青豆的種類、數量、品質等便成為重要的問題。什麼樣的青豆適合餐館使用呢？

爲回答此問題，經理人員必須制定採購說明書 (purchase specifications)，以便達到企業所需標準。採購說明書需對物品的品質、規格、重量和其他特別項目所需因素進行詳細描述。表 8-1 列出的是一份採購說明書的樣範格式。經理人員必須爲每一種昂貴或重要物品的採購制定一份採購說明書。採購說明書一旦制定出來，應該分發給所有供應商。這將使供應商有更好的思路來準確瞭解企業所需的物品，並幫助供應商滿足企業採購物品的期望。

對每一物品的預期品質是採購說明書很重要的一部分。有些企業對價格很敏感，希望最大限度地購買高級的物品；另外一些則只要求高品質物品，因爲他們相信顧客能夠支付得起。大多數企業則處於兩個極端之間，因此對大多數企業來講，最困難的是對每種物品應當達到的品質水平做出決策。

對某種具體物品品質水準的要求，部分取決於物品的預期用途。如果你把橄欖用作裝飾物，大的橄欖能夠滿足品質要求；如果你想將其切碎覆蓋在沙拉表面，大橄欖可能會超過品質要求，低價而小一點的甚至是散裝的橄欖將會更加適合需要。在獨立經營的餐館裏，一般由負責餐飲服務經理、主廚（對食物原材料）、飲料經理（對飲料原料）來決定物品品質。在連鎖經營的餐館，即使不是全部，至少大部分物品的品質都由集團總部做出決定。

1. 便利食品

在某些情況下，便利食品也許會達到企業的品質標準，成爲採購的正確選擇。便利食品是指：經過一定程度的加工和處理，只需較少的人工現場製作的食物。除了花費較少時間外，方便食物通常較易採購、驗收、儲存、發放和製作。例如，購買冷凍牛肉來製作主菜燉牛肉，比起購買牛肉、花生、蘿蔔、湯汁和其他輔料來製作燉牛肉要花費較少的時間、人力和設備。

儘管市場上有許多高品質的便利食品，但一些餐飲服務經理對便利食品一直持否定態度。如果便利食品能滿足企業品質標準，餐飲經理應該對購買和使用便利食物的可行性進行認真的調查研究。

表 8-1　採購說明書範例

（餐飲企業名稱）

1. 物品名稱：＿＿＿＿＿＿

2. 物品用途：

詳細介紹物品用途(如橄欖用來裝飾飲料，漢堡肉餅用來烤、炸並製作三明治等)

3. 物品概述

提供所需物品一般品質資訊。如冰凍生菜；頂端要呈綠色；堅挺而不會出現變質、過髒或損壞現象。外葉不超過 10 片；每箱 24 簇。

4. 詳細內容

採購員應該說明有助於清楚識別所需物品的其他因素。如一些因所需物品不同而異的具體因素。一般包括：

· 產地
· 品種
· 類型
· 樣式
· 等級
· 規格
· 份量規格
· 品牌名稱
· 密度
· 包裝方法
· 具體重量
· 容器規格
· 淨食用份量，整潔度

5. 物品檢驗程序

檢驗程序進行的時間應在物品驗收之後和物品準備使用或使用之時或之後。例如，食物在送貨過程中應保持的冷藏溫度可以用溫度計來檢試。切成份的肉餅可以隨機過磅稱重。24 棵包裝的生菜可點數檢驗。

6. 注意事項及要求

任何需要對物品詳細品質要求進行說明的附加資料都可以包括在這裏。如果可能的話，諸如投標程序、標籤和包裝要求，以及具體送貨和服務要求也可以包括在內。

資料來源：Jack D.Ninemeier, *Planning and Control for Food ana Bererage Operation*, 4th ed. (Orlando: Educational Institute of American Hotel & Motel Association, 1998.)

2. **確定自製或外購**

從另一角度看，有時企業自製食物要優於外購。一個菜品，如午餐小麵包，是由企業自製還是外購需認真調查研究。但現場製作有以下優點：一是現場製作可能和正在進行的其他工作結合起來，充分利用設備、人力，品質標準可以得到很好的保證。此外，由於是現場製作，可大大減少食物的浪費。

自製最大的優點可能是成本較低。對「自製或外購」進行分析有助於確定現場製作是否比外購的食物更便宜。例如，在經常自行配製血腥瑪麗調酒的餐飲業工作的經理人員，如果發現有商家配製的酒能夠達到本企業的品質標準時，是否應該外購呢？

12 夸脫一箱的瓶裝配製酒的銷售價格是 31 美元，外購 5 箱可獲得 5%的折扣。企業可以按照這個數量購買。如此一來，每夸脫的價格將是 2.45 美元，即 31 美元－ 5%×31 美元＝ 29.45 美元，29.45 美元÷12 夸脫（每瓶 1 夸脫）≈ 2.45 美元。

自製血腥瑪麗調酒的成本如下：

(1)原料成本：標準配方所用的現有配料可出 2 加侖（或 8 夸脫），其成本是 14.45 美元。因此，每夸脫的成本是 1.81 美元，即 14.45 美元÷8 夸脫 ≈ 1.81 美元。

(2)人工成本。要支付給調酒員每小時 9.89 美元的成本（含額外福利費用）。配製酒的時間爲 15 分鐘。因此，準備 8 夸脫配製酒的人工成本是 2.47 美元，即 9.89 美元÷4 ＝ 2.47 美元。每夸脫酒的人工成本是 0.31 美元，即 2.47 美元÷8 夸脫 ≈ 0.31 美元。

自製一夸脫血腥瑪麗酒的預計總成本是 2.12 美元：1.81 美元（原料成本）＋ 0.31 美元（人工成本）＝ 2.12 美元。

「自製或外購」分析的最後一個步驟是對自製混合酒和外購混合酒的成本進行比較：

自製酒的成本 2.12 美元／夸脫

外購酒的成本 2.45 美元／夸脫

每夸脫自製酒所節省的成本爲 0.33 美元

這項「外購或自製」分析表明，如果企業準備自己製作血腥瑪麗將每夸脫節省0.33美元的成本。儘管每夸脫節省的成本看上去微不足道，但因企業每天使用8夸脫混合酒，每天就可以節約2.64美元的成本，相當於每週節省18.48美元（2.64美元×7天）或者說每年可節約960.96美元，即18.48美元／每週×52周＝960.96美元。

(二)確定適當的數量

如前所述，如果存貨量過多，現金流動將受到負面影響；如果存貨量過少就會出現缺貨、減少銷售量和顧客不滿意等後果。食物和飲料採購中，適當掌握數量的重要意義就在於此。

有些企業用最高／最低存貨分析法，來確保存貨量保持在適當水準。使用這種分析方法，可以用平均存貨量（能夠使存貨總是保持在最低數量的存貨水準）來確定絕大多數物品的存貨量。平均存貨量等於前置期存貨量加上任何特定貨物的保險存貨量，前置期存貨量是指處於再次訂貨至交貨期內，從存貨中發放的某種物品的數量。保險存貨量是指爲應付緊急情況、損壞或無法預料的運貨延誤等情況所需的存貨量。當一種物品的存貨達到最低量時，必須訂購補充這種貨物。

最高存貨量是指在任何特定時間內庫存物品的最大數量。每種物品的庫存在有一個最低量的同時，也要有一個最高量。最高存貨量的確立可以使現金不至於卡在不必要的存貨上。物品的保質期也會影響到所能儲存貨物的最高量。

除去最高／最低存貨量，其他因素也會影響到物品採購的數量。這些因素有：

1. 價格的變動。漲價或降價會影響企業採購的數量；
2. 可供儲存的設施；
3. 儲存和處置成本；
4. 浪費和損壞因素；
5. 偷盜和扒竊因素；
6. 市場狀況。如有的物品的供給可能受到限制；
7. 折扣（如果有的話）。
8. 供應商規定的最低定貨數量。有些供應商不會「拆箱」銷售，也就是不零售。如果供應商報價過高，就要考慮批量採購，雖然這樣可能會超出所需的適當採購量。
9. 運輸和發貨問題；

10. 訂貨成本。開始辦理一次訂貨的成本可能會很高，增大訂貨數量，減少訂購次數可以降低訂貨成本。

有些易腐物品，如鮮貨、烘烤食物和乳製品採購後須即時使用，通常一周就要採購好幾次。由於經常採購，經理人員通常瞭解這些物品的使用率，而無須計算其正規的最高／最低存貨量。易腐物品的採購量可以透過計算現有貨物的數量，以及從經理們對所需物品的經驗中獲得。

表 8-2 是一份報價／申購單的範本，它有助於經理人員制定易腐物品的訂單和選擇供應商。表中已經填好需訂購的物品，最上面的欄中顯示了訂單期內訂購菠菜的六項內容。存貨單上顯示現存貨還有 2.5 箱。訂購 3.5 箱將使存貨水準達到 6 箱。然而，如果供應商不「拆箱」出售或「拆箱」價格太高，可能需訂購 4 箱。在計算好現存的易腐物品和所要訂購的物品數量後，與三家供應商取得聯繫，讓他們分別報出訂購物品的現行價格。每家供應商都有一份關於訂購物品的詳細說明書，以便使他們對同樣品質的物品進行報價。

與所有的供應商接觸後，經理人員面臨著兩種選擇。可以向所有物品總報價中報價最低的供應商訂購，或根據每種物品的報價逐項訂購。供應商往往規定一個最低限的訂購量或訂購金額，所以通常不可能只向一家供應商訂購一種物品（如 10 袋小蘿蔔）。

㈢支付合理的價格

也許採購最重要的目標是支付合理的價格，獲得相應的產品和服務，但並不一定是最低價格。通常「討價還價」的物品存在著不送貨上門或達不到正常品質標準的風險。

有很多技巧可以用來降低採購成本。職業採購員知道如何和何時運用這些技巧。其中常見的有以下幾種：

1. 與賣方議價。討價還價是一種很常用的方法。但對每一種商品來說，供應商都有一個不能突破的底價。這個價格在某種程度上是由其他供應商的報價所決定，另外還有供應商的營運成本以及供應商對市場的控制程度來決定。
2. 考慮採購品質較低的物品。如果還沒有確定採購物品的所需品質，這也許是一個合理的選擇。

表 8-2　報價／申購單的範例

項目	數量			供應商		
	所需	現存	訂購	A&B 公司	格林產品公司	當地供應商
1	2	3	4	7.	6	7
菠菜	6 箱	2.5 箱	4 箱	22^{00}/箱＝88.00 美元	14^{85}/箱＝59.40 美元	27^{70}/箱＝86.80 美元
冰凍生菜	8 箱	1 箱	7 箱	17^{00}/ 箱＝119.00 美元	16^{75} / 箱 ＝117.25 美元	18^{10} / 箱 ＝126.70 美元
胡蘿蔔	3-20#	1-20#	2-20#	14^{70} /袋＝29.40 美元	13^{90} / 袋 ＝27.80 美元	13^{80} / 袋 ＝27.60 美元
馬鈴薯	2 籃	1/2 籃	2 籃	18^{60}/籃＝37.20 美元	18^{00}/籃＝36.00 美元	18^{10}/籃＝36.20 美元
			總計	861.40 美元	799.25 美元	842.15 美元

3. 評估對物品的需求。有時現場自製也許比外購成本要低。
4. 取消供應商提供的某些服務。你所支付的訂貨價格包括送貨費用、延付帳款和技術支援等。如果不需要這些服務，價格可能會低些。
5. 大量訂購。如果供應商較少，每個供應商得到較多的訂單，價格可能會因爲批量購買而得以降低。重新評估對高成本物品的需求，例如，某種裝飾物品的價格升高，就要考慮是否用價格較低的裝飾物品進行替換。
6. 現金支付。供應商面臨著暫時現金周轉的問題，因而會對現金交易提供較低的價格。
7. 預測價格變動趨勢。如果你認爲價格將會降低，當價格穩定在一個較低的水準之前，儘量減少購買量；如果你認爲價格會上升，現在就要加大購買量。
8. 改變採購單位量的規格。較大單位量的採購分攤到每個單位的成本會低一些。例如，當採購 50 磅而不是 10 磅麵粉的時候，分攤到每磅上的成本前者要比後者低些。

9. 創新。聯合採購或透過競標採購會降低價格。使用互惠採購方式，餐飲服務經理可以與供應商交易預製肉食和飲料。
10. 充分利用供應商的促銷折扣。
11. 繞開供應商。直接向分銷商、製造商和種植者採購物品。

產品的價格也會受到支付方式的影響。如果供應商為獲得現款而提供一定折扣，這種選擇值得研究。一般說來，支付方式是在價格達成一致後進行協商。

㈢選擇適當的供應商

有經驗的採購員意識到在選擇供應商時，除價格以外還應考慮其他一些因素。這些因素包括以下幾點：

1. 供應商所處的地理位置。近距離會縮短送貨時間。更重要的是，很多餐飲服務業採購員喜歡從當地購買物品，因為他們相信這樣可以建立信譽並改善社區關係。
2. 供應商的設備設施。實地考察可以幫助採購員瞭解設備的衛生水準，物品處理過程以及怎樣使供應單位的員工有興趣為企業提供良好的服務。
3. 財務穩定性。調查潛在供應商的財務信譽。
4. 供應商員工的技能。好的供應商不僅僅是接收訂單。他們不僅瞭解自己的產品，並能夠幫助客戶懂得產品的最佳使用方法。
5. 誠實和公平。供應商的名聲和商業行為可以揭示這些品質。
6. 可靠性。許多採購員願意對始終能夠滿足企業訂貨品質要求和按時送貨的供應商支付較高的價格。

總之，餐飲服務採購不僅要求一個合理的價格，而且要求送貨及時，保證品質，獲得有用的資訊和良好的服務。在下單之前，要根據這些要點對每一個潛在的供應商進行認真的評估。

三、採購中的安全事項

在一些由業主或經理負責採購的小企業裏，很少發生偷盜現象。但隨著經營擴大，越來越多的人開始介入採購工作，偷盜的機會就會增加。

採購員有很多從企業偷竊物品的方法，他們可以作爲自己使用或爲其他員工而採購物品。他們可以獲得回扣或編造假冒供貨公司。回扣一般是在企業採購員和供應商員工相互勾結下發生，以高於正常的價格採購物品，其差額被採購員和供應商員工私分。編造假冒供貨公司則會使採購員從公司獲得假發票而支取資金，實際上發票上的物品根本就沒有收到。

四、採購的道德問題

採購員必須具有良好的道德標準以維護他們最寶貴的經營資產，即採購員個人和職業的廉潔。採購員必須對企業、合作夥伴和供應商負責，從而使自己與供應商在公平誠實基礎上進行交易。講道德的交易可激勵供應商完成企業的業務、維護企業的名聲，有助於避免違法事件的發生。

每一個企業都應該建立一套職業道德標準的採購政策和程序。採購員是否應該接受供應商的禮物或宴請？拜訪供應商所發生的差旅費和其他費用應如何處理？處理這些問題以及其他道德問題的政策會因企業的不同而各有不同。表 8-3 提供了職業採購員應該遵循的原則。

表 8-3　採購員職業道德準則

作為職業採購員，我接受以下準則：
* 對本公司的利益給予最大的關注
* 我花費的每一元錢都能獲得最大的價值
* 積極參與業務小組活動以幫助提高自身知識和專業水準
* 願意並接受來自同事、高層管理者和供應商的建議
* 公平、誠實地對待與我發生工作關係的管理者、員工以及供應商代表
* 實施高效率並符合職業道德規範的程序，以便做好與供應商的關係
* 盡可能多學習所需和所購買的產品和服務知識，履行我所有的職責並確保所作所為符合良好的職業規範

第二節 驗　收

在許多企業，驗收工作是由到貨時，離倉庫後門最近的員工來完成的。但正確驗收貨工作需要有一定專業知識的員工按照具體的驗收程序去完成。

在小型企業中，採購和驗收通常是由同一個人負責的，即不是經理就是業主。如果這個人是業主，就沒有必要擔心失竊。但是如果是由另外的人承擔這兩項工作，那麼失竊的可能性就會增加。隨著企業的擴大，採購和驗收兩項任務將會分開。採購或許由專門的採購部去完成，而驗收和儲存則由財務部負責。

一、驗收空間與設備

在一些企業裏，驗收處比走廊寬闊處要小一些。即使如此，也應劃出一塊區域以便能夠對所有新到的物品進行檢查。如果可能的話，驗收處應儘量設在距離交貨地點較近的位置，以便限制送貨員進入其他區域。

每一物品都應過秤、點數或檢測規格。除了需要精確的量具外，還需要其他一些必備工具，包括：搬運設備以便將貨物運抵倉庫，桌子或文件櫃以便保存進貨檔案，計算機以便核算訂單上的數字，溫度計、寫字板等小的物品和一些可以用來爲新進貨物作標記的工具。

二、驗收程序

驗收貨物應遵從以下六個步驟。

㈠第一步

對照採購訂單（parchase order）（大型企業使用）或採購記錄（purchase record）（小型企業使用）檢查新進貨物。

食物和其他輔料的採購訂單由採購員準備好並交給供應商（見圖表8-4）。採購訂單的副聯交由採購部留底。這些資料可以確認採購的產品、數量、單價和訂單總價。此外，採購訂單還包括其他合約資料，如承諾、保證、付款方式和查驗權利。

表 8-4　採購訂單範例

採購訂單　　　　　　　　　　　　訂購日期：________
編號：________　　　　　　　付款項目：________
送交：________　　　　　　　發往：________
(供應商)　　　　　　　　　　　　(餐飲企業名稱)

(地址)　　　　　　　　　　　　　(地址)

請發送：　　　　　　　　　　　　發貨日期：________

訂購數量	物品內容	√	裝運單位	單位價格	價格總計

總價格 ________

重要注意事項：該採購訂單僅對上述項目和條件、此訂單註明的背書和根據此訂單附加或額外涉及的任何其他條件有效。供應商所提出的任何項目和條件都將被拒收或退回。

負責人簽名

採購紀錄一般由小型企業使用，這類企業的採購員不使用採購訂單（見表 8-5），而是透過電話與供應商聯繫訂購。有時供應商的代理人透過個人銷售電話獲得訂購資訊。準備採購紀錄是爲了企業能夠對所訂購的物品進行跟蹤檢查，並不提交給供應商。

要提供給驗收人員一份採購訂單或採購紀錄的副聯，以便使他們知道送來什麼物品，並能夠確保拒收沒有訂購的物品。

表 8-5　採購紀錄範例

(供應商)

訂購時間	項目描述	單位	價格	單位編號	總價	發票編號	備註

(二)第二步

對照採購說明書檢查新送到的貨物，確保新進貨物的品質能夠達到企業要求的標準。

雖然這是關鍵的一步，但往往被忽略。驗收人員如何知道「鮮」魚真是新鮮的？還是冷凍魚在送貨前解凍的呢？如何分辨「精肉」就是你所要的等級呢？對有些物品來說，檢驗可以用來驗證其品質。但對另一些物品來說，瞭解其品質的唯一方法也許是掌握合格物品的外形、味覺和觸覺，然後驗收人員在心底裏運用這些主觀因素，去仔細檢驗送來的貨物。隨著個人驗收經驗的積累，驗收人員才能掌握如何去檢驗。

(三)第三步

對照送貨發票檢查送來的物品。如果送貨發票上標明已發送 75 磅牛絞肉，你就應透過稱重的方式確認 75 磅牛絞肉已收到。驗收人員要驗證貨物的單價和總價，或者由財務部和採購部的經理或員工去完成這項任務。驗貨是很重要的，因為一旦發貨單被簽收，就意味著此單上標明的數字就是採購企業所欠供應商的金額。

如果由於各種原因，物品沒有送到，例如供應商一時疏忽，或者雖然物品收到了，但送貨的數量和發票上所寫的數量不一致，則應填寫貨款申付備忘憑證（request - for - credit memo）來調整由於供應商的原因而造成的欠款差額（見表 8-6）。這個備忘憑證應由送貨員簽署並將底聯附在送貨發票後。財務部應確保按照調整後的貨款而不是原有的貨款數量支付款項。

表 8-6　貨款申付備忘憑證範例

貨款申付備忘憑證

(附底聯)　　編號：________

發自：________　　編號：________

________　　發往：________　　(供應商)

________　　________

________　　________

貨款應透過以下方式支付：

送貨發票編號：________　　發票日期：________

物品	單位	編號	價格/單位	總價格

原因：　　總計：________

________　　________

送貨員　　負責人簽名

㈣第四步

收貨。驗收人員在送貨發票上簽名並接受貨物，此後有關貨物的責任問題應由餐飲業者承擔，與供應商已無關係。

㈤第五步

將貨物轉入倉庫以保證貨物的品質和安全。允許供應商的送貨員將貨物送入倉庫是缺乏常識的表現。送貨員應將貨物送到收貨區，在這裏驗貨。當送貨員走後，驗收員或其他員工才可以將貨物移入倉庫。

㈥第六步

按照要求填寫貨物驗收日報表和其他記錄（見表 8-7）。貨物驗收日報表可以幫助企業掌握供應商所送貨物的日期和種類。貨物驗收記錄的類型應根據企業的不同而各異。

表 8-7　貨物驗收日報表範例

日期：2000 年 8 月 1 日　　　　頁碼 1 共 2 頁

供應商	發票編號	項目	採購單位	採購單位編號	採購單價	總價	發貨						入庫
							食品		飲料				
							直入廚房	存儲	烈性酒	啤酒	葡萄酒	蘇打水	
1	2	3	4	5	6	7	8	9	10	11	12	13	14
AJAX	10111	牛絞肉	10#	6	28.50美元	171.00美元							單據
ABC酒廠	6281	B蘇格蘭威士忌	箱(750)	2	71.80美元	143.60美元			143.60美元				單據
		H夏布利葡萄酒	加侖	3	8.50美元	25.50美元					95.00美元		單據
B/E公司	70666	生菜	箱	2	21.00美元	42.00美元	42.00美元						
						總計	351.00美元	475.00美元	683.50美元	—	275.00美元		

三、其他驗收工作

其他驗收工作包括為貨物做標記和拒收貨物。

(一)為貨物做標記

為貨物做標記有助於企業保持適當的存貨周轉率和估算存貨。在貨物入庫之前直接在運貨或存貨箱上標明發貨日期和支付價格，可以更方便地從以前的存貨中提取最陳舊的物品使用。當需要計算全部存貨的價值時，有標在外箱包裝上的物品價格，這項工作做起來就更容易些。

(二)拒收貨物

有時驗收人員會根據企業一般的驗收原則和採購說明書拒收送來的貨物。拒收的原因可能是貨物就沒有訂購或沒按時送貨，或者是由於貨物的品質有欠缺或價格不對。如果驗收員意識到潛在的問題，一般的做法是向採購員、主廚和其他主管反映，得到他們的意見。如果僅是部分送貨或欠貨問題，就要向經理反映，以便在必要的情況下對物品採購計畫進行調整。

第三節 儲存

貨物採購、驗收之後，必須儲存起來。在大部分企業裏，儲存不過是將貨物放到存儲間，並採取「開放政策」，允許員工隨時來取貨，這並不是上策。

儲存程式必須重視三個問題：

1. 安全；
2. 品質；
3. 登記。

一、安全（Security）

將倉庫看作是銀行的金庫，裏面的各種食物和飲料就是現金。很多企業將價值數千美元的物品集中存放在倉庫裏，試問你自己「如果我有滿屋子的現金，我如何去保證其安全？」你的答案將說明應該如何控制庫存物品。

倉庫安全措施包括下述方面：

1. **倉庫上鎖**：大型冷庫和冷藏櫃，乾貨倉庫和酒類倉庫都應該上鎖。如果員工需要經常進入這些地方，上鎖也許是不符合實際的做法。在這種情況下，需要冷凍處理的貴重物品，如鮮肉、海鮮和冰鎮酒則可以鎖在專門購買或製作的用於儲存這些物品的特別櫥櫃和隔間中。通常並不需要食物製作員工經常進入大型冷庫取物品。如果對這些冷藏設備上鎖不利於實際工作，也許購買或製作可鎖的儲存設備是明智的。

2. **貴重物品儲存**：將貴重物品儲存在倉庫中可鎖的櫥櫃或隔離空間中。

3. **限制進入**：只允許授權的員工進入倉庫。除了分發物品時，其他時間都應把倉庫鎖好。

4. **有效的存貨控制程序**：使用連續盤存法（本節稍後闡述）對貴重物品和容易偷盜的物品進行控制。

5. **集中存貨控制**：在交班時，操作點倉庫的物品都應退回總庫，以便更好地清點控制。

6. **安全設計**：設計倉庫時要考慮到安全問題。牆壁應延伸到屋頂，門應該適當設計並能上鎖。確保不可能從屋頂進入倉庫，並不應留有窗戶。

7. **照明與監控**：倉庫裏有充足的照明是必要的。有些企業還採用閉路電視系統對倉庫進行監控。

二、品質（Quality）

如果在儲存期間無法確保產品品質，那麼你所做的採購詳細說明書以及驗貨程序都將是徒勞的。

確保品質不僅僅意味著保證食物不變質，當然，變質的物品必須扔掉，即使物品稍微變質也會引發很多問題。例如，當水果僅過熟一點會怎樣呢？使用這類物品可能會降低成本，但卻承擔顧客不滿的風險。

確保物品品質的基本存儲程序如下：

1. **加速食物存貨流轉**。應首先用掉存儲時間最長的物品。這個概念與「先進先出（FIFO）」的原則是一致的。將新來物品存放在原有物品的後面或下面，先進先出原則就較容易執行。物品在入庫之前對送貨日期做記號也是很有益的。

2. **在適當的溫度下存儲食**物。在倉庫設置精確的溫度計以確保：(1)冷藏存儲溫度控制在32°F到40°F之間（0℃到4℃）(2)乾貨倉庫的溫度控制在50°F到70°F之間（10℃到21℃）；(3)冰凍物品庫的溫度控制在0°F以下（零下18℃）。

3. **保持倉庫清潔**。定期對所有的倉庫進行清掃有助於保護物品品質。

4. **確保適當通風和空氣流通**。讓物品遠離地面和牆面以保證空氣流通。通常，物品應按照原包裝進行儲存。應該將吸收氣味的物品（如麵粉）與發散氣味的物品（如洋蔥）隔離存放。食物應該密封保存或容器保存。

三、登記（Recordkeeping）

餐飲服務經理必須做好庫存物品品質和價值的記錄。經理人員必須知道還有哪些存貨、哪些物品應該訂貨了。當收入狀況確定後，存貨物品的價值可用來計算售出產品的成本。食物成本是由從倉庫中領取物品的價值評估來確定的，如果沒有存貨記錄是不可能精確地進行這項工作的。

登記對控制偷盜也是很重要的。登記能夠使經理人員區分倉庫裏應該有什麼和實際有什麼。

對存貨進行記錄有兩種基本方法：連續盤存法和實物盤點法。

(一)連續盤存法（Perpetual Inventory System）

連續盤存法可以使經理人員，在永續不斷的基礎上對庫存貨物進行跟蹤記錄（見表 8-8），這個做法與保持現金流水帳是一致的。當現金（食物）流入現金存款帳戶（倉庫）後，結存數量增加，也相應地顯示在現金流水帳上（存貨清單）。當支票開出後（員工以領料單提走食物），結存數量減少，並從現金流水帳 （存貨清單）中減掉。因此，經理人員可隨時掌握現金帳戶上（庫存）的現金數量（食物量）。這可以幫助經理人員在需要時計算食物成本，食物成本用於製作某一時間內菜單上的菜餚。

連續盤存紀錄告訴經理人員多少數量的物品應該存放在倉庫裏，這個數量必須透過定期（通常是每月）的實物盤點來確認。任何存貨清單數目與庫存實物數量不符的情況都能夠被查出，以便確定是偷盜、漏記或是其他方面的問題。

表 8-8　連續盤存樣本表範例

連續盤存表							
物品名稱：P. D. Q 蝦				採購單位規格：5 磅/袋			
日期	進	出	餘額	日期	進	出	餘額
	結轉 15 頁				結轉＿＿頁		
第 1 欄	第 2 欄	第 3 欄	第 4 欄	第 1 欄	第 2 欄	第 3 欄	第 4 欄
5/16		3	12				
5/17		3	9				
5/18	6		15				
5/19		2	13				

爲了便於控制，進行實物盤點與進行連續盤存應該是兩個人。通常，兩個人進行實物盤點比較容易：一人查點並報出存貨數量，另一人在表格上做好記錄。例如，來自管理部門或財務部的人員可以和主廚（對食物）或酒吧領班（對飲料）共同進行實物盤點工作。

㈡實物盤點法（Physical Inventory System）

如果使用實物盤點法，企業就無須對不斷增加或減少的存貨進行跟蹤記錄。相反，實物盤點法是以時段爲前提定時清點庫存量，清點的時間通常在每個月的月末（見表 8-9）。

實物盤點法的優點在於可以避免連續盤存法的問題（時間和成本）。缺點是食物成本資料只能每月計算一次。使用連續盤存法，可以每天或在隨意組合的天數內計算食物成本。相比而言，使用實物盤點法，對衡量存貨以及財務和經營資料的計算都欠精確。

㈢實踐應用

由於每一種存貨盤存方法都各有優點，因此很多企業的經理人員使用兩種方式掌握存貨記錄。他們使用連續盤存法對存貨中貴重物品和其他重要物品跟蹤記錄，因爲對這些物品付出更多的精力和成本進行密切跟蹤記錄還是値得的。另一方面，使用實物盤點法定期在月末盤點，可以對非貴重庫存物品保持快速和方便的記錄。

表 8-9　實物盤點表樣本

實物盤點表							
物品類型______		月份______				月份______	
物品	單位	存貨數量	採購價格	總價格	存貨數量	採購價格	總價格
第 1 欄	第 2 欄	第 3 欄	第 4 欄	第 5 欄	第 6 欄	第 7 欄	第 8 欄
蘋果汁	6#10	$4\frac{1}{3}$	$15.58	$68.63			
青豆	6#10	$3\frac{5}{6}$	$18.95	$72.58			
麵粉	25#袋	3	$4.85	$14.55			
大米	50#袋	1	$12.50	$12.50			
			合計	$486.55			

四、降低存貨成本

當存貨量過高時，就會產生現金周轉困難和品質問題。以下程序可以幫助經理人員有效地對存貨進行管理。

1. 保持較少數量的存貨。如果你能獲得頻繁較高的送貨和購買較少數量的物品時，這種方法是可行的。
2. 確保適當的所需存貨量。定期檢查最大／最小存貨量，確保他們處於正常狀態。
3. 減少企業使用物品的種類。例如，也許只需要兩至三種，而不是四五種不同類型的萵苣。
4. 拒絕接受提早送來的貨物。這將使你不得不比正常收貨時間提早支付貨款。

五、存貨管理軟體

許多餐飲服務業經理人員使用的存貨管理軟體，是企業電腦管理系統中最重要的組成部分。存貨計畫是透過物品的購買單位和價格，對存貨專案跟蹤記錄的。資料轉換軟體系統可以在物品的採購、存儲和控制環節中對庫存原材料（透過單位和價格要素）進行跟蹤記錄。

例如，假設有一種原材料諸如青豆罐頭被採購、分發並使用。當青豆罐頭到貨後，存貨記錄透過輸入收到的採購物品單位數量（10#罐裝一箱）而被更新。然後電腦系統會將輸入的資料轉換成提貨的單位（10#罐裝）。在一個用餐時段結束後，此系統將會透過輸入已出售菜品的標準食譜計量單位而對存貨記錄隨時更新。

同樣，你可以對各種不同計量單位的成本跟蹤記錄。例如，假設以箱為單位採購瓶裝調味蕃茄醬（每瓶 12 盎司，24 瓶一箱），再以瓶為單位由倉庫分發到廚房，製作菜餚時則以盎司為單位。假如採購物品單位使用的資料是淨重和價格，電腦軟體通常會將其轉換為提貨單位和菜餚製作單位的資料。一個完整的餐飲原材料服務電腦系統，可以分數／秒對這些資料進行計算。

經理人員應該重視存貨記錄軟體系統使用方法，即以物品的採購單位、價格或單位價格共用來進行存貨跟蹤記錄。物品採購單位跟蹤記錄系統能夠顯示存貨量的變化情況，但可能不會提供計算食物成本所必須的財務資料。物品採購價格跟蹤記錄系統可能不便於對倉庫現存貨物清點，並且不便於保持連續盤存數。最有效的存貨管理計畫是使用物品採購單位和價格兩個因素進行跟蹤記錄。

第四節 發放

物品發放（issuing）就是將庫存的食物和飲料發給經批准並需用物品的個人。大型餐飲服務業可能會安排一個或更多的專職倉庫管理人員發放物品。

物品發放程序在某種程度上，是由企業使用的存貨跟蹤記錄系統所決定的。如果對每一項庫存物品都採用連續盤存法，就必須使用領料申請表（requisition）從存貨中領取物品。領料申請表是一種區分所領物品的種類、數量和價值的訂單（見表 8-10），它應該由經過授權的主管，如主廚簽字。

在每天交班時（或其他時間週期），倉庫管理員或其他員工可以用已經收到的領料申請表對連續存貨紀錄進行更新。然後將這些領料申請表轉交給經理或秘書／出納員，以便他們做好每日食物成本資料的總結和計算工作。

正如你所想像的，使用連續盤存法對每種物品分發需要花費更多的時間和精力，這就是許多企業簡化存貨紀錄程序的原因。因此，在物品發放程序上，應該有選擇地僅對某些物品使用連續盤存法。

另一個簡化物品發放程序的方法是讓員工一次領走生產所需的全部物品。這樣不僅有利於物品的控制，還可以提高員工的生產效率，時間不會浪費在員工經常往返於食物製作區域和倉庫之間取貨的環節上。

表 8-10 領料申請表範例

領 料 申 請 表

存貨種類（用√符號標明）　　日　　期：__________

□冷藏　　加工單位：__________

□冷凍　　批准出貨：__________

☑乾存

項目	採購單位	單位編號	單位價格	總價格	員工簽名	
					入庫	出庫
第 1 欄	第 2 欄	第 3 欄	第 4 欄	第 5 欄	第 6 欄	第 7 欄
蕃茄醬	6#10 箱	$2\frac{1}{2}$	$28.50	$71.25	JC	Ken
青豆	6#10 箱	$1\frac{1}{2}$	$22.75	$34.13	JC	Ken
			合計	$596.17		

第五節　特殊飲料管理

大部分酒精飲料的控制程序與食物控制程序是相同的，但也存在一些差別。讓我們特別關注一下有關酒水的採購、驗收、儲存和發放事項。

一、採購

儘管採購說明書對於食物的採購是很重要的，但在採購酒精飲料時卻很少用到它，因爲許多酒精飲料一般是根據品牌名稱來採購的。

在很多州，有許多法律和規定用於規範酒精飲料的採購。有些州還設立有「州立酒庫」，所有的酒精飲料都必須從這裏購買，很多酒精飲料的價格也由法律來規定，這就使得協議定價和售酒商尋求更高的利潤變得無濟於事。即使在法律不健全的州，鼓勵供應商高價售酒的做法也行不通。當你需要某種特殊品牌的烈性酒時，也許在該地區只有一家批發商經營此類酒。

自製品牌（house brand）酒是在顧客沒有特別要求的情況下所提供的酒水。如何決定購買何種自製品牌酒呢？飲料經理對此持有不同的態度：從「不使用任何擺放在後部、無法顯示酒吧氣派的酒」到「使用最廉價的酒，讓顧客爲額外品牌酒支付額外的金錢」。實際上，既不是最低也不是最高價格的中級品牌酒最常用於自製品牌酒。

指定品牌（call brand）酒是顧客在點酒水時，指名需要的某種特別品牌的酒。決定採購什麼樣的指明品牌酒是一項市場行銷決策。有時，飲料經理會犯這樣的錯誤：試圖使每一位顧客都滿意。他們提供了很多種品牌的酒水，對每一種都要訂購、存儲、分發和控制。餐飲企業如果爲大多數經常光顧的顧客提供有選擇的幾種飲料，而不是試圖使每一位顧客的口味都得到滿足，其效率將會有更大的提高。如果企業沒有顧客指定的品牌酒水飲料，通常會用其他適合的品牌來代替。

有時，有些州的酒水供應商可能會提供一定數量的銷售優惠。例如，當採購達到一定數量時，可提供每瓶或每箱一定的折扣。但在決定購買較大數量以獲得折扣的優惠之前，應考慮到以下問題：

1. 有多少資金將會卡在存貨上？
2. 是否會對資金周轉產生負面影響？
3. 對採購後面臨偷竊的風險有什麼保證？
4. 如果企業沒有採購通常銷售的酒，顧客會接受嗎？
5. 在那些繳納庫存酒水稅的地區，增加的庫存酒水稅會大量減少企業的節餘嗎？

在決定採購較大數量的酒水之前須考慮的另外一個因素是酒水的存

貨周轉率要低於食物的存貨周轉率，因爲食物比飲料更容易變質。例如，食物存貨的年均周轉率也許爲 26 次，現存食物的價值大約相當於兩周內所用食物的數量。相比之下，飲料的年均周轉率也許爲 12 次，現存飲料的數量約等於一個月內所用飲料的數量。因此，爲了獲得折扣優惠而採取超常大批量採購的方式，將使飲料庫存的時間大大延長，使得現金無效地卡在存貨上。

二、驗收

飲料比食物更有可能受到盜竊的危險。因此，前面章節提到的有關食物驗收的有關原則有必要在這裏再重申一遍：

1. 應開箱驗瓶，以確保所有送到的貨物與送貨發票上的內容相符。
2. 飲料驗收之後，應將其及時送到安全存貨區域。在收貨區停留的時間越長，被盜竊的可能就越大。
3. 飲料採購和驗收應分離，除非在一些小型企業這兩項工作由業主或經理自己負責。即使這兩項工作分開，採購和驗收的員工進行勾結的現象也是可能發生的，因此應該引起警惕加以防範。

三、儲存

對飲料儲存來講，應限制非經批准的人入內，保持必要有效的庫存紀錄，保持存貨的清潔衛生，與食物的儲存一樣重要。

除了有集中飲料存儲區以外，很多企業還有設在酒吧後部的倉庫。這類倉庫在餐館不營業時要上鎖。由於安全控制的有效性較差，通常在酒吧後部的倉庫和非集中存儲區域裏的飲料應保持最低存量。關鍵的問題是確立恰當的「標準」存儲數量，即酒吧後部要有一定瓶數的現貨。

如果可能的話，葡萄酒、啤酒和其他冷藏飲料應與冷藏食物分開儲存。如果做不到，也應該爲飲料提供一個可上鎖的儲存區。

嚴密監督飲料的存貨是很關鍵的。通常酒精飲料可用連續盤存法加以控制，至少每月對飲料的數量進行一次實物清點。

四、發放

飲料應以瓶爲單位發放，並以瓶爲單位補足酒吧存貨的標準數量。例如，自製蘇格蘭酒的標準存貨量是五瓶，當一個班次結束時，有兩瓶

售空，就應該及時發放補充兩瓶，以保證酒吧保持標準存貨量。在以滿瓶補充之前，空瓶應交給倉庫中負責發放飲料的人，一般是經理。然後必須將空瓶砸破或依據當地或州政府的規定以及經營政策處理。

飲料一般應在每個班次發放一次，最好是在交班時。如果調酒員經常在下班之前就用完所有的飲料，就有必要對飲料的標準存量進行重新核查。

發放飲料時，瓶子應該做好標記，目的是：

1. 確認來自倉庫的瓶酒。
2. 顯示發放的時間。經理人員可以調查為何出售很快的瓶酒長期放
3. 倘若企業擁有數個酒吧，應確認瓶酒發放到哪個酒吧。

經理人員還希望能夠將瓶裝飲料的購買價格直接標在酒瓶的標籤上，這無意中可以幫助員工完成飲料領取申請表。如果烈性瓶酒是用於餐桌邊的桌邊烹調食物或者瓶裝葡萄酒上餐桌飲用，這種標價法就不實用。

有些經理人員認為飲料倉庫的鑰匙應由酒吧保存，因為會出現負責掌管鑰匙的經理不當班的情況。但這種做法會減弱管理人員對飲料發放的控制。最好的做法通常是確立足夠的酒吧存貨標準量，就無須保存酒吧後部倉庫的鑰匙。

即使能夠謹慎地確立一個飲料標準存貨量，有些經理人員仍然覺得倉庫鑰匙應隨身攜帶以防出現特殊情況，以應付需要補充標準存貨飲料時負責鑰匙的經理不當班的情況。在這種情況下，倉庫鑰匙應放在酒吧後部，但必須將其放在一個信封裏面，在信封的封口處畫幾道線，再將信封封住。儘管調酒員仍可以撕開信封拿鑰匙進入倉庫，但管理人員是會發現的。在酒吧後部和倉庫裏的酒水數量就會被核查以確保所有的飲料數量正確無誤。

第六節 技術的作用

未來技術的發展將為餐飲服務的採購、驗收、存貨與發放管理控制帶來眾多令人振奮的方法。本節所描述的方法目前已經在某些企業中應用；在不久的將來，這些方法在一些大型的餐飲服務業裏將司空見慣。

本節所闡述的基本方法對非商業性和商業性的餐飲機構同樣有用。

一、全球資訊網

應用全球資訊網已經成爲一些餐飲服務主要的經營手段。他們愈來愈多地應用網路進行業務交易，電子商務帶來的影響已經大大地改變了餐飲服務業的經營方式。

採購活動只是一個例子而已。餐飲服務企業可以透過電子聯結與供應商共用產品資訊、採購說明書以及價格等方面的資訊。餐飲服務業可以進入與供應商即時溝通的管道，並獲得最新產品供應資訊，這種資訊是一般的印刷品（或者面對面與持有過期資料的供應商代表交談）所無法提供的。另外，網路採購可使供應商爲可選擇的客戶定做產品，並且可以極大地縮短餐飲業尋找貨源的時間。這些努力可降低流水線式的經營成本，如存貨、清點、驗收等。

二、即時存貨系統

高科技控制系統的核心將進入即時存貨系統。出於緊急情況需要採購小量食物時，大部分食物須每日分發一可能早晨分發供今天使用，晚上分發供明天使用。

即時存貨系統（just - in - time - inventory）的核心是利用主要供應商。餐飲服務經理估算出某個時段內所需要的各種原材料（存貨）的總數量，並且爲購買這些原料向他們認可的供應商詢價。由於供應商所報的價格通常不可能高於長期的價格水準，因此，他們將在當時市場時價的基礎上報出一個最新的價格，例如，比目前市場價高出一定的百分比。

讓我們看一下即時存貨系統是如何運行的，一個餐飲服務經理是如何利用電腦來預測物品需求量的。例如，可以利用時間序列分析方法來分析歷史資料，對現實的事件（天氣、社區事件、節假日等）[1]具有更重要的參考意義。經理也可用判斷法對已預測的存貨需求量進行評估，必要時可對其進行調整（例如，考慮到已經有部分現貨在存）。當存貨的需求量確定之後，將會出現兩種情況：

1. 將製作確切出來份數的食譜列印出來，或透過電腦系統傳給每一個使用食譜的操作點。例如，烘烤操作點收到所有要製作的點心食譜；廚師在他們的操作點收到將要烹製的菜餚食譜。

2. 所有食譜所需的主要原材料的種類和數量將會計算好，並用電腦系統傳送給主要的供應商，供應商將會把餐飲企業所需的所有原材料調配好並送過來。

送貨發票可隨貨物一起運到，也可以透過電腦系統傳送給財務部門。驗收員在稱重、清點與檢驗完所有到貨後，送貨發票將送至財務部門與供應商遞交的原始單據相對照。糾正不相符之處後就可以付款了。在大型供貨企業裏，主要供應商也可以建立由供應商員工管理的小型貨棧，將所需貨物送到餐飲服務業。當貨物從小型貨棧直接發至生產單位後就可以付帳清單。

主要供應商系統運行後，就沒必要使用正式的發貨系統了，因爲絕大部分當天接收的貨物會在當天使用（或在第二天使用）。當然，由於供應商送來的只是一定採購單位的物品（如一箱 6#10 箱裝，一袋 50 磅等），這就需要爲保存這些貨物而提供一些操作點倉庫或「拆箱」物品儲存室。

三、儲存與存貨

倉庫裏的存貨，包括酒精飲料是很容易借助於高科技記錄管理的。幾乎所有的產品包裝上都印有通用的產品條碼，以便使到貨的產品能夠透過掃描進入企業的存貨系統。當貨物從倉庫發出時，它們則會從存貨系統中被掃描清除（此系統與超市使用的系統相似：當一位顧客結帳時，產品經過電子掃描確定出貨的，數量並根據顧客已購買的數量相對減少倉庫的存貨數量）。透過這種方法可以快速、便捷、精確地確定倉庫裏所有存貨的數量與成本（價值）以及每日使用（周轉）的產品數量與成本。

酒吧後部的飲料存貨也可以方便快捷地檢測：每種類型的飲料和瓶裝飲料都將標以具體的識別號碼。爲確定存貨成本，每瓶飲料都將進入電腦系統。在人工輸入號碼或者將瓶裝飲料的標籤直接掃描讀入後，測量系統將從飲料整體單位重量中扣除瓶子的重量，然後計算出淨剩飲料的數量和成本，並以此估算出已用飲料的銷售成本。這一資料可以用來確定酒吧後部所有庫存瓶裝飲料的實際成本，並可以計算出酒吧每個班次期間瓶裝飲料的銷售量。

註　釋

[1]要獲得更多的時間序列分析法的資料，請參閱JackD.Ninemeier的《餐飲企業的計畫與控制》（*Planning and Control for food and Beverage Operations*），第4版（奧蘭多：美國飯店與住宿業協會教育學院，1998年版）。

名詞解釋

指定品牌（call brand）　顧客點酒水時指名需要的某一特殊的飲料品牌。

送貨發票（delivery invoice）　供應商送貨時所持的單據，上面寫明送貨的種類、數量和價格，以及應付給供應商的總款數。

先進先出（FIFO）　庫存物品周轉和發放的方法，即存儲時間最長的物品應最先被使用。

自製品牌（house brand）　顧客沒有指定需要某一特別飲料品牌時所提供的飲料品牌。

存貨（inventory）　現有的食物、飲料和其他輔料的存貨數量。

發放（issuing）　將食物和飲料從倉庫分發到被批准申請領用物品的人員。

即時存貨系統（just in time inventory）　是一種存貨管理的程式。即僅現存一定數量的「應急」物品，對絕大部分食物和飲料，採用隨時需要隨時訂購和驗收的方法來分發和使用。這種系統可減少倉庫空間的擴大，降低因食物變質和盜竊而帶來的損失，並活用不必要卡在存貨上的資金。

採購訂單（purchase order）　由企業採購員填寫並交給供應商的需要購買食物和其他輔料的單據。

採購紀錄（purchase record）　供應商所有送貨的詳細紀錄，一般爲小型餐飲企業所採用。

採購申請單（purchase requisition）　倉庫人員用於提醒採購部門需要向供應商再次訂購品的表格。表格詳細說明需要的物品、數量以及何時需要等等。

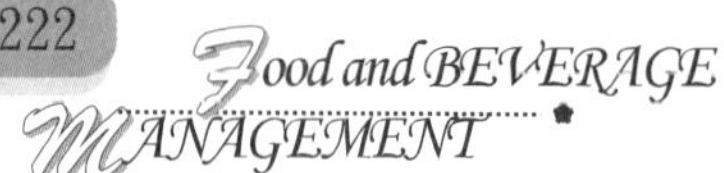

採購說明書（purchase specifications）　對所需具體物品的品質、規格、重量和其他特徵的詳細描述。

貨款申付備忘憑證（request-for-credit memo）　由企業倉庫驗收員填好的表格，上面列出供應商送貨發票上列出的、但未送到的物品，或者是由於損壞和其他原因退貨的物品。這份備忘憑證應由送貨人簽名並與供應商的送貨發票附在一起。

領料申請單（requisition）　由食物製作員工填寫，列明從倉庫領取所需物品的類型、數量和價值的單據。

複習題

1. 哪段話可以概括採購的重要性？
2. 如何將物品的品質需求和採購過程結合起來？
3. 「自製或外購決策」的涵義是什麼？
4. 影響採購數量的因素有哪些？
5. 採購者如何才能在保證品質的同時儘量降低採購價格？
6. 選擇供應商時應考慮哪些因素？
7. 驗收程序由哪些步驟組成？
8. 「先進先出（FIFO）」的涵義是什麼？
9. 連續盤存法與實物盤點法有什麼不同？
10. 如何簡化物品發放過程？

網　址

欲獲更多資料，請瀏覽以下網站。網址可能會發生變化，敬請留意。

Computrition, Inc.
http://www.computrition.com/

Instill Corporation

http://www.instill.com/index.html/

Food Distributors International
http://www.fdi.org/index.html/

Vision software Technologies, Inc
http://www.vstech.com/software-frame.html/

Foodservice Today
http://www.foodservicetoday.com/

9

CHAPTER

本章大綱

- 生產計劃
- 食物製作
  - 食物製作的原則
- 新鮮水果和蔬菜的製作
  - 新鮮水果
  - 新鮮蔬菜
  - 水果和蔬菜沙拉
  - 水果和蔬菜飾物
  - 水果和蔬菜的烹調方法
- 肉類和家禽製作
  - 肉的嫩度
  - 烹調注意事項
- 魚類的製作
  - 烹飪注意事項
- 蛋類和乳製品的製作
  - 蛋類
  - 乳製品
- 烘烤食物的製作
  - 常用的烘烤原料
  - 麵糊和麵糰的攪和
- 咖啡和茶的製作
  - 咖啡
  - 茶
- 食物和飲料生產控制

生產符合品質標準的食物和飲料是很重要的。出色的服務、盛情的氣氛以及整潔的環境，並不能消除由於不恰當或低效率的食物製作程序而帶來的消極影響。品質，即始終如一地按照標準提供產品是經常要注重的問題。經理人員必須爲每一種食物和飲料確定其品質標準，然後必須進行監督和評估以確保品質符合標準，員工則要接受培訓以便執行這些品質標準程序。品質標準必須透過標準食譜、採購說明書和適當的工具與設備貫穿於食物和飲料的生產過程之中。

不勝枚舉的書籍和文章已經闡述過食物和飲料的製作問題。由於本章是關於餐飲經營的概述，因此不想詳細論述食物製作問題[1]。但我們爲新上任或即將成爲管理者的餐飲經理，以及那些必須懂得食物製作基本原理和程序的其他人員提供了一些基本資料。

第一節 生產計劃

生產計劃是提供用餐經歷的首要步驟，而用餐經歷就是要滿足或者超過顧客的期望。不論何種規模的企業都需要做好生產計劃，以便使餐飲產品、人員和設備達到需要的標準。

生產計劃要根據每個企業的具體需要來制訂。在小型企業裏，經理可以獨自制訂生產計劃；在大型企業裏，生產計劃的制訂是一項常規的工作，是由不同部門的人員在例會上制訂的。

計劃的首要任務就是要確定所要製作的菜單菜餚的數量。很多企業是根據以往的銷售紀錄來預計下一周所需菜品的數量。這些記錄顯示了每天所提供的餐食總量，部分或全部菜單菜餚份數，以及天氣、特殊事件或活動的情況。表 9-1 是歷史銷售紀錄的類型。透過紀錄同樣天氣狀況和其他情況下相同日期的餐食銷售總量，經理人員可以測算出下周中每天的顧客接待人數。住宿業的經營者通常用客房出租率來預測接待顧客的數量，飯店的餐廳也是如此。

很多大型的餐飲服務業從歷史銷售記錄中獲取資訊，並把他擴展到主要的食物生產計畫工作表中，如表 9-2 的例子，標明了餐飲製作人員每天所需製作的確切份數。已經有越來越多的企業在預測功能方面進行了電腦化處理。

表 9-1　歷史銷售記錄表範例

日期	1	2	3	4	5	6	7	8	9	10	11	12	13	14	15	16	17	18	19	20	21	22	23	24	25	26	27	28	29	30	31	總銷量
日期	日	一	二	三																												
天氣	雨	晴	晴	晴																												
提供餐食	386	391	379	397																												
特殊事項	—	—	售出	售出																												
菜餚	提供份數																															
湯	12	18	14	20																												
茄子	15	21	23	16																												
漢堡	35	41	38	42																												
魚	20	18	16	24																												
牛排	27	25	29	27																												
燉肉	30	35	40	37																												
低熱量餐	11	15	17	12																												
海鮮拼盤	30	31	35	29																												
李子派	12	10	18	12																												
巧克力泡芙	15	11	21	13																												
S. Remo	30	28	25	37																												
牡蠣	29	30	31	27																												
秋葵湯	50	48	52	57																												
法國杏仁	70	65	63	67																												
法式蝦	60	54	55	57																												
海蝦	45	45	35	38																												
N. Y.牛柳	10	8	9	9																												
牡蠣派	19	17	18	18																												
核桃派	28	30	26	41																												
熱加糖酒	15	14	15	16																												

表 9-2 主要食物生產計劃工作表範例

星期：星期二　　當地天氣預報：多雲溫暖

主要食物生產計劃工作單

日期：2000 年 8 月 1 日　　特別計劃：15 人聚會-牛排餐

菜餚名稱	標準份數規格	預測份數			調整預測	需要指道導數據		備註	剩餘份數	實際提供份數
		顧客數	官員數	總預測		所需原料	烹製程度			
開胃品 雞尾蝦沙拉	5 只	48	---	48	51	12 磅以 21-25 計算	RTC		----	53
水果杯沙拉	5 盎司	18	1	19	20	按照食譜出 20 份			----	19
醃鮭魚	2½盎司	15	1	16	16	2 1/2 磅	RTE		----	14
半份葡萄柚	1/2 個	8	--	8	8	4 個葡萄柚			----	9
湯	6 盎司	30	3	33	36	2 加侖			5	32
主菜 牛腰肉排	14 盎司	28	--	28	29	29 份	RTC		----	28
精肋骨	9 盎司	61	1	62	64	3 份牛肋骨	RTC	如有必要再加熱	晚 10:45 出爐	62
龍蝦	1½盎司	26	--	26	28	28 只(查庫存)				26
蔬菜燉羊肉	4 盎司	24	2	26	26	12 磅羔羊前部(3/4 隻)		食譜號 E.402	1+	25
半隻雞	1/2 隻	34	2	36	38	38 隻(查庫存)			----	39
蔬菜和沙拉 馬鈴薯泥	3 盎司	55	1	56	58	13 磅	AP		2-3	56
烤馬鈴薯	1 個	112	3	115	120	120 個			晚 11:10 出爐	120
蘆筍芽	3 個	108	--	108	113	8 號 2 罐			2	110
半個蕃茄	1/2 個	48	4	52	54	27 個蕃茄			2	52
拌沙拉	2½盎司	105	3	108	112	見食譜 S302 號			----	114
生菜心	1/4 棵	63	2	65	67	18 個			----	69
甜點 巧克力蛋糕或冰淇淋	1 塊或 1/12 盎司	21	2	23	26	1 盤巧克力			----	24
新鮮水果	3 盎司	10	--	10	11	見食譜 D113 號			----	10
冰淇淋	21/2 盎司	35	3	38	40	查庫存			----	43
蘋果派	1/7 塊	21	--	21	21	3 個派			晚 10:50 出爐	21
巧克力蛋糕	1/8 塊	8	--	8	8	1 個蛋糕			1	7
總人數		173	5	178	185					180

AP：按照要求採購；RTC：可以烹製；RTE：可以食用

生產計劃也會達到其他目的，例如，對所要製作的餐食數量進行預測，就能據此合理安排人員和設備[2]。如果下一周有特殊事件，諸如宴會和其他餐飲儀式需要安排，就需要去計劃、溝通及協調，以確保不出現差錯。

制訂計劃的結果，使企業的資源在各個部門展開工作時得到最好的利用，即不出現過度使用或使用不足的情況。有效的計畫可以將潛在的問題減少到最低限度。

如果經營飲料企業已經建立起適當的酒吧標準存貨水準，或在中心倉庫確立高效率的最高／最低存貨系統，那麼他們通常就不需要做生產計劃。需要做的計劃一般著重於員工的班次安排和保證白酒、葡萄酒和啤酒等所需品牌的不間斷的供應。

第二節 食物製作

食物製作是由一系列功能組成的，這些功能可能由一種或多種類型的廚房來實施。功能的數量和廚房的類型是由具體的餐飲特點所決定的，即大型餐館還是小型餐館，是提供自助餐服務還是提供桌餐服務，是提供有限菜單還是廣泛菜單等等。

一般的主要功能包括冷盤製作、熱菜烹製、麵點烘烤以及飲料製作。每一種主要功能中又包含了許多其他功能，並有很多應用方法。例如，對於多種不同類型的食物有多種不同類型的烹製方法。烹製方法大體上可以分為兩類，即濕熱烹飪法（Moist - heat cooking methods）和乾加熱烹飪法（Dry - heat cooking methods），如表 9-3 所示。濕熱烹飪法需要用水或其他液體，乾加熱烹飪法需要用熱氣或熱油。

本章我們將重點介紹不同類型食物的主要製作方法，即新鮮水果和蔬菜、肉和家禽、魚類、蛋類和乳製品、烘烤食物以及咖啡和茶。不過，首先我們應該牢記並遵循食物製作的重要原則。

一、食物製作的原則

我們烹製食物或者說製作食物基於以下原因：(1)使食物產生、增加或改變味道；(2)改善消化能力；(3)消滅有害微生物。過度的烹製或其他不恰當的製作方式，會破壞食物中的維生素，影響蛋白質的效能，並且會不自然地改變食物的色澤、質地和味道。因此，食物的烹製必須遵循一些基本原則。這些原則主要包括下述方面，但並不是嚴格限定：

1. 從保證食物品質做起（但並不一定需要最昂貴的食物）；
2. 確保食物衛生；
3. 確保對食物的適當處理；
4. 使用時令食物；
5. 使用正確的烹製方法和設備；
6. 執行標準食譜；
7. 烹製的食物不要超過所需的數量；
8. 烹製好後立即上菜；
9. 提供的熱菜要熱，冷菜要冷；
10. 確保每一種食物外觀有特色；
11. 追求完美，永不滿足，永遠力爭精益求精。

表 9-3　濕熱烹飪法和乾加熱烹飪法示例

濕熱烹飪法

煮——將食物置於 212°F（100℃）的水中烹製。焙和煮半熟是水煮的類型，即在短時間內使食物達到半熟程度。

水煮——將食物置於沸點以下的水中烹製。食物可被水覆蓋，也可不覆蓋。

煨——將食物置於沸點以下的湯汁中以文火煮。

蒸——在燒濃的湯汁中燜煨小塊肉或家禽。

乾加熱烹飪法

烘——將食物置於烤箱中乾加熱烤制。

烤——將烘制的方法運用到肉類和家禽的烹調中，而非其他食物。

焙——將食物置於支架上高溫烤，支架可置於熱源的上方、下方或中間。

炙烤——將食物置於敞開的鐵柵上用瓦斯、木炭或電加熱烹製。

煎——將食物置於平底鍋上加少許油烹製。

箱烤——將食物置於抹過油的盤中放進烤箱高溫烹製。

炸——將食物置於油中快炸。炸包括平鍋炸、炒、嫩煎、油炸以及壓力鍋炸等。除了油炸和壓力鍋炸，其他炸法需要少量的油。

第三節 新鮮水果和蔬菜的製作

日益增長的營養意識正引導著許多人去消費數量多和品種繁多的新鮮水果和蔬菜，新鮮水果和蔬菜產品的品質也在持續不斷地提高。由於氣候多樣和科技發展改善了儲存和運輸系統，一年四季都可以提供優質的新鮮水果和蔬菜。

一、新鮮水果

「水果」是指植物成熟的果實，它包括種子以及相關部分，是種子植物的繁殖體。水果含有很高的碳水化合物和水分，礦物質和維生素含量也十分豐富。

通常只有成熟的水果才能用來製作食物，水果成熟時，形狀飽滿，果肉軟嫩，色澤鮮豔，味道鮮美，因為水果裏的澱粉已轉化為糖分，香味就此產生。

水果價格受到下列因素的影響：

1. 易腐性；
2. 殺蟲劑；
3. 氣候條件；
4. 消費者偏好；
5. 包裝；
6. 加工。

處理新鮮水果時，必須採取許多預防措施並遵循一些程序，當然仔細地清洗也是必要的。在搬運過程中應儘量輕拿輕放，以防碰傷。柑橘類水果蒸煮後更易剝皮，在蒸籠內剝皮效果更好。為了使低酸類水果刀切後不變黑，切塊的水果應該浸在橘子汁或檸檬果汁裏以減緩變黑的過程。切塊的水果也可以置於糖水中使之避免與可使水果變色的氧氣接觸。

要記住，新鮮水果比烹製過的水果味道更鮮美而且更有營養。因此我們要儘量找到一些創新的方式來提供新鮮水果。

通常，新鮮水果最好冷藏，而香蕉則例外，採購後必須馬上使用，因為香蕉極易腐爛。

二、新鮮蔬菜

「蔬菜」（vegetable）是指一些種植植物的可食用部分，而不包括子房（「蔬菜類水果」（vegetable fruit）一詞在下文中用來說明功能與水果相同的蔬菜，因爲他們都包含這些植物的子房）。一般而言，蔬菜比水果的含糖量低，但澱粉含量高於水果。蔬菜的結構主要是纖維素，只有當水分保持在細胞裏時才能維持其結構形態，隨著水分的散失，蔬菜就會枯萎。

蔬菜根據其來自植物的不同部位而有不同的分類，例如：

1. 根部——蕃藷、甜菜、胡蘿蔔和大頭菜；
2. 塊莖或地下莖——馬鈴薯；
3. 球莖——洋蔥、大蒜和韭蔥；
4. 莖部——芹菜、大黃葉和龍鬚菜；
5. 葉——生菜、菠菜和高麗菜；
6. 花——花椰菜（花菜）和朝鮮薊；
7. 豆莢和種子——綠豆、豌豆和白扁豆；
8. 芽——黃豆芽和紫花苜蓿；
9. 蔬菜類水果——蕃茄、茄子、南瓜、秋葵莢、胡椒和黃瓜。

蔬菜含有豐富的礦物質和維生素，在成熟時節由於供給量充足而比較便宜。

製作新鮮蔬菜時必須仔細清洗，枯萎的蔬菜要浸泡在冷水裏或用冰覆蓋以幫助其恢復鮮嫩，但這並不能恢復其已失去的養分。爲了避免不必要的浪費，不要扔掉生菜有用的葉片和芹菜的外莖。在去馬鈴薯皮和剝蔬菜時，要輕剝薄削，不至於使營養成分流失。

新鮮蔬菜要現用現買，應該保存在陰涼通風處。除了根類和塊莖類蔬菜之外，絕大多數蔬菜都需要冷藏。

三、水果和蔬菜沙拉

用於做沙拉的水果（fruit）和蔬菜應該是新鮮的，並且味道可口、顏色鮮豔。沙拉可以作爲主菜的配菜或自成一道主菜，以下原則有助於沙拉的製作：

1. 選用新鮮、成熟的水果和蔬菜；

2. 選用多種顏色的水果和蔬菜；
3. 選用各種質地的水果，如脆的、軟的和滑嫩的水果和蔬菜組合在一起效果會更好。不可選用糊狀的；
4. 採用恰當的清洗、切和剁的工具，如製作沙拉專用的乾淨水果刷、尖刀和砧板；
5. 在冷水裏清洗過的蔬菜，直到清脆爲止，在使用之前晾乾；
6. 切好的沙拉原料大小要一致，避免擠壓；
7. 處理沙拉原料時動作要輕，輕輕地將它們攪拌混合在一起；
8. 如果在製作時就將沙拉調料加入進沙拉，而不是在餐桌上加入，那麼就應該在即將上菜之前加入，避免沙拉失去顏色而枯萎；
9. 將沙拉原料、製作好的沙拉以及調料冷藏保存至上菜。

現在，沙拉的類型已無特別限制——熱的或冷的。其中較爲常見的類型包括拌沙拉，捲心菜沙拉，義大利麵沙拉，造型沙拉，水果沙拉，熱菜沙拉和蛋白質沙拉等。值得一提的是，如此眾多的沙拉可以相互交叉重疊；也就是說，水果沙拉可混拌，分層，與奶油混合並冷卻，可做爲果凍狀造型沙拉，可有一個奶油或乳酪做底，或以其他各種方式組合製作。水果也可以切成方塊與其他食物搭配在一起，或以半切和切份的形式提供給顧客。

拌沙拉是由一種或多種沙拉蔬菜組成。沙拉蔬菜包括冰山生菜、長葉生菜、波士頓生菜和比布生菜，菊苣、歐芹和菠菜也常用於製作拌沙拉。捲心菜沙拉由切碎或撕碎的白色和紅色捲心菜葉製成，再配上其他撕碎的蔬菜片，也可以是什錦水果、果汁軟糖、堅果仁、乳酪和洋蔥。

造型沙拉通常以一個蘋果凍和甜點果凍做底，以水果、蔬菜（熟的或生的）、肉、魚、乳酪和奶油分層。用肉、禽、魚或乳製品（特別是乳酪）製成的沙拉則一般作爲主菜。

(一)沙拉醬料與醃泡汁

沙拉醬料和醃泡汁（marinade）通常是與蔬菜和水果匹配的調味品。醃泡汁也用來醃製肉類、禽類和魚類。

沙拉醬料的種類幾乎與沙拉的種類一樣多。不過許多沙拉醬料有某些特點並使用相同的原料製成。絕大多數沙拉醬料不是穩定的乳狀液（emulsion），就是不穩定的乳狀液。乳狀液是兩種不相溶的普通液體

的混合物，穩定乳狀液是不可分離的乳狀液，像蛋黃醬。不穩定乳狀液在靜止狀態下可以分離，像油和醋；不穩定乳狀液必須劇烈搖動才能均勻混合。其他種類的沙拉醬料還包括烹煮醬料和優酪乳或酸味奶油醬料。

醃泡汁是一種調味液，通常由蔬菜油或橄欖油和酸性物質，如水果酒、醋或是果汁製成，還經常將香草、香料、蔬菜等加入用以提味。食物浸在醃泡汁中通常會變嫩，還可以增加味道。醃泡汁也可用做烹調佐料以及熟食的調味汁。

四、水果和蔬菜飾物

水果和蔬菜經常被作爲飾物裝飾（garnish）餐盤和裝盤的食物，用來美化上桌食物的外形、色澤和質地。水果和蔬菜飾物有無數種類型，從檸檬片到異國風味的塊菌都可以作爲飾物。

事實上，飾物的種類局限於個人的想像力和對飾物的食用需求。不僅水果和蔬菜可以當做裝飾物，其他食物，諸如蛋白、巧克力卷、土司片和可食用的花類都可以做裝飾物。

五、水果和蔬菜的烹調方法

新鮮水果和蔬菜的烹飪準備與冷凍水果和蔬菜的製作準備方法是相同的：原料必須清洗乾淨，有時還須修剪、切碎、撕開或浸泡。大部分新鮮原材料到貨後應立即清洗並儲存起來，特別是那些馬上就用的。馬鈴薯和胡蘿蔔一類的蔬菜需要擦淨，而其他的綠葉蔬菜則需要浸泡。洗菜的水不能重複使用。

烹製蔬果的基本原理以一般的常識爲基礎，簡單易學，操作方便。烹製的目標是保持原有的營養成分，做出味道極佳、鮮嫩可口、外形美觀、色澤誘人的菜餚。正常情況下只需少量的水，而且要做得鮮嫩、成型又不至於太軟。

如前所述，過度烹調會破壞食物的營養價值，改變其色澤、口味、質地和外形。烹製應掌握好時間，離上菜的時間越近越好。大多數蔬菜應在帶蓋的器皿裏烹製。但綠色蔬菜不應加蓋烹製。烘乾的蘇打（或其他鹼性化學物質）能夠加深蔬菜的顏色，但同時它也會導致蔬菜中維生素C的流失，因此，不應使用乾蘇打製作蔬菜。

當加熱罐頭蔬菜時，要記住這些蔬菜是已經全熟，因此只需較短時間的加熱即可，並且加熱時間要儘量離上菜的時間短些。罐頭蔬菜本身是採用大量烹製方法製作的，即在上菜之前對於少量食物進行快速準備。例如，若要在兩個小時內提供 75 份烹製好的胡蘿蔔，廚師可以每次製作 25 份。雖然分三批製作比一次性製作花費更多的精力，但所帶來的服務高品質通常使付出的努力很有價值。

㈠烹飪方法

蔬果的烹製方法包括蒸、烤、炸、微波烹製和煮。

1. 蒸（Steaming）

蒸是烹製水果和蔬菜的最佳方法之一，蒸是將水轉化爲無形蒸汽和氣體來蒸制。分隔蒸鍋由可供蒸汽進入的低壓、高壓或空間壓幾層格子構成。直接使用蒸汽快速烹製食物可以保持食物的高品質和營養成分，但必須嚴格遵守蒸汽設備生產廠家的使用指南。蒸製的蔬菜通常在製作完畢後再放鹽或調味。

2. 烤（Baking）

烤是用熱空氣乾加熱的方式烹製，這種方法適用於部分水果和蔬菜，如馬鈴薯、南瓜、茄子、蘋果和蕃茄，這些果蔬含有足夠的水分能轉化成蒸汽。

3. 炒（Flying）

炒是一種最適合水果和蔬菜的烹飪方式。炒需要高溫加熱，在敞口的平鍋或炒鍋裏放少許油並炒較短的時間。炒蔬菜可以統一切成丁狀或片狀進行爆炒。嫩炸就是在少量的熱油裏快速煎制，類似於炒的方法。

深炸（Deep - flying）適合於諸如馬鈴薯、茄子和洋蔥之類的蔬菜。深炸要用大量的油，並且炸之前要將蔬菜洗淨晾乾。日本炸蝦是一種深炸的菜品，深炸之前將原料先製成半熟，瀝水後裹上麵糊（通常是麵粉與水和成的糊狀物）入油深炸。

4. 微波烹（Microwaving）

在微波爐裏烹製的蔬菜應放在帶蓋的微波盤裏並帶有少量的水。由於蔬菜很快就會煮好，因此應嚴格控制時間以免煮過頭。

5. 煮（Boiling）

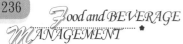

煮需要將食物放在 212℉（100℃）的水中或其他液體中烹製。當煮食物時，要使水達到完全沸騰，加入蔬菜，蓋好容器蓋（如果可以），然後降低溫度，繼續小火煮。水煮食物會破壞水溶性維生素。把煮過食物的水倒掉而不食用是一個更嚴重的問題。

川燙（Blanching）也是一種煮的方式。川燙食物時將食物在沸水裏燙一下。桃子和蕃茄川燙過後更容易去皮。製作冷盤水果和蔬菜也可以川燙一下。蔬菜烹製的第一道工序就是川燙，然後在上菜之前對燙過的蔬菜進一步烹製。蔬菜也可以先煮成半熟，和川燙差不多。這一程序包括把原材料浸在開水中，直至達到適合烤制的程度。

6. 真空製作過程（Vacumn Processing）

真空製作就是生產半成品或預製品。水果和蔬菜可以半熟並用塑膠袋真空包裝，然後將袋裝食物冷藏（非冷凍）。再加熱時，將袋子放進開水裏或放入特別的蒸爐中。如果它們已經醃製過，可能要在特殊的烤箱裏加熱。真空包裝食物可以從商業性的食物加工廠購買，餐飲業也可以用真空生產技術現制，這樣的優點是節省潛在的勞動力，增加食物保存期，提高食物品質。潛在的缺點是如果包裝不當會出現衛生問題。

第四節 肉類和家禽製作

肉類和家禽通常是菜單上價格最貴和最重要的菜餚。作爲主菜，在採購、製作和上菜時應特別注意。比較受歡迎的肉類有牛肉、豬肉、小牛肉、羊肉（參閱圖 9-1），而雞肉和火雞肉則是最受歡迎的家禽肉。肉類和禽類有許多相似的地方，主要包括四個方面。

1. 瘦肉

瘦肉是被聯結組織組合在一起的纖維構成的。纖維的厚度，纖維束的大小和相連組織的數量決定肉的質地。

2. 聯結組織

聯結組織將肌肉連接在一起，並決定肉的嫩度。聯結組織覆蓋在肌肉纖維壁上，將肌肉纖維連接成纖維束，並像膜一樣把肌肉包起來。連接肌肉和骨骼的肌腱及韌帶是由聯結組織構成的。肉的部位越老，聯結組織就越多。

聯結組織可分成兩種類型：一種是膠原質（白色），受熱時會分解爲骨膠；另一種是彈性蛋白（黃色），受熱時不會分解。嫩肉中只有膠原質，沒有彈性蛋白。肉中所含聯結組織的類型決定了其烹製的具體方法。

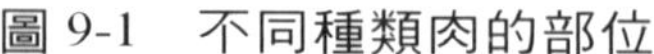

圖 9-1　不同種類肉的部位

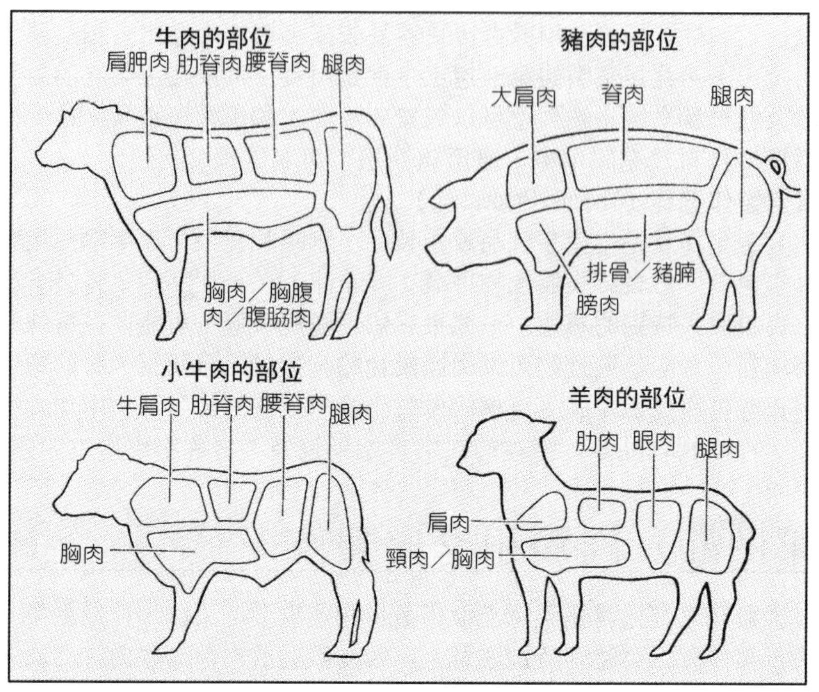

資料來源：Jerald W. Chesser, *The Art and Science of Culinary Preparation:A Culinarian' Manual* (St. Angustine, Florida: Educational Institute of the American Culinary Federation, 1999), PP.249, 251, 252, 253.

3. **脂肪**

脂肪是分佈在肉中的大理石紋般的層狀組織。脂肪對保持肉的嫩度和味道產生作用。外層的脂肪覆蓋在肌肉上。

4. **骨骼**

骨骼是不可食用的。肉所占的比重高於骨骼是受歡迎的，因為這可以降低可食用單位的成本。骨骼的形狀有助於識別肉塊。骨骼用於燉湯味道鮮美。

一、肉的嫩度

肉的嫩度在肉類和禽類的挑選、烹製和上菜中很重要。如前所述，肉的嫩度受到現有的聯結組織的類型和數量的影響。動物的脂肪和年齡也會影響肉的嫩度。嫩肉包含了更多的脂肪，年幼動物會產出更多的嫩肉。肌肉的位置也會影響嫩度，最不常用的肌肉（腰肉和肋肉）比經常用的肌肉，諸如頸肉和大腿肉嫩些。

溫度影響嫩度。烹製溫度過高，特別是火候太過，肉質會變老。把肉磨碎、搗爛或使用其他方法可使肉變嫩。質地變化的陳肉放入冰箱會更嫩。動物在屠宰前或屠宰後及時在肉裏注射酶也會使肉變嫩。

二、烹調注意事項

肉類烹製的目標包括使食物增強口味、改變顏色、鬆嫩質地、殺死有害微生物。低溫長時間烹製要比高溫短時間烹製效果好。因爲這樣只會流失較少數量的重量和營養素。

有一些肉（切份）可以在冷凍狀態下烹製。如果做法恰當，在嫩度、湯汁度和味道方面與解凍過的肉都不會有什麼差別。冷凍肉應在長時間低溫下才可取出烹製。

一般不用微波爐來烹製肉類食物。儘管烹製很快，但食物往往非常乾燥，大量縮水。另外還有肉的表層會變黑，除非使用特殊的加熱物質才能避免。

㈠烹製方法

流行的肉類和家禽的烹製方法包括烤、炙、平鍋焙、煎、燉、煨加壓烹製、蒸。

1. 烤（Roasting）

用烤箱烤是最常用的肉類乾加熱烹製方法。要烤的肉應置於烤鍋的烤架上，肥肉的一面朝上，才能使肉本身受油。烤肉離不開肉用溫度計，把它插入離開骨頭遠、肉最厚的地方。不要只依賴列有烤肉時間和重量及其他因素的圖表。照圖表的指導來烤肉總是不如仔細用烤肉溫度計效果更好。

不同的客人對如何烤制肉有不同的偏好。有些人喜歡熟透的肉（沒有粉紅色；全部是暗灰色）。有些人喜歡吃半熟的肉（表層熟，裏面生）。還有一些人喜歡介於上述兩種程度之間（大部分是熟的而內部稍有血色）。常見的烤肉方法，是參照各種不同的建議性的內部溫度烤制所需生熟程度的肉。有經驗的廚師有他們自己的標準。餐飲服務經理可以和主廚一起制訂企業能夠達到食物品質和安全標準的烹飪程序，要特別重視部分顧客因爲食用生肉而發生飲食疾病的可能性。

肉從烤爐裏取出後仍在繼續烹製。因此，應該在低於所需溫度幾度的時候將肉取出。

豬肉應該置於不低於 170°F（不低於 77℃）的內部溫度下，一直烹製到熟透爲止，這樣可以防止旋毛蟲病。旋毛蟲病是由生長在肉裏的條蟲引起的，條蟲可能是由於動物屠宰前處理不當或屠宰後惡劣的衛生條件所引起的。

2. 炙

炙是利用直接輻射熱的烹製方法。用夾鉗或抹刀翻動將肉炙到半熟。一般說來，炙烤肉類、禽類和其他食物時都需要用高溫。

3. 平鍋焙

這種烹製方法將肉置於一個厚底煎鍋慢焙，烹製時不加鍋蓋，不放油和水，在烹製過程中應將鍋內積溢出的油倒掉。

4. 煎

如前所述，煎有多種方法。除了深煎之外，其他煎法用少量的油即可。

5. 燉

燉的程序是先用少量的油將肉炒至褐色，然後將其放入鍋內，加入少量水，加蓋慢燉。

6. 煨

將肉置於加蓋的鍋中，加入少量水或肉湯加熱直到軟且嫩，鍋內的水溫應在沸點以下。

7. 加壓烹製和蒸

將肉置於隔層蒸鍋或一般蒸鍋裏烹製。把肉放入蒸鍋後，用鋁箔把肉蓋緊，以防蒸氣飄逸散失。聚集的水氣轉化成蒸氣將肉烹熟。

8. 其他烹飪方法

肉的原湯汁可用來烹製很多肉食和其他食物，肉的原湯汁是用碎骨頭、碎肉塊和其他配料製成的。將這些原材料添水，用小火煮幾個小時，然後放入蔬菜和佐料。烹製好之後，將原湯汁過濾，然後冷卻並撇去湯表面的油層，再做進一步加工。如需褐色肉湯汁，就要在煮之前把骨頭燒一下，如需清湯，則可省去這一步。牛肉湯是褐色肉湯汁，加入蛋白可以使之清澈。

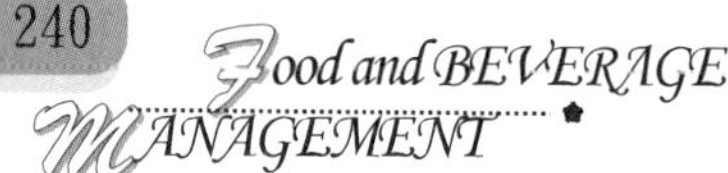

美國農業部安全烹飪溫度標準	
原　　料	°F
蛋類和蛋類餐	
蛋類	直到蛋黃和蛋白凝固
蛋類餐	160
碎肉和肉餡	
火雞、雞	165
小牛肉、牛肉、羊肉、豬肉	160
鮮牛肉	
半熟	145
中熟	160
熟透	170
鮮小牛肉	
半熟	145
中熟	160
熟透	170
鮮羊肉	
半熟	145
中熟	160
熟透	170
鮮豬肉	
中熟	160
熟透	170
家禽類	
雞，整隻	180
火雞，整隻	180
家禽胸肉，烤	170
家禽腿、翅膀	180
填塞料（單獨烹製或放入禽腔裏）	165
鴨和鵝	180
火腿	
新鮮（生）	160
預製後（再加熱）	140
海鮮類	
鰭魚	烹至到乳白色薄片便於叉子叉用
蝦、龍蝦、螃蟹	烹至外殼變紅，肉呈不透明乳白色珍珠狀
扇貝	烹製乳白色，或不透明且堅挺
蛤、貽貝、牡蠣	烹製外殼打開

第五節 魚類的製作

可食用的魚類有兩種：一種是帶骨刺的鹹水魚或淡水魚；一種是鹹水貝殼類。貝殼類又可分爲兩類：一類是有開閉硬殼的軟體動物（如牡蠣、蚌、扇貝、貽貝），一類是有分節外殼的甲殼類動物（如龍蝦、蝦、螃蟹）。

魚的脂肪含量從不足 1 %（如鱈魚和黑線鱈）到高於 25 %（如鮭魚、鯖魚和鮭魚）不等。魚脂肪的含量是決定採用何種烹飪方法的重要因素。魚類有很高的營養價值，含有豐富的礦物質、蛋白質，是肉蛋白的極佳替代品。脂肪含量高的魚類也含有豐富的維生素。

一、烹飪注意事項

魚類的聯結組織比肉類和禽類少，因此烹飪需要的時間較短。烹製魚類應掌握適宜的火候和時間，使之增加味道，分解聯結組織，保存蛋白質。

魚類不能烹製過火，以免變老。做魚的火候應掌握在魚肉烹成塊或成片爲好，到時可用叉子試一試。如果繼續烹製，魚就會變老、變乾，不再美味可口。魚肉在烹製過程中很容易破碎，因此，在烹製過程中和上菜時都要格外小心處置。

魚類也可以用不加熱的方法烹製，可以使用醃泡汁加酸檸檬、酸橙汁來醃製。酸在醃製過程中可以加速魚肉中蛋白質的凝結，從而使魚呈現白色。醃製的食物如鹽滷青魚是深受顧客喜愛的菜餚。在一些日式的風味餐館裏，生魚片一般是與壽司（加醋的米飯）一起上桌的。

受歡迎的乾熱烹製魚類的方法包括炙、烤和煎，而濕熱的烹製方法有水煮和清蒸。在烹製低脂肪的魚時需放些油，但烹製高脂肪魚時就無須放油。

貝殼類最好用水煮熟。而蝦類通常用蒸、烘、烤、炸等烹調方法。

第六節 蛋類和乳製品的製作

一、蛋類

蛋類含有豐富的維生素和礦物質。蛋類可以用多種方法烹製，製成單獨的菜餚提供給顧客，也可作為其他菜餚的配菜。蛋殼的顏色（黃紅色和白色）與蛋製品的品質和口味沒有關係。

(一)烹飪注意事項

蛋是早餐桌上常見的主菜。應牢記以下製作原則：

1. 採購之後儘快使用。味道和外形會隨時間的延長而變質；
2. 水煮可使蛋變得富有彈性，當帶殼煮蛋時，將蛋放入沸水中，然後將溫度調小至即將沸騰狀態，或者將蛋移離加熱狀態；
3. 要想使帶殼煮的蛋鮮嫩鬆軟，加熱時間不要超過1-3分鐘；
4. 煮老蛋也不能超過15分鐘；
5. 將煮熟的帶殼蛋從水中取出，放入冷水中並立即剝下殼以防蛋黃變綠；
6. 水煮荷包蛋時，應將水燒到快開時再放入蛋。應先將蛋打開放到盤子裏，再放入煮蛋器；
7. 煮蛋時要盡可能使用低溫。

(二)蛋在烹飪中的用途

蛋在烹製中有多種不同的用途。當蛋被加熱時，蛋黃裏的蛋白質就會凝結，這使蛋類成為有用的變稠劑和其他食物塗抹材料。當蛋白被加熱時，它就會從透明狀變成柔滑的白色。當將糖加入攪拌的蛋液裏，蛋液的凝結就需要更高的溫度；當將鹽加入時，凝結則需較低的溫度。當酸類調料如檸檬汁加入時，凝結也需較低的溫度，而且會形成細緻的凝膠體。

1. **黏合和覆蓋**：蛋有助於將一些食物原料黏合在一起，如肉卷和搗碎深炸的食物。

2. **發酵劑**：發酵是將氣體與食物結合，從而使食物膨大變輕。攪拌好的蛋清能產生一種由蛋清透明薄膜包圍著的氣泡泡沫。當這些泡沫被混合並加熱後，氣泡就會膨脹，薄膜就會變硬，此法可以製作蛋捲、蛋奶酥以及蛋糕。蛋清要攪拌到呈現出直立的峰狀。攪拌過度，泡沫會減少。如果在攪拌蛋白時加入糖，產生的泡沫會更穩定。
蛋黃也可用作發酵劑。當它被加熱時體積會膨脹，由於蛋黃中含有脂肪，蛋黃的發酵作用不如蛋白。

3. **乳化劑**：油和醋是分離的，但在油滴上裹上蛋液或其他乳化劑，便能使兩者相溶。蛋黃可在製作蛋黃醬、霜淇淋以及蛋糕中用作乳化劑。

4. **添加劑**：蛋可防止冰的晶粒結成大塊。果凍的製作就用到這種添加劑。

5. **澄化劑**：當蛋中的蛋白質凝結時，它能提取食物中的雜質並把他們除掉。這樣可以使液體清澈純淨。比如說，肉汁可以用蛋白來澄清。

二、乳製品

牛奶是最具天然營養價值的食物，一般需要經過巴氏法殺菌和均質處理。巴氏殺菌法（pasteurization）是透過控制溫度殺死細菌使牛奶安全食用的一種過程。均質處理（homogenization）是將脂肪微粒透過攪拌而使之均勻分佈在奶液中，避免奶脂和奶液分離。

牛奶可大量用於烹調，但技巧性很強。牛奶很容易凝固和燒焦，也極易變質。儘管奶的種類很多，但不管用於什麼食物，其基本的製作方法是相同的。

(一)用牛奶烹飪

檸檬酸、蕃茄醬和醋等酸性物質能使牛奶凝固，這是一個常見的難題。爲防止凝固，在烹製過程中應盡可能保持低的溫度加熱，並且上菜之前放鹽；也可以先加溫牛奶，或每次在牛奶中攪入少量酸性混合劑，以防止牛奶凝結。

爲防止牛奶煮焦，應使用雙層容器煮，如蒸汽套壺或蒸鍋。當加熱牛奶時，時間長了會影響它的味道和香氣，或表面會形成一層奶皮。但可以透過加蓋、攪拌或在表面放少量奶油來防止奶皮的形成。在煮牛奶的過程中，低溫加熱和不斷地攪拌是牛奶烹製中應該遵循的兩條最重要的操作原則。

(二)用乳酪烹飪

牛奶烹飪的基本程序對於用乳酪烹飪也很重要。乳酪的種類繁多，是一種像牛奶一樣的營養豐富的食物。乳酪的價格高並非食物價值高。價格高是由大眾喜歡的口味的調味工藝成本和市場供求關係變化所致。

要記住蛋白質遇熱會凝結，如果加熱過頭會使乳酪變硬和變成橡膠狀，當加熱時間太長或溫度過高時就會發生此類情況。乳酪中的脂肪在室溫下是固狀的，溫度稍高就會變軟，經加熱就會融化。

因為鮮乳酪很容易混合，所以在烹飪中經常使用。英國的切達乾酪是一種做菜最常用的乳酪，把它加入調味汁或放入菜中時要先切碎或搗碎，這樣可以擴大乳酪的接觸面積，加快融化過程。

第七節 烘烤食物的製作

有些餐飲服務業的麵包或甜點全部或至少一部分是自製的。麵包房的製作工藝不僅是一種藝術，也是一門科學。有時即使用最好的配方也很難製作出優質的麵包食物。海拔高度、空氣的濕度以及使用的某種麵粉的含水量都會影響烘烤的時間、溫度以及必須加入的配料的劑量。

一、常用的烘烤原料

(一)麵粉

麵粉是由經過碾磨並篩選出來的小麥、黑麥、大麥或玉米製作而成的。麵粉也可用米、馬鈴薯或豆類食物製作。小麥粉是最常用的麵粉，根據其粗糙程度加以分類，粗制小麥麵粉有較高的蛋白質含量，能製作出體積較大、質地較好的麵包製品。精製小麥麵粉的蛋白質含量相對較低，用於烘制蛋糕、點心和小甜餅。蛋白質成分含量最高的是硬粒小麥，用於製作通心粉以及同類食物。小麥麵粉的種類繁多，在表 9-4 中我們列出其中最常用的幾種。

㈡發酵劑

發酵劑可以使生麵團疏鬆而多孔。空氣滲入生麵團或生麵團本身形成氣體可以使麵團發酵。

例如，加入攪拌的蛋液或加糖的奶油可以使空氣滲入生麵團；將生麵團中的水分轉化成水蒸氣，水蒸氣的膨脹使生麵團中產生氣體。完全由蒸汽發酵而成的典型食物有蛋烤酥餅和奶油松餅。

二氧化碳（$C0_2$）是由於酵母（leavening）和糖發生作用而產生的一種氣體，常用於烘焙糕點的酵母有壓縮酵母和乾燥酵母。壓縮酵母（將鮮酵母菌壓縮進蛋糕）和乾燥酵母（將酵母烘乾成顆粒狀）包裝在金屬箔中以免接觸空氣。使用烘焙專用的蘇打和水也會產生氣體。烘焙發酵粉（由於酸、烘焙蘇打、澱粉或麵粉製成）是另外一種最常用的發酵劑。在使用烘焙發酵粉或烘焙蘇打時，通常應加入乾粉，以便延緩氣體形成的反應時間，直到製作過程的最後一個程序——加水。

㈢脂肪

脂肪裹在麵粉顆粒外面可產生嫩化效應，並防止麵粉結塊。「可塑性」是指脂肪成形的能力，脂肪越可塑，即含有蠟質的脂肪，就越能夠在麵糊和麵團中保持形狀，並具有較高的溶度和較強的疏鬆力。疏鬆力是指包圍麵粉顆粒和其他成分，使其潤滑而不會黏結在一起。

㈣液體

液體在烘焙製作上有好幾種用途。例如，它們能使澱粉和麩質（加水）成爲水合物。液體也可用來溶解鹽、糖和烘烤發酵粉。另外，水分還可用來使烘烤發酵粉和蘇打濕化以產生二氧化碳。

㈤蛋類

蛋可將空氣融入麵糊並增加香味和色澤。由於蛋白質的凝結，蛋可增加烘焙食物的硬度。

㈥糖

糖可增加甜味，產生褐色效應，可作爲發酵食物。糖也可使麵粉裏的麩質軟化，可以使烘焙食物的質地更加細膩。

表 9-4　麵粉的種類

全麥粉——這種麵粉含有完整的麥粒。
麵包粉——含有高蛋白質，用於製作酵母麵包。蛋白質成分能發酵成為麩質，使麵包成型、有彈性、有韌度。
通用粉——由多種小麥混合而成，比麵包粉蛋白質含量稍低。其彈性、韌度稍低，適用於製作糕、小甜餅和自製麵包。
糕點麵粉——這種麵粉的蛋白質含量比通用粉低，多用於商業性麵包製作生產糕點和小甜餅。
蛋糕粉——蛋糕粉蛋白質含量很低，磨得很細，經過漂白處理。顧名思義，適用於蛋糕的生產。
即溶粉（快速融合）——這種麵粉不需要篩分，並且不產生粉塵。
自發粉——麵粉中加入了烘焙蘇打發酵劑，可以自己發酵。
麩質粉——這種麵筋粉含有非常高的蛋白質（近 41%），用於烘焙特殊的麵包。
強化粉——強化粉中加入維生素 B 與鐵元素，也加入了其他成分。

二、麵糊和麵團的攪和

麵粉可以攪和成麵糊或麵團。用來製作麵包的麵團一定要有足夠的厚度，以便能在案板上揉團或捲圈。相比之下，麵糊則能被傾倒出製作蛋糕，或者做小甜餅。

這裏有幾種攪和麵糊和麵團的方法。製作鬆餅時，應先篩出乾粉，然後將雞蛋打開攪勻，把水和油加到雞蛋液裏，把加水和油的蛋液與乾粉混合起來。製作糕餅時，乾粉篩出後先與油攪拌，最後加入水。製作普通蛋糕時，將油和糖混合為奶油狀，之後加入雞蛋。乾粉和水交替地與油、糖和蛋的混合物混合在一起。

第八節　咖啡和茶的製作

咖啡和茶是美國最受大眾喜歡的兩種飲料。客人常常會根據這些飲料的品質來評價一餐飯菜整體的品質。專業化的餐飲服務必須特別注意咖啡與茶的口味與濃度，從而滿足甚至超出客人的期望。

一、咖啡

餐飲服務業提供的咖啡混合飲料一般都經過特殊加工，以確保在相對較長的時間內飲料的品質。咖啡通常用咖啡壺或者自動咖啡機來製作。

使用咖啡壺時，咖啡粉要仔細計量，並把它放入帶有布製濾網的容器裏，把新鮮的冷水倒入容器中並在適宜的溫度下調製咖啡。咖啡調製的溫度、時間和配方的變化取決於所用咖啡機的類型、生產商、咖啡的品種和企業的配方。根據產品說明書去操作是非常重要的。在咖啡煮好後，必須立即除去咖啡渣，然後將一半的咖啡原汁汲出後再倒回咖啡壺，將較濃的咖啡壺內的底液與其餘的咖啡混合在一起。

使用自動咖啡機的程序也大致如此。咖啡應該保持在大約 185℉（85℃）；但切記不能使之沸騰，但加熱的時間應超過一個小時。每次用過咖啡機後要進行沖洗並且根據其產品說明書定期清洗。

在製作冰咖啡時，通常需要雙倍的濃度，以便用冰水稀釋。

二、茶

茶可以製成散裝和袋裝的。不論是散裝還是袋裝，沏茶的水必須是沸水。茶壺或茶杯必須保持熱度，泡茶的時間不要超過5分鐘，並且應該即泡即飲。

冰茶通常用一盎司的袋茶浸入沸水中。茶和水的正常比例是兩盎司的茶配一加侖水。像沏熱茶一樣，冰茶應浸到水中至多5分鐘就要倒入裝有冰塊的杯中。如果在實際中很難實施，應該對茶進行預先冷處理，在上茶時放入冰塊。由於冰塊能使茶濃度變淡，因此泡茶時，冰茶應比熱茶的濃度高些。

第九節 食物和飲料生產控制

在食物和飲料的生產過程中，經理人員首先要考慮：(1)保證提供高品質的食物和飲料生產原材料；(2)確保品質達到要求[31]。

保持品質並最大程度地提高食物生產效率，需要如下具體的控制措施：

1. 需要使用全部標準成本控制工具（標準食譜，標準規格等）；
2. 確保提供並經常使用稱重和測量工具；

3. 確保發放實際所需使用的食物數量；
4. 培訓員工始終執行食物生產程序；
5. 儘量減少浪費；
6. 監督和控制員工隨便吃喝的習慣；
7. 確保從倉庫取出的物品，不用的要放回安全儲存區；
8. 檢查並核實因倉庫儲存變質或製作不當而扔掉的物品；
9. 保持生產紀錄；根據此紀錄調整修訂將來要生產的物品的數量；
10. 分析銷售和生產紀錄，決定每一個菜餚所獲得的收益；
11. 研究和解決生產過程中的關鍵問題；
12. 研究設備、佈局、設計和能源使用方面的管理方法等。貫徹執行既能降低成本、又不降低品質標準的工作程序；
13. 確保能夠節省勞動力的方便食物或設施確實降低勞動力成本；
14. 招募、培訓以及人員的班次安排，都應非常關注製作並提供高品質的食物以達到企業的標準化要求。

註　釋

[1]An in-depth treatment Of food productions offered by Educational Institute in its Food Production Principles course. For information, contact the Institute at 2113N. High Street, Lansing, M148906.

[2]Detail about scheduling are found in Jack D. Ninemeier, *Planning and Control for Food and Beverage Operations*, 4th ed, (Lansing, Michigan: Educational Institute Of the American Hotel and Motel Association, 1998)

[3]This Section was adapted from Ninemeierd, *Planning and Contro*l, Chapter8.

名詞解釋

乾熱烹飪法（dry-heat cooking methods）　需要用熱氣或熱油進行烹飪的方法。

乳狀液（emulsion）　兩種一般不能融合的液體的混合物。不穩定的乳狀液（如油和醋）在靜態下會分離；穩定的乳狀液（像蛋黃醬）則不會分離。

水果（fruit） 植物成熟的果實，它包括種子以及相關部分，是種子植物的繁殖體。水果含有很高的碳水化合物和水分，礦物質和維生素含量也十分豐富。

裝飾（garnish） (1)用可食用的點綴品裝飾和強化其他食物的視覺吸引力；(2)爲食物增加裝飾內容。

均質處理（homogenization） 均質處理是將脂肪微粒透過攪拌而使之均勻分布的過程。

酵母（leavening） 將氣體融合進食物使食物的體積增大變輕。

醃泡汁（marinade） 調味的液汁，通常包含蔬菜或橄欖油和酸性物質如果酒、醋或果汁。香草、香料和蔬菜放入其中以增加味道。

濕加熱烹製法（moist-heat cooking methods） 用水和其他湯汁烹調的方法。

巴氏殺菌法（pasteurization） 透過控制加熱溫度來消滅牛奶和其他食物裏的細菌。

蔬菜（vegetable） 除子房以外的種植物的任何可食部分。

蔬菜類水果（vegetable fruit） 從技術上將其歸爲水果的蔬菜，如蕃茄，因爲它包含植物的果實。

複習題

1. 生產計劃的主要目的是什麼？
2. 烹飪方法可以分成哪兩種基本類別？
3. 爲什麼水果和蔬菜的皮盡可能削薄些？
4. 製作沙拉時應注意遵循哪些原則？
5. 過度烹製的影響有哪些？
6. 影響肉類和家禽嫩度的因素有哪些？
7. 爲什麼烹製魚類通常比烹製肉類和家禽需要較短的時間？
8. 什麼可以導致蛋類凝固？

9. 用奶烹製食物時應當注意哪些問題？
10. 對食物和飲料的生產過程應該採取哪些控制措施？

欲獲更多資料，可瀏覽以下網站。網址可能會有所變化，敬請留意。

American Egg Board
http://www.aeb.org/

National Food Safety Database
http://www.foodsafety.org/

American Meat Institute
http://www.meatami.org/

Produce Marketing Association
http://www.pma.com/

Food Safety and Inspection Service (FSIS)
Http://www.fsis.usda.gov/

United States Department of Agriculture (USDA)
http://www.usda.gov/

Government Food Safety Information
http://www.foodsafety.gov/

United Sates Poultry & Egg Association
http://www.poutryegg.org/

International Dairy Foods Association
http://www.idfa.org/

10

CHAPTER

餐飲服務

本章大綱

- 服務的種類
  - 桌餐服務
  - 自助餐服務
  - 歐式自助餐廳服務
  - 其他類型服務
- 為顧客提供愉快的經驗
  - 標準操作程序
  - 對客服務培訓
  - 團隊精神
- 開餐前的注意事項和工作
  - 檢查設施設備
  - 執行訂位程序
  - 為餐飲服務員分派工作區域
  - 完成輔助工作
  - 召開服務人員會議
- 為顧客提供服務
  - 服務程序
  - 特殊情況
- 電腦和服務程序：硬體系統
  - 點菜輸入系統
  - 顯示器
  - 輸出系統
- 電腦和服務程序：軟體和報告系統
  - 菜單檔案
  - 營業帳單檔案
  - 員工執勤控制檔案
  - 電子現金
  - 出納機
  - 電子收銀機報告輸出系統
- 餐飲收入控制程序
  - 收入控制與餐飲服務人員
  - 收入控制與飲料服務人員
- 加強餐飲推銷
  - 主動推銷
  - 飲料推銷

餐飲服務是計劃和生產過程的關鍵。它以顧客為中心－更具體地說，就是要為顧客提供愉快的經歷。餐飲服務是一個複雜的問題，涉及到的各種因素、活動和程序相當廣泛。這些因素包括餐館經營類型和規模、提供服務的形式，以及周圍環境和氣氛。活動則包括擺臺、餐飲產品從製作人員傳遞到服務人員、對客服務、清理臺面等。執行的每一項工作程序都要盡可能標準化。只有這樣，才能一次又一次滿足或超過顧客的需求。

餐飲服務人員是關鍵性的員工，他們把經營活動展示給顧客。比起其他員工來說，服務人員與顧客的接觸最多。因此，為顧客提供愉快的用餐經歷的責任，在很大程度上就落在了他們身上。在很多情況下，一家餐廳的信譽和盈利就依靠服務人員。

因為服務有各種方式，操作有各種類型，所以本章首先闡述不同的服務方式。然後說明標準操作程序在為顧客提供愉快用餐經歷過程中的重要性，最後描述餐桌餐廳典型的工作規則和程序。本章的重點放在描述桌餐餐廳服務上，是因為桌餐服務比起其他形式的服務更注重服務導向，更注重強調以顧客為中心。

第一節 服務的種類

餐飲服務有許多不同的方式。一個餐飲企業必須使用一種服務方式或將多種服務方式組合在一起，其目的都是為了滿足顧客的需求。

一、桌餐服務（Table Service）

傳統的桌餐服務是為那些坐在餐桌前用餐的顧客提供服務。服務員把食品和飲料端送給顧客，服務生或者其他服務人員還負責清理桌面和擺設。餐桌服務有四種常見的形式：盤餐式、家庭式、小餐車式、大盤服務方式。

(一)盤餐式（Plate）

盤餐式服務也稱美式服務，是美國最常見的一種服務方式。這種服務方式形式多樣，但是都有以下幾個常見步驟：(1)服務員在顧客就座後點菜；(2)把點好的菜單交給廚師，由廚師做好菜後擺在盤中；(3)服務員把盤菜端送給顧客。

各種盤餐式服務常常在宴會服務中使用，如團體用餐，每個人同時享用提前備好的菜餚。宴會服務有許多種形式，主要依據場合、計畫菜單的種類和服務要求的種類等方面而定[11]。

㈡家庭式（Family - Style）

家庭式服務也稱英式服務，對多數顧客來說感覺如同在家一樣。很多食品置於碗或大淺盤中，然後沿餐桌擺好，顧客圍繞餐桌自行選擇喜歡的食品。有些餐館使用家庭式服務是為了突出家庭主題特色，有的餐館只在節慶假日才使用家庭式服務方式。

㈢小餐車式（Cart）

小餐車式服務也稱法式服務，在某些餐廳使用，一般是為了突顯餐館精美的食品和優雅的氣氛。小餐車式服務的特點之一是在桌旁預備好許多菜餚的部分或全部配料，將配料和加熱爐一起放在小餐車上。野味牛排、加熱甜點和飲品、凱撒沙拉，這些最受歡迎的食品均以這種方式進行製作。小餐車式服務需要有經驗的員工。有些餐館將小餐車式服務和盤餐式服務結合使用，主要是突顯傳統的法式服務運用於一般餐飲的特色。

㈣大盤餐式（Platter）

大盤餐式服務也稱俄式服務，首先是由廚師把菜餚擺在大淺盤裏，使其具有吸引力，然後由服務員直接把大淺盤端至餐桌前，請顧客觀賞後再把菜餚分到每位顧客的盤中。大盤餐式服務具有小餐車式服務的高雅氣氛，同時又十分快捷和實用，這種方式有時也在宴會服務中使用。

二、自助餐服務（Buffet Service）

自助餐服務是把食物如藝術品地擺放在大盤中，然後把大盤擺放在大餐桌上或櫃檯上，讓顧客自助用餐。有時不同的餐桌上擺放著不同種類的菜餚，餐具和其他用品則都擺放在旁邊，使用起來非常方便。

有些餐館只提供自助餐服務。有些餐館則有時提供自助餐服務，比如有些桌餐餐館在週末和節假日可能會提供獨具特色的自助餐。還有一些餐館則同時提供一般餐飲和自助餐服務，將湯食、沙拉和甜點這些自助餐菜餚與桌餐菜餚組合起來提供給顧客。

三、歐式自助餐廳服務（Cafeteria Service）

在大多數歐式自助餐廳裏，顧客在餐飲放置區中選擇他們喜歡的食品。最貴的或最難分取的食品常常由服務員來分。但在許多方面歐式自助餐廳服務和自助餐服務很相似，如顧客自助用餐。傳統的歐式自助餐廳要求顧客自己來到服務區，只能沿著餐台擺放路線去選擇食品，之後到餐台盡端的收銀台付款，或者在出餐廳時付款。現在出現了新的選擇，顧客進入餐飲「分類擺放」規劃的自助餐廳後，可以隨便走到不同的展示著各種食品的餐台取餐。比如沙拉餐區、湯餐區、冷熱三明治餐區、主菜中心區、飲料中心區以及甜點區。餐飲分類擺餐的做法使顧客不用排隊等候，也加快了服務速度。

四、其他類型服務

桌餐式、自助餐式、歐式自助餐廳式服務已成爲當前最普通的幾種餐飲服務形式。速食店，也稱速食服務、熟食店、櫃檯餐服務、盤餐服務隨處可見。

速食店一般提供餐位，也提供汽車通道用餐服務和外賣服務。這些服務僅在顧客點菜後，將食品放在盤中遞給顧客，也可裝袋和裝紙盒帶走。

熟食店具有外賣服務的特色，但也在餐桌或櫃檯前提供數量不多的座位。有些熟食店只供應品種有限的熟食。比如新烤的麵包和甜點，可供顧客離開時選購。

櫃檯式服務常常可在酒吧、酒廊、速食店和咖啡廳見到。

盤餐式服務傳統上總是和非商業性餐飲服務機構連繫在一起。各種菜餚盛在盤中，或擺在大盤中，或在能保持冷熱溫度的小餐車裏，根據需要從製作或半成品加工區送到服務區中。各種盤餐服務在航空業中廣泛使用，除了主菜之外，所有的菜餚都分放在單獨的盤中冷藏，主菜加熱後放入盤裏供顧客享用。

第二節 為顧客提供愉快的經驗

一、標準操作程序（Standard Operation Procedures）

餐桌服務的主要目的是透過滿足或超過顧客的期望，來爲顧客提供愉快的經歷。爲實現這一目標，需要全體員工始終如一的堅持執行有效的操作標準。每一個餐飲企業都必須建立起自己的制度和標準操作程序。

爲了在餐飲經營中不斷獲得成功，必須保持始終如一的餐飲和服務品質。標準操作程序有助於始終如一，因爲它們確切詳細地描述了必須做什麼，應該怎樣做。透過工作分解必須把工作任務確定下來，把完成工作任務的程序一步步清楚地描述出來。表 10-1 就是一個服務工作分解的例子，它呈現了標準操作程序。

那些量化的、有形的工作標準應當呈現在每一個操作程序中。工作標準可幫助管理者和員工發現操作程序是否正確執行。表 10-2 是餐飲服務人員執行工作標準的實例。

二、對客服務培訓

在對客服務標準操作程序中，顧客的每個合理要求都應受到重視，並在培訓課程中以此來訓導所有的服務人員。記著這句名言：「顧客永遠是對的」，這是服務人員應該對待顧客的態度。在許多餐飲經營中，提高服務水準並不需要昂貴的設備和豪華的環境，而是對顧客細微的關照和執行始終如一的服務程序。

對服務人員進行正確的迎賓和上菜服務培訓，是餐廳和餐飲部經理的一項主要職責。每一餐有哪些內容，以餐前酒和開胃品開餐，以餐後酒或甜點畢餐，都必須按照標準操作程序來提供服務。服務人員必須有禮貌、舉止得體，表現出願意爲顧客提供愉快的用餐經歷的真誠願望。

服務人員必須能正確地在盤中擺放主菜和其他菜餚，必須知道這些菜餚的形狀和所用配料。如果一道菜看上去不符合要求，例如看到沙拉是用被染成棕色的生菜製作的，服務人員必須知道按照什麼步驟去糾正。

培訓應當包括衛生和安全，因爲在服務過程中衛生和安全密切相關。如果存在不安全或不衛生的情況，就不能提供很好的服務。

對服務班次的全過程進行監控，可以防止出現問題、解決問題，保證服務的時效性，並且檢驗培訓的效果。

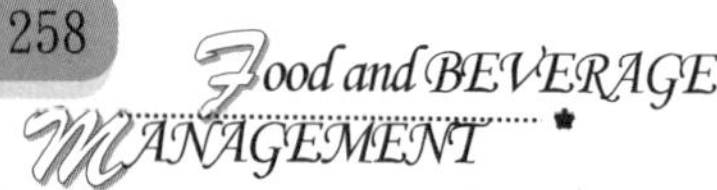

表 10-1　工作分解範例

為顧客點飲料	
所需用品：筆和點飲料紀錄或顧客帳單	
步　驟	操作程序
1. 提供飲料。	◆清楚顧客的酒量是多少，如果客人已醉了，不要再向顧客推銷酒類。 ◆午餐和晚餐時，建議顧客在餐前飲用雞尾酒和開胃酒。 ◆除非顧客有其他選擇，點完菜後請客人點葡萄酒。 ◆早餐時，安排顧客入座後立即提供咖啡和橘子汁。 ◆瞭解可提供的飲料和通用的服務方式。
2. 離開大門，自餐廳的角部開始。	◆參看第 13 項工作任務：「當顧客使用烈性酒時，檢查他的個人身分證」。
3. 執行點飲料程序。	◆先女賓，後男賓。 ◆根據顧客就座情況，按照順時針順序將所點飲料寫在飲料記錄單上。 ◆參看第 20 項工作任務：「點菜」時瞭解更多的點菜程序知識。 ◆使用標準的餐飲縮寫名稱。 ◆弄清顧客的偏好，如：「加冰」或「不加冰」。 ◆仔細聽清每位顧客所點內容，並重複所點內容。 ◆把特殊要求寫在點飲料記錄單或顧客帳單上。 ◆顧客沒有要求特別品牌的飲料時，要向顧客推薦最見的品牌的飲料。 ◆當顧客不知該點什麼飲料時，向顧客推薦有特色的飲料。 ◆提供雞尾酒時，應該詢問顧客誰不想要雞尾酒，是否想要一杯葡萄酒或不含酒精的飲料。 ◆始終推薦含酒精的飲料和不含酒精的飲料。如：含薑和高濃度的 Gin & tonic、汽水，或草莓大吉利雞尾酒。

表 10-2　單位操作標準

單位操作標準：午餐班次服務員
餐廳服務員在午餐班次為所負責的餐台提供服務時，必須執行在培訓過程所學習過的工作任務分解書的操作程序，其行為表現可能是正確的。
1. 上午 10：30 前到餐廳，穿上整齊乾淨的工作服，稍事休息，準備工作。 2. 上午 11：15 前，把所負責的餐桌鋪好臺布，擺好餐巾、玻璃杯、銀器、調味品、煙灰缸和火柴。 3. 熱情地迎接顧客。儘快帶顧客入座並提供所需的服務。 4. 顧客點完主菜後，建議顧客點雞尾酒。 5. 主動向顧客介紹今天的特別菜餚和其他可選菜餚；儘量建議性地推銷餐廳菜餚和飲料。 6. 儘量推銷一瓶或一杯葡萄酒供午餐使用。 7. 客用點菜單要寫得清晰易讀，正確使用規定的縮寫。 8. 點菜結束，立即將菜單送到廚房，執行廚房的點菜單呼叫系統。 9. 快捷迅速地傳菜到桌；同時為所有顧客上菜。 10. 盡可能用左手從左側為顧客上菜。 11. 盡可能用右手從右側為顧客斟酒。 12. 按照規定的程序為顧客斟葡萄酒和雞尾酒。 13. 不需顧客詢問，根據所點的菜主動為顧客備好標準的調味品。如果顧客提出需要特殊的調味品，迅速愉快地遞給顧客。 14. 注意觀察每位顧客，時時為他們斟滿杯中酒，而且顧客一有斟酒要求，立即上前為他斟滿。 15. 顧客每用完一道菜，立即撤掉用完的盤、杯和銀器等器皿。輕輕地從顧客的右邊撤。銀器要撤到旁邊的小推車上。 16. 儘量向所有顧客推薦甜點。 17. 餐後為每位顧客送上一杯咖啡。 18. 餐結束時，讓顧客看一下菜單。 19. 感謝顧客的光臨。 20. 顧客一離開餐廳，就立即清理桌子，重新擺台。

資料來源：Lewis C. Forrest, Jr., *Training for the Hospitality Industry*, 2nd ed. (East Lansing, Mich：Educational Institute of the American Hotel & Motel Association, 1989）, P.43.

三、團隊精神（Teamwork）

廚房、酒吧和餐廳員工之間的合作和良好溝通是許多餐廳獲得成功的基礎。使顧客用餐愉快不是一個人的責任，它需要主廚、主廚助手、沙拉廚師、餐飲服務員、餐廳臨時工等人員的共同努力。

服務人員和食品製作人員都必須具有團隊工作精神。服務員應當把顧客的點菜單正確、準時地送到廚房。廚房亦應在規定的時間內將顧客所點的菜餚爲服務員準備好。每位員工都必須很好的合作，以達到最好的效果。

團隊精神可以樹立士氣和合作精神，即顧客認可和欣賞的合作精神，這種精神能使每個人都工作輕鬆愉快。從開餐至用餐完畢的各種工作中始終發揚和保持這種精神，對每一位餐飲經理來說都是一個挑戰。

目前，餐飲經理正在不斷促進自我導向的工作團隊，而且賦予團隊成員進行計畫和管理他們自己工作的權利。例如，可以給工作團隊成員提供發展他們自己部門業務的機會，或爲他們達到一定的經營目標提供獎勵。自我導向的服務團隊也可呈現在制定工作的程序、分派任務、安排團隊成員輪班，評估團隊成員和完成原來只是餐飲服務經理負責的工作方面。賦予工作團隊更多的自由和責任的目的是使他們更方便地爲顧客提供良好的服務。

第三節 開店前的注意事項和工作

儘管每個餐廳各具特色，但仍有一些基本注意事項對所有的和固定的通常要在開餐之前完成的任務具有共性。這些工作包括：

1. 檢查設施設備；
2. 執行訂位程序；
3. 分派服務單位；
4. 完成輔助工作；
5. 召開服務人員會議。

餐廳的每個人員負責執行上述各項不同任務。餐廳經理可能負責檢查、分派服務單位、召開服務員會議。餐廳領班或接待員可能負責訂位。服務員和餐廳臨時工一般負責輔助工作。

一、檢查設施設備

餐廳開店前應對設施設備進行檢查，保證房間的溫度、電燈等等許多問題都清楚並被解決。如果地毯破裂、欄杆鬆動、桌子搖晃、壁紙脫落等這些有關安全的問題，應當及時得到解決。可以使用安全檢查單來提醒檢查這些問題以及其他潛在的問題。爲了保持餐廳的衛生，衛生檢查是必須的輔助檢查。餐廳和公共區域是否清掃乾淨？餐臺擺得是否正確？餐椅是否乾淨？

有些用餐區域朝向大街，那麼就應當走到街上，從外面的角度看看餐廳，問問自己：「如果我是一個潛在的顧客，我會不會被餐廳和周圍的環境所吸引？」

二、執行訂位程序

有些餐飲業不接受顧客訂位，而有些則接受顧客訂位。訂位對有些顧客來說是非常重要的，而且經營者也可以得到利益。因爲這樣就可以比較準確地估算出需要的員工數量和食品數量。

有些訂位只能在規定的時間內提供餐位，例如，晚上7:00和9:00之間。還有些訂位系統在整個供餐期間都提供穿插式訂位。

許多餐廳接受電話訂位，電話訂位時要特別注意記下所有的資訊。爲了避免誤解，只允許個別受過培訓的員工做接聽電話訂位的工作。

因爲訂位是一個餐臺在需要時就可提供的承諾，所以經理人員必須仔細進行安排。那些訂了餐但未來到的和等待時間比較長的用餐者會令計畫困難。訂位顧客未到和顧客停留時間延長，會爲原來的計畫造成困難。當出現顧客未到、來早或來晚、訂位人數改變、想更換原訂餐桌等情況，餐廳經理應該如何處理？經理人員必須參與解決問題，這樣才能在問題出來之前制定出合適而且統一的程序。

三、為餐飲服務員分派工作區域

餐廳開始營業前就應把服務員的工作區域分派好。餐飲服務員單位就是指服務員在具體的服務位置上所負責的餐台數量。有些餐廳的服務員不用分派工作區域，而是在顧客入座後按順序分派服務餐桌。這是說服務員可以分散在餐廳各處的桌旁恭候。一般情況下這種方法不可取。

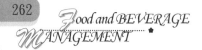

每個服務員應負責的餐桌數量主要根據以下幾種情況決定：

1. 餐廳座位數量；
2. 提供服務的形式；
3. 預期的顧客流量；
4. 服務人員的經驗；
5. 當班的服務員是否受過培訓；
6. 與廚房和酒吧的距離；
7. 菜單菜餚的變化；
8. 爲特別用餐時段安排的服務員數量。

不同類型的餐廳有不同的要求。一個在短時間內幾次翻台的咖啡廳工作的服務員和在顧客少、座位周轉率低的餐廳工作的服務員所服務的顧客數量是不同的。

四、完成雜務工作

餐廳開始營業前應當把擺台和清潔工作做好。這些工作就是輔助性工作（sidework）。類似的雜務工作如：裝滿鹽罐和胡椒粉罐、給餐廳植物澆水、整理桌面、服務生之工作檯所需用品。餐廳服務員知道這些工作必須要做，但可能不願意做。可以讓服務員輪流來做這些工作，這樣可以避免員工總做「容易」的或「困難」的工作。

要向所有的員工強調做好雜務工作是爲餐廳服務做好準備的重要內容。如果不做雜務工作，可能在最忙時需要提供的服務，服務員卻不能提供，安全問題和衛生問題必然也會出現。要教育新員工，雜務工作是他們工作的重要組成部分。在正確的監督下，許多餐廳由於雜務工作進行順暢，所以可減少或消除許多問題。

五、召開服務人員會議

餐廳營業前，召開一個簡短的餐飲服務人員會議是很有幫助的。會上可以重新強調服務工作分派，交代每日特別事宜、回答有關問題、重溫當天菜單價格。利用這個會議還可以品嘗新菜餚、講授菜餚的製作方法。檢查餐飲服務人員的就位情況，確保他們的合理安排。最後與主廚和開門服務人員討論確認所有的工作已準備妥當，就可以開始營業了。

第四節 為顧客提供服務

顧客來到餐廳時應受到熱情歡迎，由一位餐廳領班、主管、接待員或相同職位的人員來迎賓。如果餐廳接受訂位業務，應當詢問顧客是否有訂位。

引領顧客入座通常也是由迎賓人員來做。引領顧客入座時，應儘量滿足顧客對餐桌位置的特別要求。如果需要，要對殘障顧客提供幫助。應當爲那些希望在無煙區用餐的顧客安排一個非吸煙區。許多地區對此都有法律方面的要求。

儘量爲顧客提供最好的餐位。通道旁、廚房門旁或供餐區附近的餐桌是不受顧客歡迎的，這些餐位應在最後沒有其他好的空位時再安排顧客。領位員應當與餐飲服務員密切合作，保證工作負荷均衡。很好地調配服務員的桌間服務，使所有服務員都有得到小費平分的機會，並爲顧客提供高品質的服務。

到底應怎樣提供服務，並沒有制式的標準[2]。每個企業有自己對客服務的方法。爲方便討論，本節將介紹一家使用盤餐服務和提供酒精飲料的餐桌式餐廳的正餐服務程序的實例。下一節將對如何提供酒精飲料服務詳細討論。

一、服務程序（A Service Sequence）

以下服務程序中所描述的工作（絕大部分運用於宴會和餐廳經營）大部分都由餐廳服務員操作。但是，有些企業中也讓餐廳雜工或其他員工來操作。該程序從顧客入座後開始：

1. 迎賓。向顧客表示友好的、具有人情味的歡迎；使顧客感到賓至如歸。
2. 爲顧客上水。用夾或勺給顧客加冰塊。
3. 爲顧客送上菜單和飲料單。不論是打開的還是合著的，將菜單和飲料單遞給顧客時，要注意方向正確。
4. 點飲料。細心記下顧客對飲料的要求。
5. 送上飲料。一般情況下從顧客的右邊用右手爲顧客上飲料。
6. 詢問顧客是否要開胃品。顧客可能願意點其他飲品。
7. 送上開胃品。一般情況下，從顧客的左邊用左手爲顧客上開胃品。

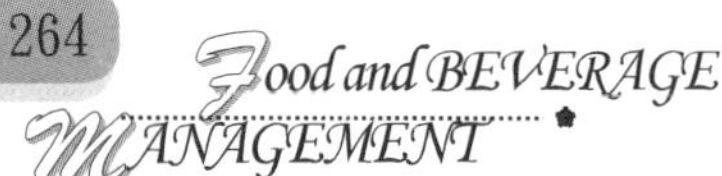

8. 點菜。推薦當日特色菜；回答顧客的問題；確切記住每位顧客所點的內容。
9. 點葡萄酒。進行適時推薦。
10. 撤掉開胃品碟。通常從顧客的右邊用右手爲顧客走食碟。
11. 按照順序點菜。細心記錄點菜內容，使用正確的縮寫。
12. 送上葡萄酒。參看以下葡萄酒服務部分。
13. 送上沙拉和麵包。軟麵包通常趁熱送上；在正常室溫下，通常送上較硬的麵包；沙拉應該保持低溫。
14. 撤掉沙拉盤。但首先應保證顧客已用完。有些顧客在主菜上來的時候繼續用沙拉。
15. 送上主菜及其配料。主菜盤的擺放要使主菜離顧客最近。配料放在顧客的左邊。
16. 詢問顧客是否一切都滿意。知道若有不滿意應該如何做。
17. 清理餐台。但要保證顧客已用餐完畢。
18. 點甜點。儘量推薦餐後飲品。
19. 送上甜點或餐後飲品。顧客可能要水或咖啡加甜點。
20. 遞給顧客帳單。這是關鍵點。不要讓顧客等候帳單。確認他們不再點任何東西後儘快拿來菜單。

以上所列只是一個可行的程序。它的意思僅僅是告訴你，爲了滿足顧客的基本期望，有些餐廳規定必須這樣做。用什麼方法可以超過顧客的期望，常常是每個經營者和服務員要特別注意的問題。服務員可把自己放在顧客的位置上，並設想如果我是顧客，我希望得到什麼樣的待遇，並以此來儘量使顧客用餐愉快。表 10-3 是一個建議的實例，餐飲部經理可以此來教育和激勵服務員。

二、特殊情況

在服務中，會出現各種各樣的情況：顧客著急時該做什麼，顧客投訴時該做什麼，顧客刁蠻時該做什麼，等等。表 10-4 說明了處理顧客投訴的一些方法。雖然它不可能把所有的餐廳該如何應付都詳細地說清楚，但重要的是說明了應該建立處理特殊問題的制度和程序。

有的特殊情況和問題與提供酒精飲料服務相關。

表 10-3　給服務員的建議

許多世紀以來，服務一直是一個非常光榮的職業。像其他工作一樣，清楚瞭解你的專業和你工作的餐廳期望你所做到標準是最重要的開端。這裏是幾點有用的提示：

1. 始終保持積極的態度。千萬不要給顧客「消極的姿態」。
2. 注意個人儀表，從頭髮、指甲到鞋，盡可能保持最佳狀態。外表看上去總是乾淨整齊。不要使用過於刺鼻的古龍香水或香料。
3. 始終明白你的顧客需要。機敏可以造就完美的服務人員，因為機敏的服務人員總是預先瞭解顧客的需求。如果你精力集中並會判斷，你能夠在顧客需要之前就預知他/她的要求，如需要調味品、添加飲料等等。
4. 運用「服務金律」。如果你對待顧客像你在外用餐時希望得到的待遇一樣，你就能使顧客愉快。
5. 記住這是你負責的餐桌。你負責的餐桌出現的每一件事反映著你的工作。保證讓你的「助手們」（餐廳雜工、主廚、酒吧服務員和經理）知道你的服務最好。你必須具有高標準並能保持高標準。
6. 合理安排時間和組織是兩種最重要的服務技術。沒有這些技術，只是在餐桌旁等待就會出問題。合理安排時間和組織的技術會隨著經驗的增加而提高。
7. 始終為你的顧客預留時間。當你在桌旁時，要保持機敏和沈著，不要想你需要為下一桌做什麼。不管你有多忙，在桌旁服務時應當顯得從容自如。如果你服務時給顧客適當的重視，多數顧客不會介意等候幾分鐘。
8. 一上班就要對餐桌椅的狀況進行檢查，在當班過程中也要儘量如此。請記住有些顧客可能是第一次在你們餐廳用餐，你應給他們留下最好的印象。
9. 你應該對所上的菜餚非常瞭解，知道每一道菜的製作過程。知道應該如何接待有特殊飲食習慣的顧客。
10. 對你的工作環境要熟悉。你會經常遇著各樣的詢問，能正確回答是非常重要的。
11. 要站在你所負責的餐桌旁。不要與其他員工聊天或做與工作無關的事，當顧客需要你的時候，你總是在他們身旁。
12. 推薦菜餚和飲料時不要猶豫。你在這兒工作，就應該瞭解這些事情！要信心十足，時刻做好推薦的準備。懂得不誇大你的服務是很重要的。
13. 當顧客對你說話時，要表現出很感興趣，大多數人都喜歡好聽眾。你的舉止也很重要，注意一直保持良好的行為舉止。
14. 顧客想獨處時你應有所意識。你會發現許多浪漫的情人和生意人，他們並不希望你在他們的周圍逗留。「好好觀察」你的顧客，你必須能夠知道顧客什麼時候需要你在他們周圍，什麼時候希望你離開他們。
15. 避免不愉快的事情在你的手上發生。你不能因將菜盤掉在地上或因沒有收到小費影響你的工作。每個服務員都會遇到這些事情，最好的做法是趕快糾正、繼續工作。
16. 最後但很重要的一點，始終要以專家自勉。嚴肅認真對待工作，不斷學習服務技術可使你對工作和你自己的感覺越來越好，而且可使你從更滿意的客人那裏得到較高的小費。

資料來源：Opryland Hotel, Food & Beuerage Training Department, Nashville, Tennesse.

(一)提供酒精飲料服務

調酒員和飲料服務員必須受過培訓，這樣才能夠確切地知道他們的工作內容是什麼，怎樣操作是正確的。在職培訓計畫和使用酒吧跟班（一邊學習調酒程序一邊做雜務服務的助理調酒員）是兩種培訓的辦法。調酒員和飲料服務員接受培訓後，要對他們進行適當的監督，以保證使其按照服務程序操作。

飲料服務的有效程序應符合特殊經營要求。以下是點飲料時應遵循的重要步驟：

1. 必須準確記錄顧客所點的飲料並滿足顧客的要求；比如：「加冰塊」，「不加冰塊」，特別商標的酒，特殊的裝飾配料等等。
2. 應該用雞尾酒托盤送上飲料。
3. 應該一手托雞尾酒盤，一手為顧客送上飲料。絕不能將托盤子放在桌上。
4. 一般用右手從右邊為顧客送上飲料。
5. 杯中一空，儘快用右手從顧客的右邊撤下，如果顧客想點其他飲料，應詢問顧客。

表 10-4　處理顧客投訴

無論餐廳經理和員工如何竭盡全力使顧客愉快，但總是還會有投訴發生。以下是一些處理投訴的建議：

1. 知道什麼時候由你的主管處理，什麼時候由你親自處理投訴。
2. 記住你處理投訴時面對的是人和人的感情，不僅僅是問題。
3. 站在顧客角度看問題；想一想你會是怎樣的感覺，你希望怎樣被別人對待。
4. 認真地傾聽，全神貫注對待顧客。
5. 用眼睛關注顧客，不要打斷顧客。
6. 保持冷靜，控制氣氛。
7. 對發生的問題道歉，即使你不同意顧客的意見。道歉會使顧客感到舒服些。
8. 同情顧客，告訴顧客你理解他們此時的心情。對問題要敏感，與顧客交流表達你的理解。
9. 問一些問題並進行記錄。儘量多瞭解問題的詳細情況以便找到最好的解決方法。
10. 告訴顧客解決問題的方法。告訴顧客你能做什麼，可能的話，多說幾種方案。但是，不要承諾你做不到的事情。
11. 對問題進行處理。按照標準的處理投訴的程序來做，嚴格按照你的承諾去做。告訴顧客處理問題需要多長時間。
12. 調整進展情況。如果這個問題有其他人員或部門的責任，要保持與顧客聯繫，幫助確認問題得到解決。
13. 事後追蹤。如果你認為不打擾顧客，問題解決後再次看看他/她是否真的滿意。

㈡葡萄酒服務

葡萄酒越來越受歡迎，許多顧客對葡萄酒十分瞭解。因此，服務員熟悉有關葡萄酒和葡萄酒服務的基本知識是很重要的。

一種葡萄酒的品質取決於葡萄的培植和葡萄酒的釀造技術及其他因素。葡萄酒的顏色一半取決於葡萄的處理方法，一半取決於葡萄的顏色。顏色來自於葡萄皮，而不是汁，所以，做白葡萄酒時要小心地把紅葡萄皮剝下來。做紅葡萄酒時，只能使用紅葡萄，而且「在紅葡萄皮中」發酵。絕大多數葡萄酒的酒精含量是11％到13%[3]。

許多餐館用玻璃杯或長頸杯向顧客出售「自製酒」或「罐裝酒」。提供這些酒的服務相當簡單，服務員只需要按照該餐館點飲料的程序，從調酒員處取來葡萄酒和酒具，然後端送給顧客。但是，在提供瓶裝葡萄酒和葡萄酒單的餐館中，飲料服務就變得複雜了。以下是顧客點瓶裝葡萄酒時服務員應遵循的程序：

1. 開瓶前先將酒送到餐桌前。酒瓶應用白餐巾或毛巾墊著，把酒的商標對著點酒的顧客。
2. 顧客要品嘗時，依照正確程序開瓶：手拿酒瓶，打開並撕掉外包錫紙，用餐巾或毛巾擦乾淨瓶塞和瓶口，插入開瓶器，插進去後向外旋轉，然後拔出瓶塞。把瓶塞放在點葡萄酒的顧客的右邊（顧客可能想查看瓶塞）。
3. 拔出瓶塞後，再次擦拭瓶口。
4. 請主賓品嘗一小口葡萄酒。
5. 主賓認可後，爲桌旁所有的顧客斟酒。每杯酒的多少各個餐廳要求不同；通常一「滿」杯酒是指不超過杯子的2/3或一半。
6. 如果主賓不認可這種葡萄酒，知道應該如何處理。
7. 葡萄酒瓶應放在主賓酒杯的右邊。如果是紅葡萄酒，不需要送上冰桶，紅葡萄酒通常在常溫下飲用。如果是白葡萄酒，應當放在冰桶裏用乾淨的餐巾蓋著。

㈢謹慎提供烈性酒

謹慎提供烈性酒是經理們對個人、職業和社會應負的責任。在美國每年的交通事故中，近半的事故是醉酒司機造成的。溺水死亡人數中70%是因爲烈酒所致，大約30%的自殺事件也是喝烈酒後發生的結果[4]。

美國許多州已透過法律，追究造成醉酒（intoxication）司機肇事的第三者責任。這樣的法律被稱為酒店法（Dram Shop Acts）。法律規定，如果調酒員、服務員和酒店業主違背法律，把酒精飲料出售給未成年人或醉酒的人而造成傷害他人的事故，應由售酒方承擔連帶責任。

在有些沒有實行酒店法的州，一般法律要求企業和服務員對酒後肇事的司機承擔連帶責任。責任的實質是服務人員的疏忽大意。疏忽大意（negligence）即指「在相似或相同情況下，沒能履行一個理智而謹慎的人應當履行照顧顧客的責任。」

涉及第三者連帶責任的法律是可以改變的。儘管你所處的地區對第三者連帶責任有具體的規定，但良知會使你負責任地銷售烈酒。誰也不應該把烈酒出售給未成年人或醉酒的人。應該培訓服務人員會識別未成年人的偽造身分證，以及會觀察未成年人經常顯露的特質和行為，比如緊張、混在人群中，湊錢並把錢給別人，讓他人代買飲料等。

員工應當明白一杯 12 盎司的啤酒、一杯 4 盎司的葡萄酒或一杯酒精含量 100%的 1 盎司的烈性酒都相當於 1/2 盎司的純酒精（參看圖 10-1）。他們應該懂得關於醉酒的法律定義。雖然這一定義有很大不同，在美國的許多州規定，當一個人身體中每 100 毫升血液裏酒精濃度達到或超過 0.1 克時，他／她在法律上已經是醉酒了。

圖 10-1 酒精等值

以下飲料中含幾乎同樣百分比的酒精：

12 盎司啤酒

4 盎司葡萄酒

1¼盎司 80°烈酒

1 盎司 100°烈酒

通常每杯酒等於一杯標準的飲料，並含有大約 0.5 盎司的酒精。

多少酒會使人喝醉呢？這個問題沒有一個確切的答案。因為有諸多因素影響著每個人的酒量。但是，根據一個人的體重和酒量之間的關係，飲酒量不能使100毫升血液的酒精濃度超過0.1克（見表10-5）。一個又高又胖的人和一個又瘦又小的人飲同樣多的酒，但胖人可能不會醉。但是，應當注意的是不可只考慮人的體重和飲酒量。疲勞和許多常見疾病也使人體對酒精有反應。一個人在週末喝酒，結果是醉得快一些。

這裏有一些行爲警示信號可幫助服務員識別顧客是否接近醉酒。

1. 行爲失控；
2. 判斷錯亂；
3. 反應遲緩；
4. 動作不協調。

但是要切記，告知服務員在進行觀察時，只能看一個人行爲的變化，而不需要看其行爲本身。

利用交通指示燈系統（見圖10-2）可以幫助確定是否繼續爲顧客提供酒精飲料。掌握顧客的飲酒量從綠燈區開始，服務員應首先觀察顧客並發現顧客的醉酒行爲警示信號。每當顧客再次點飲料時，就要再次估計顧客的酒量，這一點非常重要。當顧客在綠燈區變得越來越放鬆和失去控制時，他的酒量就達到黃燈區。在黃燈區的顧客表現出行爲失控和判斷錯亂。飲酒人若反應遲緩、動作不協調，就表明他已經處在紅燈區了。在紅燈區的顧客絕不允許駕車。服務員不一定非要把車鑰匙從醉酒的顧客手裏奪過來，而是要告訴顧客如果他堅持開車，就會電話報警。

服務人員應把觀察到的顧客情況告訴其他服務員、調酒員和經理，這一點是非常重要的。在必要時，服務員或經理應該對醉酒的顧客加以「制止」。以下建議有助於減少有可能出現的麻煩：

1. 提醒他換一種飲料；
2. 把酒從顧客視線範圍移開；
3. 不要指責；
4. 要沉穩；
5. 減少當面衝突；
6. 提醒醉酒的顧客酒後駕車是危險的，而且違反法律，建議顧客換一種交通工具；
7. 做一份顧客個人的情況記錄。

SETTING • LIMITS • SAVING • LIVES

.08 BAC Laws Save Lives, Prevent Injuries & Reduce Cost to Society

By late 1997 fifteen states had enacted laws which make it illegal per se for a driver to have a blood alcohol concentration (BAC) of .08 or more.... Experience has shown that lowering the illegal *per se* BAC to .08 reduces alcohol-related traffic crashes and the fatalities and injuries that result from them.... Reducing alcohol-related crashes also would save billions of dollars every year in the cost to society.

What Is An "Illegal *Per Se*" Law?

An illegal *per se* law makes it illegal *in and of itself* to drive with an alcohol concentration measured at or above a certain level. Under an illegal per se law which sets the BAC limit at .08, it is against the law to drive a motor vehicle if you have a BAC of .08 or more, whether or not you exhibit visible signs of intoxication.

As of late 1997, fifteen states had laws making it illegal *per se* to drive at .08 BAC, thirty-three states and the District of Columbia set illegal *per se* levels at .10, and two states had no illegal per se law.

States With BAC per se Laws

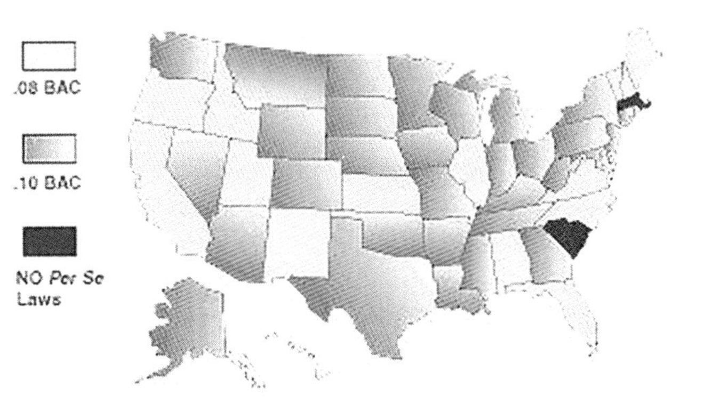

資料來源：http://www.nhcsa.dot.gov/people/injury/alcohol/limit.08/brochure/mainpg.html

表 10-5　體重與血液酒精含量對照表

清楚你的酒量

本對照表是為那些有責任心、但有時也會酒後駕駛的人們所提供的！

血液酒精濃度百分比近似值

體重（磅） DRINKS	1	2	3	4	5	6	7	8
100	.04	.09	.13	.18	.22	.26	.31	.35
120	.04	.07	.11	.15	.18	.22	.26	.29
140	.03	.06	.09	.13	.16	.19	.22	.25
160	.03	.06	.08	.11	.14	.17	.19	.22
180	.02	.05	.07	.10	.12	.15	.17	.20
200	.02	.04	.07	.09	.11	.13	.15	.18
220	.02	.04	.06	.08	.10	.12	.14	.16
240	.02	.04	.06	.07	.09	.11	.13	.15

影響不大　有可能醉酒　一定醉酒

飲酒時間為 40 分鐘，血液酒精濃度減少 0.01%，或者飲酒時間為 2 小時，血液酒精濃度減少 0.03%。一次的酒量為 1¼盎司 80°烈性酒，12 盎司啤酒或 4 盎司葡萄酒。

最保險的策略是酒後不要駕駛

資料來源：Distilled Spirits Council of the United States, Inc.

此表中的數據僅供參考。美國飯店與住宿業協會教育學院或美國飯店與住宿業協會對表中內容不做任何允諾，並聲明對使用這些資料、程序、產品不承擔任何責任。

圖 10-2　交通號誌系統

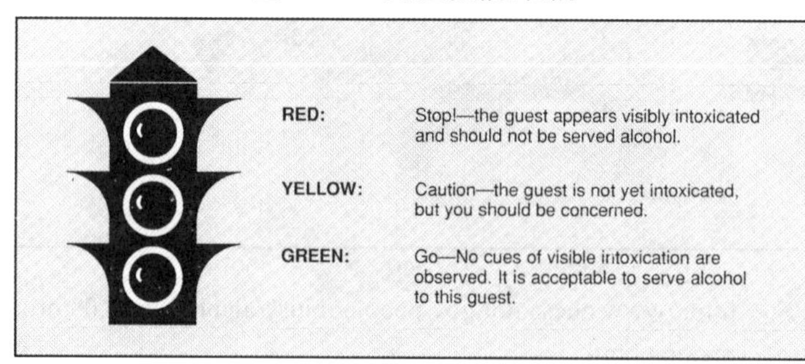

第五節 電腦和服務程序：硬體系統

用手工收集銷售結果的詳細資料常常受到成本的限制。然而，餐飲服務電腦系統可以提供及時的資訊，經理人員可運用這些資訊有效地制定計劃，提供高效的服務，收集經營結果。

電子現金出納器（ECRS）和電子收銀機（POS）是餐飲服務電腦系統的基本硬體組成部分。一個電子現金出納器爲一個獨立操作的電腦系統：現金出納器所需要的所有硬體都安裝在同樣的設備中。現金出納器鍵盤是輸入裝置，顯示器設備可以輸出資訊，記憶體和中央處理器安裝在終端箱內。

電子收銀系統機本身帶有輸入和輸出裝置，可能還帶有一個小容量的記憶體，但沒有自身的中央處理器。爲了處理電子收銀機系統的業務，電子收銀系統機必須與安裝在機器外部的中央處理器連接。因爲中央處理器是電腦系統中最貴重的部件，許多餐飲業透過將幾個電子收銀機系統機和一個大型中央處理器連接的方式來降低成本。

電子現金出納器／電子收銀機一般是以模組件出售的。所有的部份，包括收銀機抽屜，都屬於可選購的設備。經理們可以根本不用選購收銀機抽屜，也可以在一台收銀機上裝上四個相連接的抽屜。當幾個收銀員在同一個班次使用同一台收銀機工作時，多收銀抽屜可加強對收銀系統的控制。每個收銀員使用分配給自己的單獨的收銀抽屜，下班時，經理可以查核實每個收銀員抽屜的現金收據情況。

除了電子現金出納機或電子收銀系統機外，餐飲服務電腦系統通常還需要下列附加的硬體設備，例如：

1. 點菜輸入系統；
2. 顯示器；
3. 輸出系統。

一、點菜輸入系統（Order Entry Devices）

點菜輸入系統包括鍵盤、觸摸式機器、磁條解讀器和服務員手控機。

(一)鍵盤（keyboards）

鍵盤是最普通的點菜輸入硬體。它有兩種主要的鍵盤面板類型，即觸摸型和按鍵型。觸摸型鍵盤的特點是平面與防水遮罩。而按鍵型鍵盤則有突起的按鍵裝置。兩種鍵盤設計通常都能夠支援可以互相轉化的菜單範本。

菜單範本（menu board）覆蓋在鍵盤表面，介紹在用餐時段中每個按鍵的操作功能。圖 10-3 展示了觸摸型鍵盤的菜單範本。菜單範本上標示了鍵盤上不同類型的按鍵，包括：

■預置鍵；
■價格查詢鍵；
■修改鍵；
■功能鍵；
■結算鍵；
■數字鍵區。

1. 預置鍵（Preset Keys）

預置鍵可以查詢菜單上某一具體的菜餚價格、描述鍵、菜類編碼、稅金和存貨情況。菜單自動定價可以提高對客服務的速度，避免了服務員在計算價格和稅金時出現錯誤。「描述鍵」是對某一菜單內容描述的縮寫，例如「SHRMPCKT」是小蝦雞尾沙拉的縮寫。部門編碼是指預置的菜餚在菜單中的歸類－即屬於開胃品、主菜、甜點等等。

一旦按了預置鍵，對菜餚的描述及其價格就會出現在螢幕上。這些資料和菜餚的烹製要求便一起被輸送到相應的烹飪點或被列印到客用帳單上。另外，這筆業務顯示的銷售情況將會作爲收入報告和跟蹤存貨情況被保留下來。

2. 價格搜尋鍵（Price look-up keys）

因爲終端所擁有的預置鍵數量有限，價格查詢鍵就被用來補充預置鍵的不足。價格查詢鍵需要使用者用標準編碼（五位元數）來查詢一個菜餚，而不是用菜名或用一個描述鍵。例如，如果一個服務員想顯示乳酪漢堡的銷售情況，但沒有這個菜的預置鍵，服務員就可以鍵入乳酪漢堡的標準編碼（如 706），再按一下價格查詢鍵。編碼一經輸入，價格查詢鍵會顯示與預置鍵一樣的功能。

圖 10-3　菜單鍵盤樣本

CARAFE WHITE WINE	CARAFE RED WINE	BOURBON	VODKA	DECAF COFFEE	COFFEE	SALAD	BAKED POTATO	HASH BROWNS	FRENCH FRIES	SOUR CREAM	TIME IN
CARAFE ROSE WINE	SCOTCH	SODA	WATER	BLOODY MARY	TEA	WITH	WITH-OUT	BREAD	STEWED TOMATO	VEGETAB	TIME OUT
RARE	GIN	TONIC	COLA	SCREW-DRIVER	MILK	HOUSE DRESS	FRENCH DRESS	VINEGAR & OIL	EXTRA BUTTER	MUSHRM SAUCE	ACCOUNT #
MEDIUM	WELL	SAUTEED MUSHRMS	SHRIMP COCKTAIL	FRENCH ONION SOUP	CRAB MEAT COCKTAIL	OYSTERS ON 1/2 SHELL	ITALIAN DRESS	BLEU CHEESE DRESS	COUPON 1	COUPON 2	COUPON 3
PRIME RIB	T-BONE	SHRIMP	LOBSTER	CIGARS	CASH BAR	CLEAR	ERROR CORRECT	CANCEL TRANS	CHECK TRANSFER	PAID OUT	TIPS PAID OUT
CHATEAU-BRIAND	FILET	CLAMS	TROUT	CANDY	SERVER #	TRAN CODE	SCREEN	NO SALE	CASHIER #	EMPL DISC	MGR DISC
TOP SIRLOIN 16 OZ	TOP SIRLOIN 12 OZ	SEA BASS	SCALLOPS	SNACKS	VOID ITEM	7	8	9	QUANTITY	ADD CHECK	CREDIT CARD 2
PORTER-HOUSE	CHOPPED SIRLOIN	OYSTERS	ALASKAN KING CRAB	# PERSONS ADD ON	REVERSE RECEIPT	4	5	6	VOID TRANS	CHARGE TIPS	CREDIT CARD 1
STEAK & CHICKEN	SURF & TURF	RED SNAPPER	SEA FOOD PLATTER	DINING ROOM SERVICE	PRICE LOOK UP	1	2	3	NEW CHECK	CASH BAR TOTAL	CHARGE
LEG OF LAMB	ROAST DUCK	PORK CHOPS	CHICKEN LIVERS	LOUNGE SERVICE	MODE SWITCH	0		MENU 1	PREVIOUS BALANCE	CHECK TOTAL	CASH TEND

資料來源：Validec, San Carlos, California.

3. 修改鍵（Modifier keys）

修改鍵可以使服務員向食品製作台傳遞菜餚的烹製要求（例如牛排三分熟、五分熟或全熟），並遙控安裝在食品製作區的印表機或顯示幕。通常服務員只要輸入顧客所點的菜餚，然後鍵入相應的烹製修改鍵就可以了。

修改鍵還可以用來合理地更改菜餚的價格。例如，修改鍵對銷售瓶裝和半瓶裝自製葡萄酒的餐廳就很有用。可以不鍵入兩個預置鍵（一個是瓶裝葡萄酒、一個是半瓶裝葡萄酒），只需將一個預置鍵設爲自製瓶裝葡萄酒，修改鍵設爲半瓶裝葡萄酒即可。當半瓶裝的酒出售後，服務員按一下瓶裝葡萄酒預置鍵和半瓶裝葡萄酒修改鍵，便可以記錄半瓶裝葡萄酒的銷售情況。電腦系統就把半瓶裝葡萄酒的價格加進了葡萄酒銷售總收入中。此外，電腦系統還可以隨時適當調整存貨記錄。

4. **功能鍵**（Function keys）

因爲預置鍵和價格查詢鍵是用作輸入點菜資訊的，所以功能鍵用於幫助操作人員處理業務。功能鍵樣本有：清除鍵、折扣鍵、無效鍵和未銷售鍵。這些鍵對更改錯誤（清除鍵和無效鍵），合理調整價格（折扣鍵）以及恰當處理現金（未銷售鍵）是很重要的。

5. **結帳鍵**（Settlement keys）

結算鍵是用來記錄結帳方式的：有現金結帳、信用卡結帳、飯店帳戶結帳、顧客飯店轉帳帳戶結帳或其他付款方式。

6. **數字鍵區**（Numeric keypad）

由一組數字鍵組成的數字鍵區可用來將菜餚價格記入現金出納器，用菜餚編碼存取價格查詢資料，用序號進入並打開顧客帳戶，還可以進行其他資料的進入操作。例如：如果用電子現金出納器／電子收銀機系統機用來記錄和儲存工資資料時，數位鍵區就可在員工上下班時用來鍵入員工身分號碼。數字鍵區還可用來輸入啓動食品製作管理報告的編碼。

㈡觸摸式終端機（Touch - Screen Terminals）

觸摸式機簡化了資料登錄程序，可以代替傳統的鍵盤。觸摸式終端機內的微型處理器編制了在觸覺敏感的螢幕上顯示資料的程式。觸摸一下敏感區域，就產生電荷，電荷被轉化成由觸摸式終端機處理的信號。

㈢磁條解讀器（Magnetic Strip Readers）

磁條解讀器是一種連接電子收銀機的設備。這類設備不代替鍵盤或觸摸式機，而是擴大了這些部件的性能。

磁條解讀器可以收集資料並儲存到通常附在顧客信用卡背面或飯店帳戶卡上的膜壓磁化條中。不需要特別的程序，就可用電子現金出納機／電子收銀機系統機系統直接進行信用卡交易。

㈣服務員手控機（Hand - Held Server Terminals）

手控機是最終可替代服務員傳統點菜單和預檢機（precheck terminals）的點菜輸入遙控設備。這些機器又可稱爲服務員遙控機，它能夠完成預檢機的大多數功能，而且可使服務員在桌旁輸入顧客所點菜餚。這項技術對於那些規模大、服務區與戶外用餐區距離遠的餐館，或者是難以到達預檢機、又十分繁忙的酒廊具有很大的優越性。無論在任何餐廳，服務員都會在營業高峰時加快服務速度，因爲他們不用再排隊等候使用預檢機。在某些情況下，服務員將所點的菜餚輸入後剛剛離開餐桌，開胃品和飲料就會馬上送來。

當服務員鍵入所點的菜餚時，手控機的雙向資訊傳遞功能可以使服務員向食品生產區傳遞特別的要求，例如「不放鹽」。而食品製作人員也可以向服務員傳遞資訊，例如，如果當一種原材料已經用完，他們可以立即提醒服務員。在一般情況下，當菜已做好待取時，食品製作人員可向服務員手中的手控機發出信號給以提示。

二、顯示單位（Display Units）

除了點菜輸入設備之外，電子現金出納器／電子收銀機系統機還含有運作顯示器，使操作者能夠查看和編輯輸入的記錄。操作顯示器使操作者能夠核查業務的進展情況，並且能夠回答需要立即完成的各種系統程序問題。

有些帶有裝現金抽屜的電子現金出納器／電子收銀機機還有顧客顯示幕。在那些顧客要看到結算結果的餐廳，對使用顧客顯示幕的問題應該予以認真考慮。

三、輸出系統（Output Devices）

輸出系統包括客用帳單、操作點、發票和分類帳印表機。

㈠顧客帳單印表機（Guest Check Printers）

客用帳單印表機是標準的電子現金出納器／電子收銀機機輸出設備。現代顧客帳單印表機具有自動表格數字解讀功能，這種功能方便了點菜輸入程序。壓印在客用帳單上的條碼可以讀取顧客帳單上的一連串數字，這些數字都是電腦資料可讀格式，這種功能代替了服務員手工填寫一連串數字的顧客帳單處理方法。服務員只需簡單地將客用帳單輸入自動數字格式解讀終端，條碼便會快速地進入相應的顧客帳戶。

在客用帳單上列印菜餚和數量是一些印表機的難題。服務員經常必須手工把印表機色帶對準客用帳單上下一個空白列印欄。如果對得不準，客用帳單上就會列印出一連串菜餚和數量排列紊亂的情況，或者在各列印線之間出現很大的空隙。具有自動進紙（aoutomatic slip feed）功能的印表機可以控制每份客用營業帳單上最後一行數位的列印，以此來防止套印紊亂的問題。服務員把客用帳單頂端與印表機槽口頂端對齊，終端系統就會自動把客用帳單移到下一行，然後列印出點菜輸入的資料。

(二)操作點印表機（Work Station Printers）

操作點印表機常常置放在廚房備餐間和服務酒吧。預檢或收銀機所輸入的點菜單被傳送到遠距離的操作點印表機上並開始製作菜餚。圖10-4顯示了遠距離操作點印表機所列印出來的點菜單。這種資訊溝通系統可以使服務員能夠將更多的時間用來滿足顧客的需求，極大地減少了廚房和酒吧區之間的往來次數。

如果食品製作區需要列印點菜單，對內部操作控制系統來說是不成問題的，廚房監視器（kitchen moniters）可以代替操作點印表機。由於顯示螢幕上可同時顯示幾份點購單，廚房人員可以免去處理數張點菜單點購紙的麻煩。

圖 10-4　操作點列印輸出

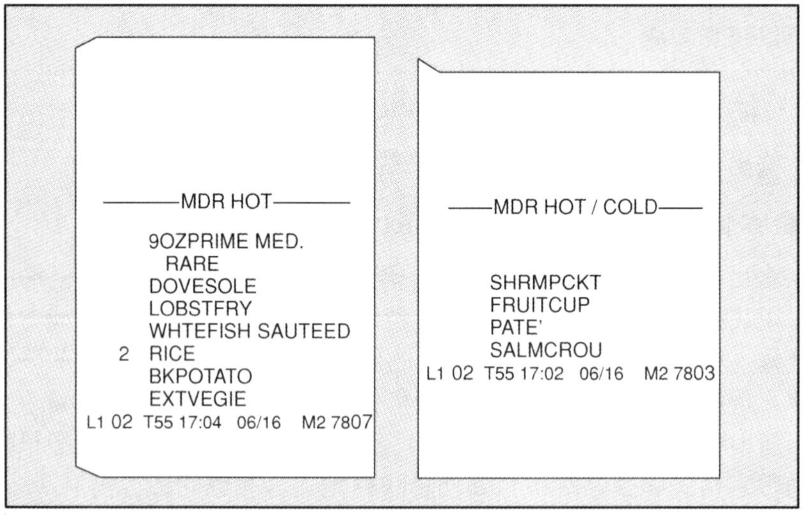

資料來源：The University Clud, Michigan State University. East Lansing, Michigan.

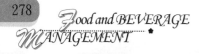

㈢發票印表機（Receipt Printers）

發票印表機能在既薄、又窄的記錄聯上進行列印輸出。這些設備有助於控制那些不是從各操作點印表機上收到的點菜單後而製作的菜餚的產出。例如，服務員爲顧客準備甜點時，備餐區沒有安裝操作點印表機，甜點則可以在不曾輸入電子收銀系統機的情況下提供，這樣可能會使所提供的甜點不記入客用帳單。使用發票印表機可避免發生這種情況。準備甜點的服務員需要給甜點備餐區送一份收據聯作爲依據，這樣甜點就可登入客用帳單以便結帳。

㈣日記帳印表機（Journal Printers）

日記帳印表機是輸出系統，它可以列印出連續而詳細的在任何操作點所輸入的所有業務記錄。日記帳印表機通常安裝在遠離服務區和生產區的安全地方。電腦列印出的日記帳可以幫助經理人員進行系統核帳。

第六節　電腦和服務程序：軟體和報告系統

僅有上述硬體設備是無法工作的，還必須有一套軟體才能指導電子現金出納器／電子收銀系統機去做什麼、怎樣做、何時做。電子現金出納器／電子收銀系統機使用的主要軟體包括：菜單菜餚檔案、營業帳單檔案和勞動力控制檔案。

一、菜單檔案（Menu Item File）

菜單檔案包含了營業期內和已售菜餚的全部資料。這份檔案中的資料可以包括菜單菜餚的識別號碼、菜餚的描述、食譜編號和銷售價格。檔案中還儲存了已經銷售的菜餚數量的歷史資料。管理者可直接處理這些資料或者由預測系統來設計未來的銷售計畫和人員安排計畫。

二、營業帳單檔案（Open Check File）

營業帳單檔案包含所有客用營業帳單的目前資料。這個檔案的功能有：控制特殊客用帳單，在輸入初次點菜的客用帳單上添加點菜，在結帳時結算客用帳單。營業帳單檔案中的資料一般可隨時列印出來。

三、勞動力控制檔案（Labor Master File）

勞動力控制檔案包含每位員工的工作記錄和需要列印出的勞動力日報資料。勞動力控制檔案中的每份記錄應包括以下內容：員工姓名、員工號、社會保險號、工作編碼、工作時間、小時工資額、稅後工資、員工用餐卡、每餐接待顧客的數量和每餐的銷售總額。

四、電子現金出納器／電子收銀機報告輸出系統

電子現金出納器和電子收銀機系統可處理包含在不同檔案中的資料，產出管理者所需要的統一的報告。在一個餐館中，由於使用不同類型的電子現金出納器／電子收銀機機作業系統，所輸出的報告類型各異，但重要的報告一般都包括營業帳單報告、服務員工作量報告、勞動力日報和營業收入日報。

表 10-6 顯示了一份營業帳單報告範例。這份報告列出了所有未結帳的客用帳單和可以報告的專案。例如，客用帳單的序號、服務員號、客用帳單輸入時間、客用帳單輸入之後過去的時間、顧客數量、餐桌號碼，以及目前未結算的款額。如果服務員在離開餐館之前列印出個人的結帳報告，經理人員可保證所有服務員負責的帳單都已經正確結帳了。如果沒有結帳，營業帳單報告就會列出服務員所負責的客用帳單。

顧客結帳後服務員關閉了客用帳單，確切的服務員工作量報告就產生了。為服務員和收銀員做出的工作量日報表可以明確統計顧客數、總銷售額和平均銷售額。另外，每周工作量報告可統計出每個服務員接待顧客所獲得的每人平均銷售收入額。表 10-7 顯示了服務員工作量報告範例。

勞動力控制檔案中積累的資料，可以用來編制一系列工作報告。例如：工作人員日報表中可列出員工的單位編號、員工號、每周工作小時數、稅前工資額和稅後工資額（含小費）。

電子現金出納器／電子收銀機系統機可利用不同檔案中的資料來編制營業收入日報表，這類報告可用來決定銷售趨勢、明確產品需求並監控廣告和營業推廣的效果。

現代電子現金出納器／電子收銀系統機可編制各種各樣的銷售分析報告。普通的銷售分析報告能夠使經理人員評估某一固定時間段內，按照部門或產品分類的每份菜單菜餚的銷售業績。這一時段通常是以天為

單位。不同的餐飲企業對以天爲單位的時段限定大不相同。像麥當勞這樣的速食餐廳可能希望以 15 分鐘作爲一個時段來編制分析報告。餐桌式餐廳則希望以小時爲單位做出分析報告，而非商業性餐飲機構則希望以一個開餐時段爲單位做出分析報告。

表 10-6　營業帳單報告範例

史密斯餐館 1050

14：25

營業帳單報告

帳單號	時間	員工姓名	總計
141232	12：51	B LANGFORD	134.53
041891	13：10	R NIMS	89.68
041891	13：28	J JACKSON	45.90
*			
*			
06793	13：45	C HILL	34.78
012225	14：21	K BARNHILL	67.14
			14：25

資料來源：International Business Machines Corpration, White Plains, New York.

表 10-7　服務員工作量報告樣例

史密斯餐館 1050

14：25

每周工作量報告

員工姓名	顧客數量	銷售總額	PPA	日銷售額	← PPA 指每人平均消費（銷售總額除以顧客人數）
J SMITH	125	1579.56	12.64	228.92	
M HONEYCUTT	99	1045.83	10.56	151.56	
*					
*					
D CHAPPELL	61	870.31	14.27	126.13	
				14：25	

資料來源：International Business Machines Corpration, White Plains, New York.

第七節 餐飲收入控制程序

作爲一名經理，你必須重視在餐飲服務中控制收入。必須執行收入控制程序，以保證餐廳所提供的全部菜餚的銷售收入[5]。

不誠實的員工有很多「挖牆腳」的方法。作爲一名經理你應當自問：「如果我是一個想偷東西的員工，我該如何下手？」你能夠回答這一問題，在某種程度上就指出了一些可能發生的問題。你必須解決這些問題。不要假設你的員工是誠實而絕不會偷東西的。雖然大多數員工是誠實的，但遺憾的是還有一些員工是不誠實的。

一、營收控制與餐飲服務人員

(一)借助客用帳單制度

客用帳單制度已經沒有過去那樣流行了；但是，有些餐廳，特別是一些小餐廳卻仍然在使用。有了客用帳單制度，就不會出現點菜單從客人處取走、而客用帳單上卻沒有所點的菜餚或飲料的情況，也不會出現顧客沒有點菜、而廚房裏卻出菜的情況。使用了客用帳單控制制度，有編號的客用帳單會傳遞給餐飲服務人員，他們就要對這些客用帳單負責任。一名服務員所創造的營業收入總額是將他們所寫下的全部客用帳單的銷售額相加而得出。

當使用複寫的客用帳單時，一聯要傳遞給後場人員。稍後可將這些帳單與給顧客的原始帳單和保存在收銀員處的帳單進行核對。

(二)借助預檢記錄器

使用預檢記錄器時，服務員要將顧客所點的菜餚寫在客用帳單上，然後到預檢記錄器前，將客用帳單插入機器，按一下職員鍵（確認使用機器的服務員），顧客的點菜單就輸入了預檢記錄器。使用預檢記錄器認可了客用帳單上顧客所點的菜餚後，點菜單被送到廚房或者由遠距離印表機傳送到廚房並進行製作。服務員下班離開之前，他們輸入到預檢記錄器的點菜單就會全部統計出來，計入由服務員所寫的客用帳單的銷售收入總額中。客用帳單的實際銷售收入總數統計出來後，就可將這個數字和預檢記錄器上服務員輸入的點菜單總額進行核對。

㈢收款制度

現有兩種基本的收款制度。一種是採用服務員收款制度，即服務員保管所有從顧客處收來的營業收入一直到交班。另一種是採用收銀員收款制度，即收銀員或酒吧領班使用一台收銀機，從餐廳服務員處收取客用帳單或飲料單和現金，一直保管到交班。

服務員收取的營業收入總額，是由預檢記錄器上的總額與客用帳單總額加以核對確定的（如果使用了客用帳單系統），或者由服務員輸入的職員鍵或編碼（如果使用新的系統）而記錄的營業收入額來決定的。這些現金收入是從服務員處（如果使用服務員收款制度）或是從收銀員處（如果使用收銀員收款制度）收取而來的。

二、收入控制與飲料服務人員

餐飲經營中酒吧服務人員具有特殊的作用。哪些人員負責接受顧客點的飲料單並配製顧客所點的飲料，哪些人員確定應該收取的金額並收款，哪些人員負責把款項打入現金出納機？酒吧服務員通常在酒吧爲顧客提供服務，並且在餐桌服務員不在時也提供餐桌服務。所以，酒吧服務員也可以負責提供餐食服務。在實際工作中經常沒有辦法把這些工作區分開來。

在開始上班時，必須爲酒吧服務員提供一個小金庫。在許多餐飲業，酒吧服務員要填寫與表 10-8 相同的表格。酒吧服務員以這種方法來確認自己已經拿到了小金庫，並一直負責保管裏面的金額，直到下班時交回。

表 10-8　小金庫數據

在下面的姓名欄簽名，我聲明收到現金　　　　美元，用於現金出納小金庫。下班前結帳，應付還全部金額。

姓名	上班日期	退還 （值班經理簽名）

每一個酒吧服務員在下班時都必須完成規定的收入控制程序[6]。酒吧服務員必須計算出所有的客用飲料帳單（如果使用客用帳單），必須對現金出納器裏的現金總額和客用帳單總額、預檢記錄器總額進行核對，或者與輸入的服務員編號或職員鍵的銷售結果進行核對。在使用現金出納器上的銷售記錄時也使用現代電子設備，可以提供核對酒吧服務員所負責的收入總額的資料。發貨程序也是酒吧服務員結帳程序中的重要內容。管理人員應該保證吧台中飲料的數量在酒吧服務員上班時與下班時均應核對。這一程序也包括保留空酒瓶。

監管酒吧服務員工作是困難的，尤其是在工作繁忙的時候。但是經理人員應該花時間來觀察酒吧服務員在做什麼。常見的偷盜行爲有把錢放入小費箱裏，而不放入現金出納器中，以及提供飲料時不輸入到現金出納器的帳中。一個不誠實的酒吧服務員可以用「未銷售」鍵把從顧客那兒收來的錢放到現金抽屜裏。由於將「未銷售」輸入了現金出納機，所以這筆錢就不會記錄在現金出納器中。攪拌棒、一小堆櫻桃、彎曲的火柴棒、撕過幾次的小紙條等等，都是不誠實的酒吧服務員用來表示未記帳飲料的普通方法，他們將未入帳所獲得的現金從現金抽屜裏占爲已有。經理應該不時地來到酒吧後間，查看現金出納機上營業收入的金額。用新的現金抽屜替換原有的抽屜，原有現金抽屜裏的金額應當和現金出納器上當班開始時，原有的金額和當班銷售收入總額相符。如果現金額多於應得的營業收入，表示酒吧服務員就企圖把「未銷售」部分的現金占爲已有。

其他偷竊方法和防範措施在表10-9中列出。

㈠模擬顧客監督員對酒吧服務員的監控

有時可採用模擬顧客監督員來檢查酒吧服務員的工作。模擬顧客監督員是某人裝扮成顧客來觀察飲料的操作情況。採用模擬顧客監督員主要是偵察酒吧服務員的偷竊行爲，但也可以用來觀察整個經營狀況，以便改進工作。

所有的酒吧服務員都應該接受定期的檢查（酒吧服務員在受僱時就應該被告之會使用模擬顧客監督員方式）。經理有理由懷疑新僱用的酒吧服務員或員工，以模擬顧客監督員方式進行較頻繁的檢查，當然不能讓酒吧服務員認出模擬顧客監督人員。

模擬顧客監督員在訪問餐館之前要會見管理人員，瞭解所有的相關程序和制度。如果有特殊問題，就要在會見中告訴模擬顧客監督員。

模擬顧客監督員巡視酒吧時，他／她應該一邊點飲料，一邊細心地觀察酒吧服務員記錄點飲料單、配製飲料、端送飲料、收飲料款等過程。記下酒吧服務員怎樣把帳單輸入現金出納器的情況。模擬顧客監督員可待在酒吧，仔細查看各種業務和互動情況。總之，模擬顧客監督員巡視休息室、查看其他公共區域，獲得像顧客一樣的經歷等都是非常重要的。

巡視結束之後，模擬顧客監督員要把發現的所有問題報告給經理。模擬顧客監督員可能看到了一些不誠實的跡象，如錯誤地使用現金出納機、免費送飲料、酒吧服務員和其他員工或顧客之間可疑的談話等。利用這些資訊，經理人員可採取措施解決問題。

飲料服務員想要偷竊，還可以在飲料和現金上動手腳。表 10-10 列出了一些常見的飲料服務員的偷竊行爲。

第八節 加強餐飲推銷

在滿足顧客需求的同時使利潤最大化，這是所有商業性餐飲企業經理人員的共同目的。爲了達到這一目的，他們需要獲得接觸顧客的員工：即服務人員的支援。

一、主動推銷

主動推銷（suggestive selling）有各種技巧，服務員可運用這些技巧鼓勵顧客選擇一定的菜單菜餚[7]。主動推銷要求服務員有應變能力。當顧客已決定想要什麼時，絕對沒有必要再去改變他們的主意。但是，有些顧客在點菜時卻不知道該點些什麼，這就需要給予適當的幫助。

主動推銷的目標有兩個：(1)增加高利潤食品飲料的銷售量；(2)提高顧客帳單平均消費額（顧客帳單平均消費額是指餐飲銷售收入總額除以顧客每餐的消費總數）。

首先讓我們來看一下爲達到增加高利潤菜餚銷售量目的的主動推銷方式。餐飲服務員在遞給顧客菜單時，可把顧客的注意力吸引到這些菜餚上，並進行推薦介紹。在餐館對菜單中想推銷的菜餚進行了精心設計後，運用這一推銷技巧的效果會特別好。例如，菜單中的首道菜要畫上邊框或加以書面描述，其銷售的頻率往往比其他菜餚高得多。

表 10-9　控制酒吧服務員技巧

常見的酒吧服務員偷竊行為	防範措施
違反現金出納器操作程序，包括大量銷售，不記帳，從小費罐中偷錢。	必須制定特定的現金出納器操作程序。 小費罐不要放在現金出納器附近。 採取必要的監督措施，保證始終如一地執行全部必要的程序。
偷工減料或稀釋飲料，並從「額外酒水」的售款中中飽私囊。	在配製飲料時要求使用量杯。
帶進私人瓶裝酒，並用此配製飲料獲取現金。	在酒瓶上做記號並經常檢查，以杜絕此現象的發生。
將整瓶酒零售，以「整瓶」出售記帳（通常整瓶售價低於零售），貪污其差額。	對現金出納器實施有效的控制。 強化對員工的監督。
售飲料收回之現金，卻以飲料溢出、退回和補償來記錄入帳。	未經經理核准，不付款不能提供飲料。 未經經理核准，不能倒掉退回的酒。
調酒員和酒吧服務員相勾結，提供飲料後但未收到付款。	採用員工輪班。 有關員工關係的流言須留言。 控制飲料成本的比例。
減少寫在客用帳單上的收入額，減少輸入現金出納器的金額（少收錢）。	對客用帳單和日銷售記錄單進行常規審核，以避免出現售價錯誤。
用飲料與廚師交換食品。	強化全體員工的飲食制度。 注意員工違反飲食制度的情況，諸如將盤子和杯子藏在操作點或休息室裏。
用偷來的支票替換現金。	未經經理核准，不能接收支票。
使用偽造的客用帳單獲利。	採用特殊的、難以仿製的客用帳單。
從現金抽屜裏偷錢。	使用基本的收入控制系統以確定現金抽屜中應存的金額。 考慮讓酒吧服務員承擔全部現金短缺責任（如果當地法律允許）。
為了獲得高額小費而自行免費贈送飲料，或免費招待朋友飲料。	未經經理核准，不能隨意贈送酒水。 客用帳單必須總是放在客人面前。

表 10-10　控制酒水服務員的方法

酒水服務員慣用的偷竊方法	預防措施
從酒吧取走飲料，但沒有記錄在客用帳單上，或沒有輸入現金出納器。	沒有客用帳單副聯或未輸現金出納器不發給酒水，除非取酒水時已付款。
沒有展示客用帳單向顧客收款而將款項佔為己有。	同上
重複使用已付款的帳單，或用其他顧客用過的客用帳單向顧客收款。	酒吧服務員所得到的所有顧客帳單必須登記編號，並與複寫聯核對。 沒有客用帳單或沒有輸入現金出納器，服務員不能將酒水帶出配製區。
收現金後銷毀顧客帳單。	同上。
為獲得小費而少算客用帳單的錢為或朋友刪去某些飲料項目的金額。	客用帳單應該審核和計算。 客用帳單正副聯必須相符。
賣給朋友價格昂貴的飲料但以低價飲料入帳。	對比客用帳單正副聯，確保從酒吧取走的酒水與收款相符。
已向顧客收費，聲稱顧客沒付帳就離開。	加強對所有顧客服務區的監督，儘可能地減少顧客逃帳。 對發生顧客異常逃帳的所有服務員應進行再培訓並加強監督。
收款後銷毀帳單，然後說帳單遺失，交回自稱的正確金額。	依照法律，服務員應該受到審查，並負責賠償損失的款項。 對發生異常丟失帳單情況的所有服務員，進行再培訓並加強監督。
依據帳單收了帳款，聲稱顧客退貨並將款吞沒。	有顧客退貨時必須報告經理。
為顧客提供飲料的收款時，刪去某些項目（如：聲稱顧客沒有飲用過），從中貪污。	帳單正副聯必須相符。 只有先把所點飲料輸入現金出納器，才能配製酒水。
偷吃食品，偷喝酒水。	強化關於員工偷吃偷喝的管理制度。

爲了提高顧客帳單的平均消費額，餐飲服務員應該提出讓顧客不能用「不」來回答的問題：「我們的草莓鬆脆餅特別棒，主廚自製的特別櫻桃派剛剛出爐－您喜歡哪一種？」或者問：「用餐時，您喜歡白葡萄酒還是紅葡萄酒？」

「您可能已經注意到今晚我們烤製的所有甜點都在您的桌旁。每位顧客都爭著點我們櫻桃歡樂餅和焰火鬆脆薄餅－您更喜歡哪一種？」這個例子說明了主動推銷的另一個重要概念：人們會受他們所見到的周圍消費環境的影響。如果顧客看到擺在桌邊的凱撒沙拉，就會強烈地受到影響而點沙拉。

主動推銷可在速食服務中應用，也可在桌餐式餐廳應用。服務員可在顧客經過菜餚自選線路取菜時爲顧客介紹推薦。主動推銷還可應用於自助餐服務中，方法是將菜餚擺放在自選區並增加裝飾配菜，都能影響顧客產生欲望而從中選擇一份。

二、飲料推銷

對餐飲業來說，銷售酒精飲料具有很高的經濟價值。飲料銷售具有很高的邊際貢獻；收入中扣除產品成本後，其餘就是對利潤的貢獻。

在過去，許多餐飲服務經理付出了很大的努力來「促銷酒精飲料」。然而今天卻強調要謹慎銷售酒精飲料。隨著社會對烈酒顯露出新的關注，許多觀察家都擔心會失去豐厚的利潤，實際上這些擔心是沒有必要的。餐飲經營者已經能夠重視爲顧客提供用餐經歷，並在對社會負責的同時提高利潤。

爲了有效地銷售飲料，員工必須懂得：

1. 確切知道可提供的飲料；
2. 懂得飲料的配料和製作方法；
3. 懂得如何進行建議推銷；
4. 懂得哪種葡萄酒與菜單菜餚一起推銷；
5. 懂得如何展示、開瓶和提供葡萄酒和香檳酒服務。

爲了最有效地提高飲料收入，服務人員必須接受培訓。

準備一份內容豐富的葡萄酒單非常重要。在這方面已經有完整的著作出版[8]。一份精美的葡萄酒單應包括低、中、高不同價格的甜葡萄酒、

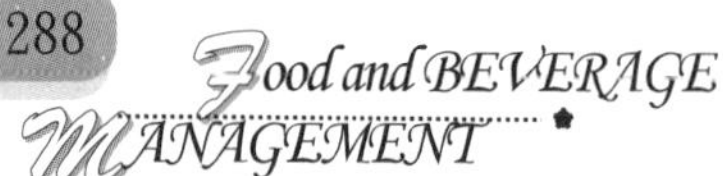

白葡萄酒和紅葡萄酒及香檳酒（發泡葡萄酒）。

葡萄酒單是一種重要的行銷工具。即使只有兩三個字的葡萄酒描述，都會產生很大的作用。可以把推薦的葡萄酒與菜單上相應的菜餚排列在一起。將葡萄酒環繞式地展示在餐廳裏，顧客可在葡萄酒品嘗處免費品嘗各種葡萄酒樣品，餐桌上餐飲介紹卡、插卡式菜單也有助於葡萄酒的推銷。有些餐廳僱用一位葡萄酒服務員（有時也稱斟酒服務員），他們具有很豐富的葡萄酒知識向顧客推銷葡萄酒並識人無誤。

有些餐館專門經營異國熱帶或者色彩鮮豔的飲料。這些餐館應該保證做好正確的店內廣告。經理應提供飲料單、餐桌上餐飲介紹卡和其他推銷方式，幫顧客瞭解這些風味飲品。服務人員必須反覆宣傳這些資訊。經理可以對服務員進行激勵，即飲料推銷得越多，顧客帳單平均消費額越高，小費也越高。

季節性飲料相對容易銷售。Tom and Jerry 飲料在耶誕節期間暢銷，生啤酒在愛爾蘭人的 St. Patrick's 節日期間暢銷，特色水果榨汁飲料夏季暢銷。

許多用於銷售酒精飲料的技巧也可用於銷售餐館自製的非酒精飲料的廣告推銷。非酒精飲料比較容易推銷，尤其是當這些飲料經過專業方式製作，並具有引人的外觀時，銷售起來就更加容易。當然最重要的是標準配方，選擇與眾不同的酒具和恰如其分的裝飾都有助於銷售。

員工之間的競爭也有助於提高飲料的推銷。向員工和顧客提供一瓶免費葡萄酒或免費餐都是刺激服務人員銷售飲料的例子。

最後值得一提的是，你必須在所提供的產品類型、服務與環境方面盡力滿足顧客的需求，如果你能夠發現一些辦法，使你的飲料產品與競爭對手的產品有所區別，或者與顧客自製的產品有所差異，你就更有可能提高飲料的營業收入。

註釋

[1]For details about banquet service, see Ronald F. Cichy and Paul E. Wise, *Managing Service in Food and Beverage Operrations*, 2nd ed. (Lansing, Mich.: Educational Institute of the American Hotel & Motel Association, 1999).

[2]For details about dining room service, see Cichy and Wise, *Managing Service*.

[3]Lendal H. Kotschevar and Mary L. *Tanke, Managing Bar and Beverage Operations*. (East Lansing, Mich.: Educational Institute of be American Hotel & Motel Association. 1996).

[4]This discussion is based largely on *Controlling Alcohol Risks Effectively*, an industry-taught swminar (East Lansing,: Educational Institute of the American Hotel & Motel Association ,1998).

[5]For more information, see Jack D. Ninemeier, *Planning and Control for Food and Bevterage Operations*, 4th ed. (Lansing, Mich.: Education Institute of the American Hotel & Motel Association, 1998).

[6]Details of bartender closing procedures are beyond the scope of this chapter. For more information, see Ninemeier, *Planning and Control.*

[7]Suggestive selling by food and beverage servers is the topic of *Food & Beverage Suggestive Selling* (East Lansing , Mich.: Educational Institute of the American Hotel & Motel Association, 1994). Videotape.

[8]An excellent reference on wines is Steven Kolpan, et. Al., *Exploring wine: The Culinary Institute of American's Complete Guide to Wines of the World* (New York: John Wiley & Sons, Inc., 1996).

名詞解釋

自動表格數字解讀器（automatic for number reader） 是客用帳單印表機的一種功能，這種功能便利了點菜輸入程序。壓印在客用帳單上的條碼可以使解讀器「讀取」顧客帳單上的一系列數字，服務員無須使用人工在顧客帳單上填寫諸多數字並計算它們。

自動進紙（automatic slip feed） 是客用帳單印表機的一種功能。這一功能可防止列印客用帳單時出現項目和數量錯位。

自助餐服務（buffet service） 是一種傳統的自助餐服務方式。將擺放著的食物大盤放在大餐桌或者櫃檯上。有時將每一類主菜分別放在不同的餐桌上。

歐式自助餐廳服務（cafeteria service） 是餐飲服務的一種形式。顧客沿著餐台路線行進並從服務員處拿取食物。採取「不規則」式供餐布局的歐式自助式餐廳對不同類別的食品飲料進行分區擺放，減少了供餐的長隊。

小餐車式服務（cart service） 是餐桌式服務的一種類型。由經過特殊培訓的服務員用小餐車在顧客餐桌旁製作餐點，菜餚烹製好後置於小餐車上，然後提供給顧客。這種服務也被稱爲法式服務。

酒店法（Dram Shop Acts） 關於對醉酒司機肇事承擔第三者連帶責任的法規。如果調酒員、服務員和酒館業主違反法律，向一個快要或已經醉酒的人出售烈性酒，爾後若醉酒人又駕車肇事傷及他人，酒店法將指控售酒者的連帶責任。

家庭式服務（family style service） 是餐桌式服務的一種形式。服務員將放在大盤或大碗中的食物從廚房端出，然後放在顧客的餐桌上；餐桌旁的顧客圍繞餐桌傳遞食物，進行自我服務。這種方式也被稱爲英式服務。

餐飲服務員工作區（food server station） 一個服務員在餐廳裏所負責的固定服務區域或一定數量的餐桌。

功能鍵（function key） 電子現金出納器／電子收銀系統機的一個部分。功能鍵幫助使用者處理業務；它們的重要功能是更改錯誤（清除鍵和無效鍵），合理調整價格（折扣鍵）並恰當處理現金（未銷售鍵）。

顧客帳單印表機（guest check printer） 一種功能複雜的印表機。可與自動表格資料讀取器或自動進紙器搭配使用。

醉酒（法律定義）（intoxication） 對醉酒的法律界定，州與州之間各有不同。許多州給醉酒的定義是：每100毫升血液中的酒精含量（BAC）爲0.10克或高於此含量。

日記帳印表機（journal printer） 是電子現金出納器／電子收銀系統機的輸出裝置，可以列印出系統內任何終端輸入的所有交易的連續和詳細的記錄。

廚房監視器（kitchen monitor） 能夠在螢幕顯示幕上展示幾份點購菜單的

顯示器。

勞動力控制檔案（labor master file）　檔案中包含了每位員工的記錄，通常有下列資料：員工姓名、員工號、社會保險卡號、工作編碼、工作小時數、小時工資總數、稅後工資、員工用餐卡、每餐接待顧客數、每餐總銷售額。

菜單範本（menu board）　覆蓋在電子現金出納器／電子收銀機系統機上的鍵盤，在具體的營業時段中，每個鍵都有操作功能。

菜單檔案（menu item file）　檔案中包含所有營業時段和已售菜餚的資料，包括菜餚識別號、菜餚描述、食譜編碼、菜餚銷售價格、存貨報告中的配料量以及總銷售量。

修改鍵（modifier key）　電子現金出納器／電子收銀系統機的一部分，和預置鍵及查詢價格鍵一起使用，為食品生產區提供詳細的菜餚製作要求；還可根據菜餚份額的大小改變價格。

疏忽大意（negligence）　在相同或相似的環境下，沒有執行一個理智而謹慎的人應該照顧顧客的責任。

數字鍵區（numeric keypad）　是電子現金出納器／電子收銀系機鍵盤的一部分。數字鍵區是一組鍵，其功能是按照輸入菜餚價格，用菜餚編碼處理價格查詢資料、輸入序號處理客用帳單，還可處理其他資料。

營業帳單檔案（open check file）　保存所有客用營業帳單的當前資料；控制特殊客用帳單，在輸入初次點菜的客用帳單上添加新的點菜，在結帳時結算客用帳單。

盤餐式服務（plate service）　是餐桌式服務的一種形式。對菜單菜餚在廚房中分別烹製好，按份量分好，置入盤中，以配菜裝飾，然後直接送到每位顧客面前。這種方式也被稱為美式服務。

大盤餐式服務（platter service）　是餐桌式服務的一種形式。服務員將裝滿烹製好菜餚的大盤送到餐廳，向顧客展示並請顧客認可。然後服務員把熱餐盤擺放在顧客面前，將菜餚從大盤分到顧客盤中。這種方式也被稱為俄式服務。

預檢機（precheck terminal）　是一種電子現金出納器／電子收銀系統機，

沒有現金抽屜，可用來輸入顧客點菜單，但不能用於結帳。

預置鍵（preset key） 是電子現金出納器／電子收銀系統機鍵盤的一部分，可用於保存設計好的菜餚價格、菜餚描述、部門、稅收以及存貨情況。

價格查詢鍵（price look-up key） 是電子現金出納器／電子收銀系統機鍵盤的一部分，除了需要使用者用參考編碼來識別菜單菜餚外，其他操作與預置鍵相同。

發票印表機（receipt printer） 能在窄行紙上打出文本的列印設備。

輔助工作（sidework） 必須在餐廳開餐前或開餐後做的擺台和清潔工作。例如：補充服務員負責的單位、裝滿鹽罐和胡椒罐等。

結算鍵（settlement key） 是電子現金出納器／電子收銀系統機鍵盤的一部分，用來記錄結帳的方式，如：現金結帳、信用卡結帳、飯店帳戶結帳、顧客飯店帳戶轉帳或其他付款方式。

主動推銷（suggestive selling） 是刺激顧客購買某些菜單菜餚的一種技巧，目的是增加高利潤菜餚的銷量和提高顧客帳單平均消費額。

桌餐式服務（table service） 餐飲服務的一種方式，即安排顧客入座後，服務員在旁邊侍候服務。餐桌式服務有四種形式：小餐車式（法式）、家庭式（英式）、盤餐式（美式）和大盤餐式（俄羅斯式）。

操作點印表機（work station printer） 一般置放於廚房備餐區域和服務酒吧區的一種列印設備。

複習題

1. 小餐車式服務和大盤餐式服務有什麼區別？
2. 家庭式服務和盤餐式服務有什麼區別？
3. 大多數桌餐式服務餐廳的主要目標是什麼？
4. 爲什麼說標準操作程序很重要？
5. 在確定餐廳服務員應該提供服務的餐桌數量時應考慮的因素是什麼？
6. 爲了慎重地提供酒精飲料服務，服務員應該知道的要點是什麼？

7. 爲了盡可能減少與醉酒顧客發生衝突，餐飲服務經理和服務人員應遵循哪些程序？
8. 服務員收款制度和收銀員收款制度的區別是什麼？
9. 經理人員預防酒吧服務員偷竊的措施有哪些？
10. 從餐廳經營者的角度來看，主動推銷的兩個主要目的是什麼？

網　址

欲獲詳細資料，請瀏覽以下網址。網址若有變動，不再另行通知。敬請留意。

Escofficer On-line
http://escofficer.com/linkdocs/softward.shtml/

Micros Systems, Inc.
http://www.micros.com/

11

CHAPTER

衛生與安全

本章大綱

- 衛生
  - 造成食物不安全的因素是什麼?
  - 飲食疾病
  - 個人衛生與健康
  - 安全處理食物的衛生程序
  - 餐具清洗
- 安全
  - 職業安全與健康管理局(OSHA)
  - 餐飲服務場所事故
  - 緊急救助
  - 事故報告
- 管理者在衛生安全工作中的作用
  - 檢查

衛生與安全是餐飲管理者不可忽略的兩個問題。一旦飲食疾病發生在你的經營場所，那麼人員損失費、生產力（如果員工染病）、醫藥與住院費用、負面的影響，以及客源的流失等，其損失可能是致命的。如果一名員工或顧客在你的經營場所因不安全因素而受了傷害，那麼，人力費用和管理費用將是相當驚人的。

在食物製作的每一個步驟都必須強調衛生問題。如果不按照簡單的、基本的食物衛生程序操作，就有可能引起嚴重的疾病，甚至死亡。因此，安全問題尤爲重要。餐飲經營者在爲員工和顧客提供安全環境這一問題上，肩負著個人的、職業的以及法律上的責任。

第一節 衛　生

所有食物必須在保證衛生的條件下採購、驗收、儲存、製作和出售。所用設備必須乾淨，衛生工作的習慣必須養成。作爲餐館經營者的最重要的一項職責就是提供送給顧客既安全又健康的食物[1]。

顧客非常關心衛生。衛生、品質以及服務都是顧客所購「產品」的內容。

本章中的一些建議均依據美國食物與醫藥管理部門 1993 年的《食物法規》而提出，其中包括爲保護公眾健康而設計的衛生指南。應該特別注意的是，即使某些州以及地方法規與《食物法規》中的聯邦建議不同，餐飲經營場所也必須執行所在州以及當地的規定。

一、造成食物不安全的因素是什麼

若要提供安全食物，首先必須知道造成食物不安全的因素是什麼。造成食物不安全的因素共有兩個：化學毒素與微生物。

㈠化學毒素（Chemical Poisoning）

化學毒素是在有毒物質污染了食物或飲料時出現的。化學物質可能在食物進入餐廳之前就已經附在食物上（例如，蘋果皮上可能沾有殘留的殺蟲劑），或者是到達餐飲場所之後才出現的。例如，一個未曾培訓而有閱讀困難的員工，也可能英語是他的第二語言，就有可能把有毒的清潔劑誤認爲調料來使用。或者是有些製造不當的食物容器也會與食物（特別是那些含有酸性的食物）發生化學反應而產生一般的化學毒素。

我們可以採用許多普通的預防措施，來盡地降低化學中毒的可能性。其中最簡單的預防措施就是從可靠的食物供應商那兒購買食物；這就是說不要購買「後門推銷員」推銷的當地出產或當地屠宰特價貨物。另一個簡單的預防措施就是要認真地清洗水果和蔬菜，洗掉殘留的殺蟲劑或其他有毒化學物質。

噴灑殺蟲劑殺死蒼蠅、蟑螂和其他昆蟲時，使用化學藥品滅鼠和其他齧齒動物時也都應特別謹慎，應當使用受過培訓的操作者。使用化學劑清潔廚房設備時也應小心，這些清潔劑必須是廚房專用的，使用時還必須按照商家的說明進行操作。化學劑應存放在遠離食物的合適的容器中。

㈡微生物（Microorganisms）

微生物是存留在我們周圍的一些微小而活躍的生物體，由於太小，所以只有借助顯微鏡才能看到。這些微生物長度各異，若把他們連接起來，2,500 個到 13,000 個微生物才能達到 1 英吋。

但並非所有的微生物都是有害的。像乳酪、酸泡菜、麵包這樣的食物反而需要用微生物來製作。還有一些微生物對生產藥物和某些有用的化學物品也是很有幫助的。另外，在我們的體內也存在著一些微生物，它將有利於我們的消化，幫助我們吸收維生素 K。

當然，有些微生物是非常有害的。在以後的討論中我們將重點研究有害細菌。如果這些有害細菌透過食物或其他途徑繁殖傳播到人體，就會引起人類的疾病。

危害食物的細菌有桿菌、黴菌、寄生蟲和病毒。不幸的是，那些對人類危害最大的細菌卻偏愛我們所喜歡的食物，非酸性的、高蛋白的食物，如肉類、魚類、家禽、蛋和牛奶，以及奶油餡的烤製品。高蛋白食物最容易滋生細菌，屬於潛在危險性最大的食物。在所有食物都需小心處理的同時，我們應特別注意那些具有潛在危險性的食物（potentially hazardous food）。

細菌的繁殖需要一定的條件。首先需要潮濕。冷凍或乾燥食物沒有必要殺菌，因為乾燥食物已經去潮（處於乾燥狀態）；或者說，其本身的潮氣已經轉化為另一種形式（冷凍結冰），這時的細菌已經處於睡眠狀態。不過一旦乾燥食物返潮或冷凍食物解凍，這些細菌就會繁殖起來。

細菌生長還需要舒適的溫度，41°F（5℃）到 140°F（60℃）之間是存放食物危險溫度區（food temperature danger zone）。如果有細菌存在於食

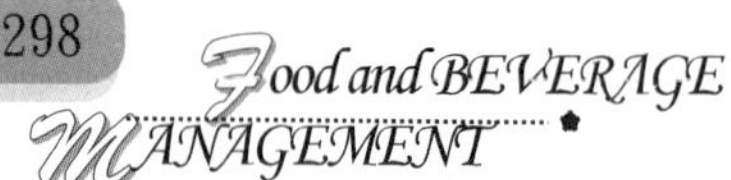

物中，它們便會在這個溫度範圍迅速繁殖。食物製作人員和服務人員都應該盡力減少食物在這個危險溫度區內的存放時間。

酸性物質也可以促使細菌生長。有些細菌生存在酸性極強的食物中，如柑橘類水果；但多數細菌只能在「中性」，即不含大量酸性的食物中生長。遺憾的是，許多高蛋白食物（肉類、海鮮、蛋類、牛奶等食物）都屬於中酸性範圍的食物，這就要求我們一定要特別注意高蛋白食物的存放與保管。

還有許多其他因素也都是細菌理想的生長環境。如果瞭解了這些因素，並知道如何才能改變環境使細菌無法滋生，你便走上了安全的、衛生的管理餐飲服務業的道路。本章中我們將要討論的就是在採購、驗收、儲存、製作和出售食物時如何戰勝細菌的戰略問題。

二、飲食疾病

有害細菌會引起飲食疾病（參看表 11-1），飲食疾病一般有兩種形式：

1. 食物中毒－由細菌產生的毒素引起的疾病；
2. 細菌感染－由食物中的細菌引起的疾病。

註：飲食安全教育合作組織是一個雄心勃勃的公私合營的合作機構，其創立目的是為了透過教育，使美國人民掌握飲食安全知識、從而減少飲食疾病。「戰勝細菌」網站（http://www.fightbac.org）是他們幫助消費者參與保證飲食安全、遠離有害細菌活動的宣傳窗口。

表 11-1　飲食疾病一覽表

疾病種類	染病途徑	與疾病相關的食物	預防措施
葡萄球菌中毒 (Staph Poisoning)	食用了處理不當而感染了的食物：刀具上的細菌；在食物附近咳嗽或打噴嚏等	有潛在危害的高蛋白食物：蛋糕及奶油類菜餚。肉食物（特別是火腿、家禽、肉類沙拉）	養成小心烹製的習慣；員工遠離感染源；食物經完全烹製後，立即上桌或放入冰箱
波特淋菌中毒 (Botulism)	食用了細菌感染的有毒食物	處理不當的罐頭食物如豆類、玉米、肉類和魚類	細心烹製罐頭食物；不要使用自製或學校加工的罐頭食物
沙門氏桿菌中毒 (Sam Poisoning)	食用了沒有很好烹製，感染毒素的食物。與糞便接觸（一般是通過老鼠）	高蛋白食物：肉類、家禽、蛋類和蛋類品；奶油餡烤製品	養成良好的個人烹製習慣；煮熟並立即上給顧客或立即存入冰箱；規範的食物制度儲存制度
梭菌中毒 (Clostridium Perfring-ens)	食用了被食物處理者或昆蟲污染的食物	高蛋白食物：肉類、家禽、調味汁、湯和家禽類、肉類做成的滷汁	煮熟、立即上桌或立即存入冰箱；規範的存放制度；良好的烹製習慣
鏈球菌中毒 (Strep)	食用了因咳嗽或噴嚏，衣服上、設備上的灰塵及其骯髒東西污染的食物	高蛋白食物：牛奶、乳製品、蛋類製品，肉及禽肉	養成良好的個人烹製習慣；巴氏滅菌法消毒牛奶；煮熟並立即放入冰箱冷藏
旋毛蟲菌中毒 (Trichinosis)	食用了被污染的豬肉製品	豬肉和豬肉製品	煮熟豬肉和豬肉製品；執行地方、州府及聯邦檢查制度
結核病菌中毒 (Tuderculosis)	食用了病菌攜帶者製作的食物	牛奶含量高的食物或乳製品	巴氏滅菌法消毒牛奶；所有食用、飲用、烹製用品和設備應當衛生；員工定期做健康檢查
切記：1. 規範烹製： a.遵循良好的個人衛生習慣 b.小心處理高蛋白食物		2. 在適當的溫度下存放食物： a.減少食物在 41°F（5°C）到 140°F（60°C）溫度下存放的時間 b.高溫或低溫存放食物，決不在其他條件下存放	

資料來源：U.S. Department of Agriculture, Food and Nutrition Services, *Principles and Practices of Sanitation and Safety in Child Natrition Program*, Washington, D.C., undated.

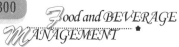

(一)食物中毒（Food Poisoning）

食物中毒是細菌進入食物，釋放出毒素時出現的一種症狀。食物中毒實際上是有毒物質，而不是細菌導致的疾病。

一旦感染了細菌，感染細菌的食物便永遠不可能再變爲安全食物。例如，用高溫可以殺死食物中的細菌，但卻不能消除有毒物質。一般來說，有毒物質是無味、無臭、無色的，所以用普通的聞或品嚐去判斷食物的可食程度是徒勞的。你不但不能弄清食物是否安全，最糟的是你還有可能會因爲嚐了有毒食物而先自中毒。

■食物中毒的種類

葡萄球菌中毒，這是一種常見的食物中毒類型。感冒患者和帶有傳染病菌的人的皮膚上、鼻子裏和喉嚨裏都有葡萄球菌。含葡萄球菌最多的食物是肉類和乳製品，特別是火腿、家禽和肉類沙拉、奶油松餅和奶油蛋糕等。一般在食用有毒食物後 4 小時內發病，症狀爲噁心、嘔吐、腹痛、腹瀉。

食物中毒的另一種類型是波特淋菌中毒。波特淋菌中毒是致命的，僥倖得救者極爲少見。波特淋菌中毒一般是由烹製時處理不當的罐頭食物所致。自從有了規範的罐頭製作程序，市場上的波特淋菌中毒事件已經少多了。但是，一旦食用了處理不當的自製罐頭食物，波特淋菌中毒事件便會發生。

波特淋菌（導致波特淋菌中毒的毒素）是不能用嚐、聞、看的方式發現的。病症一般在食用了受污染的食物之後的 12 小時到 36 小時內發作，症狀有頭昏、眼花，吞咽、說話、呼吸困難，肌肉麻痹、無力等。

表 11-2 列出了調查飲食中毒的基本程序，有顧客投訴時，企業可依此操作，程序因企業不同而各異。

(二)細菌感染（Food Infection）

細菌感染是由食物中的細菌和病毒引起的。這些細菌、病毒和食物一起被食用後，就在人體內大量繁殖。事實上，食物感染是細菌透過食物傳染病菌，而不是中毒導致疾病。

表 11-2　飲食疾病的調查步驟範例

若有顧客投訴有關飲食疾病的問題，經理人員可依據以下調查步驟進行工作。在採取任何一項行動之前，經理人員都應該按照本企業的管理規定辦事，彙報上級管理者和管理者委託人。

1. 記下顧客的姓名、地址、電話號碼（家裏和公司）。
2. 詢問顧客病情和特別的症狀。
3. 詳細瞭解顧客食用的菜單菜餚，食用時間；瞭解顧客發病時間及病期；服用了什麼藥；過敏情況；病前用藥情況、打過什麼預防針等。
4. 記下給顧客治病的醫生的姓名和醫院的名稱。如果顧客還沒有看過醫生，鼓勵他／她去診斷一下病情。
5. 如果餐廳有僱用的醫生，請他／她解決問題。除非顧客要求，否則不要在夜裏去請醫生。
6. 如果經醫生診斷後確定是食物中毒，請彙報給官方有關衛生組織。
7. 應立即通知由餐飲部經理、主廚和主要廚房員工組成的部門，分析整個生產過程，判斷食物是在哪一個步驟、怎樣出問題的。
8. 調查已賣出多少導致食物中毒的菜單菜餚。可能的話，收集樣本取樣送驗進行分析。
9. 查出可能出問題的菜餚的烹製者並送其到醫院檢查，看他是否生病或是病原攜帶者。
10. 對出問題的備餐間和用餐區衛生狀況再次進行檢查，從設備上採取樣本送驗分析。
11. 檢查發生問題的生產區的衛生檢查單，決定是否應為該區域制定更加嚴格的衛生標準。

■細菌感染的類型

沙門氏桿菌，這是一種常見的感染食物的病菌。沙門氏桿菌生存在人體內臟器官和豬、雞這些動物的內臟器官中。最有可能滋生沙門氏桿菌的食物有：碎牛肉、豬肉、家禽；魚類；蛋類、蛋製品以及奶油餡烤製品等。感染該類病菌後的發作時間一般在 12 小時到 48 小時內，發病症狀爲腹痛、腹瀉、高燒、嘔吐、發冷。

梭菌幾乎隨處可見，是一種存在於土壤、人類及動物內臟和灰塵中的細菌，有可能存在於盛在較深容器、保存時間較久的湯類及肉汁中。

一般情況下，在食用了這些攜帶病菌的食物後的 8 小時到 12 小時內發病，症狀爲腹痛和腹瀉。

三、個人衛生與健康

許多食物致病都是由烹製食物的員工所引起的。烹製食物的員工不應該用手遮著咳嗽和打噴嚏，也不應允許其吸煙、摸頭、摸臉，因爲這些行爲會污染他們的手和他們烹製的食物。表 11-3 列出的就是員工個人衛生規則。

表 11-3　餐飲服務人應遵循的個人衛生規則

1. 每天洗澡，使用除臭並防汗的清潔劑。
2. 經常用洗髮劑清洗頭髮，保持頭健康乾淨。型以簡單、易梳理為宜。
3. 衣著要乾淨整齊。
4. 保持指甲衛生，細心修剪。勿塗指甲油。
5. 禁止濃妝豔抹，不要灑過多的香水。
6. 不要穿戴比婚禮樂隊還多的珠寶首飾。這些要求主要是為了衛生，但對你和你的首飾也有好處。
7. 穿乾淨、低跟、合腳、防滑的鞋。鞋跟和鞋底都應注意衛生和安全。不要穿網球鞋、拖鞋或涼鞋。
8. 上班前、烹製食物前一定要用熱水和肥皂洗手。從洗手間回來之前要洗手，摸了臉或頭髮之後要洗手，處理完髒東西後要洗手，甚至摸了錢後都應該洗手。
9. 在洗手盆裡洗手，不要在洗滌槽裡洗手。
10. 使用專門擦手的毛巾擦手，不要使用擦碗的毛巾、圍裙、衣服或制服擦手。
11. 員工應該夾髮夾，不要使用髮膠代替髮夾。不要使用小夾子，不要戴扁平的帽子，因為他們容易滑落。
12. 在工作區域內不要梳理頭髮、噴髮膠，修剪指甲或化妝。
13. 在工作區域內不要吸煙、嚼口香糖。
14. 不要在離食物近的地方咳嗽、打噴嚏。使用手是不衛生的行為，如果需要，就使用專門配置的紙巾，然後扔掉。

所有的餐飲服務人員都應定期進行體檢。許多地方法律都要求僱用員工時定期對員工進行驗血、X 光以及其他方面的身體檢查。

有病的餐飲服務人員不應安排工作，患感冒、咳嗽、創傷或長癤子的員工很容易污染食物。發現有傳染疾病的員工應該首先治病，在沒有得到醫生允許的情況下不能返回工作崗位。

員工吃東西的習慣也影響著衛生，應該規定員工吃東西的時間和地點，並指定區域讓員工吃東西時使用。員工吃完東西後必須洗手。

四、安全處理食物的衛生程序

比起記住該做什麼不該做什麼來說，培養正確的處理食物的態度是非常重要的。如果你和你的員工都能謹慎地處理食物，並瞭解基本的衛生規則，那麼，許多特別的制度就不會顯得特別。正確處理食物的第一步就是簡明扼要地、清楚地告訴大家，在採購、驗收、儲存、烹製和上菜服務中衛生重點是什麼。

(一)採購

餐廳服務人員應該採購衛生的可以食用的食物，並從正規的商業管道進貨，因為正規的商業通道往往依照地方、州府及聯邦衛生法律行事[2]。

一般來說，美國法律要求州與州之間運輸的肉類和家禽類產品必須經過美國農業部（USDA）代理人員檢查，以確保這些產品適合人類消費。檢查工作在加工廠完成，確保(1)肉類和家禽類的品質合格；(2)工廠乾淨；(3)工廠員工按照正確程序進行操作。

除美國農業部外，政府有關人員也負責檢查食物。例如，美國公共健康服務署協助保證牛奶的衛生；美國商業漁業內政部負責許多種魚類加工產品的檢查，他們負責從新鮮到冷凍、加工、最後製成罐頭的每個步驟的檢查工作。

聰明的採購員只採購聯邦政府有關部門檢查過的肉類和家禽產品，或者買地方產品之前先弄清楚，州及地方的食物檢查工作是信得過的，是可以替代聯邦政府部門的。蛋類和蛋類製品，如冷凍蛋的蛋白和蛋黃、打碎的蛋黃等，一般來說也應由美國農業部做過衛生檢查。但法律沒有要求必須檢查乳酪和新鮮的已加工過的水果產品，這項檢查（付費）一般根據生產商和種植商的要求來進行。

採購員應該認識到核對整體分級之間的區分是什麼。食物檢驗（food inspection）指的是官方對食物的檢查，判斷這些食物是否適合食用。食物分級（food grading）是為了達到一定的品質（圖 11-1），對食物進行檢查，判斷其是否符合特別的、一定的標準。檢驗工作一般按法律要求來做，而定級工作則是可選專案。許多採購員願意採購分級產品，因為分級產品達到了特殊的品質標準，這就是為什麼生產商願意付錢為他們的水果、蔬菜、乳酪以及其他產品進行分級。但是採購員還應該認識到產品是在加工廠定級的；搬運工及餐廳員工操作不當也會對品質造成不好的影響。

圖 11-1　檢驗及分級標誌

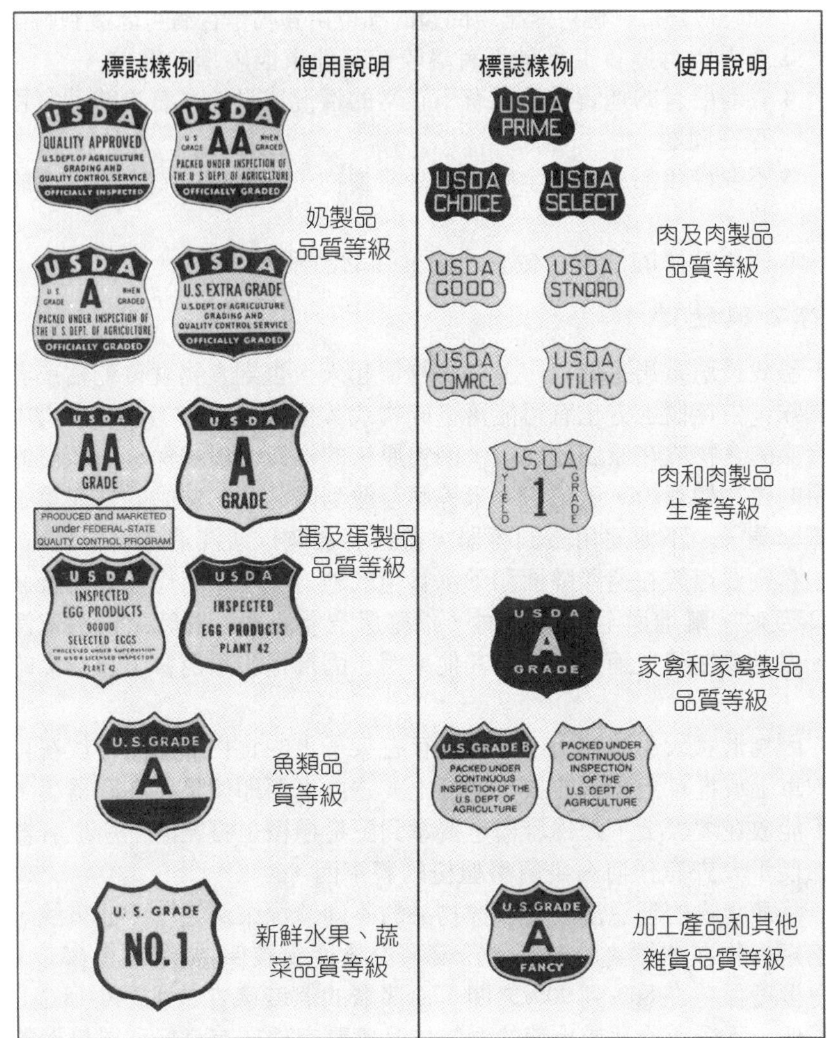

(二)驗收

為確保貨物達到品質標準，驗收肉類和家禽類的員工應依照採購說明書中的規格對所有到貨進行檢查，並落實美國農業部「檢驗」的標籤情況。以下是驗貨時所依據的衛生規則：

1. 查看運輸車的狀況，車內乾淨嗎？是每天專運乳製品、肉類、冷凍產品的車輛嗎？

2. 細心檢查每一個可能出現問題的部位；食物是否有可能遭到污染。
3. 查看所有運貨工具是否有蟲咬或其他東西咬壞的痕跡。
4. 查看所有的進貨看是否有不正常的情況或臭味，有臭味就有可能存在問題。
5. 不要接收部分或完全解凍的冷凍食物，不要接收看上去變質的食物。
6. 使用精確的溫度計檢查冷凍食物的溫度。

㈢存貨與發貨

驗貨後應當馬上儲存，並將食物蓋起來，否則食物就會乾枯或者吸收異味，儲存櫃上方也有可能落下碎物或其他物品到未加蓋的食物中。把冷凍的食物放在原裝器皿裏，因爲原來的器皿一般是保濕防蒸發的。常用的食物如麵粉、玉米粉、米等應存放到防銹和防腐蝕的器皿裏，並且蓋緊蓋子。不要使用鐵制容器，這些容器難以清洗消毒和維護。

食物要存放在遠離牆面和下水管道的地方。上架時應注意離牆面至少 2 英吋，離地面至少 6 英吋，以確保空氣流通。同時架子應乾淨整齊，但不要在架上鋪墊紙張或其他東西，因爲這些東西會阻止空氣的流通。

因爲形狀大小問題而不適合儲存在架子上的食物，應該存放在可移動的車上或推車上，不要放在地板上。這些東西即使是裝在容器裏，也決不能放在地板上，因爲容器是要拿到廚房櫃檯上打開的，所以容器的底部便不允許有任何污染廚房櫃檯的髒東西。

冷藏食物的理想溫度要根據物品的不同情況來決定。一般來說，應該縮短食物在冰櫃裏的時間，冷藏櫃的溫度應該保持在 41℉（5℃），相對濕度保持在80%到90%之間。冷凍櫃的溫度應當是0℉（-18℃）或者更低。不需要冷藏或冷凍的食物成品應該存放在有良好通風條件的、乾淨、涼爽及防潮的地方，而且應避免蟲子和老鼠的侵害。存放乾貨的溫度應當保持在50℉（10℃）到70℉（21℃）之間；相對濕度保持在50%到60%之間。

要按照最基本的先進先出的原則（FIFO）爲食品製作人員或服務區域發貨。因爲在存放食物之前，已經在包裝上或容器上標註了收貨的日期，所以，應該先使用在倉庫存放時間最長的貨物。而表面損壞或不能使用的物品應確保員工知情之後迅速扔掉！

要經常檢查倉庫和存貨區域，不要把有毒物品、清潔劑放在存放食物的地方。表 11-4 所列爲驗收、存貨操作實際過程中有關衛生的注意事項。

㈣備餐

一旦接觸食物，就應該遵循基本的衛生程序（參看表 11-5）。在做烹製食物的準備工作時就必須保持雙手的清潔，經常使用防護手套。

應很好地清潔備餐工具和其他設備。在備餐的每一道工作程序之間都要進行接觸面的消毒。

打開罐頭之前要先擦淨罐頭蓋，不要使用底部有鼓脹和邊沿有凹陷的罐頭，鼓起和凹陷都有可能是細菌污染了食物或嚴密度已被破壞。如果罐頭食物有了不正常的或不熟悉的味道，或是看上去產生了泡沫或成奶狀，這些食物就不能再食用了。

給顧客上水果或做水果拼盤、蔬菜沙拉之前，一定要認真地清洗水果和蔬菜。烹製肉食、蛋製品、魚、貝殼以及其他高蛋白食物時更要特別小心。聞上去味道奇怪或表面有點黏滑的肉是不能食用的，一般情況下，無論何種類型的肉，只要看上去不新鮮、渾濁或有異味，都必須扔掉。不要嚐這些食物，因爲這種「嚐」只能使你生病，除此之外什麼也不能證明。

決不要用把食物放在外面過夜的方法來解凍。對有潛在危險的食物應按照以下方法解凍：

1. 在冷藏室內解凍；
2. 在 70°F（21℃）或者更低的溫度下，放在流水中解凍；
3. 如果食物馬上就要放到另一個設備中進行烹製，就在微波爐中解凍；
4. 把解凍作爲烹製的一個程序，例如，用炭火焙烤冰凍牛排。

不要反覆冷凍已解凍的食物。冷凍、解凍、再冷凍可能會出現衛生問題，破壞食物的品質。

表 11-4 驗收、存貨衛生操作規範

驗收

＊按照存貨目錄檢查品質，衛生程度和標籤說明。
＊對產品的內部溫度和敏感品質進行評估。
＊對照企業的採購說明書和採購員申請單核實進貨。
＊按照品質說明、數量和價格檢查供應商的發票是否符合要求。
＊按照以下順序把產品送到倉庫：
1. 最易腐爛的產品（腐爛食物）。
2. 較易腐爛的產品（冷藏的食物）。
3. 不易腐爛的產品（乾貨和非食用物品）。

儲存

＊食物要上架，離地面至少 6 英寸，離牆面至少 2 英寸（5.1 釐米）。
＊儲存溫度和相對濕度應當符合以下要求：
乾貨儲存——溫度 50°F 到 70°F（10℃到 21℃）；相對濕度 50%到 60%。
冷藏儲存——溫度 41°F（5℃）或者更低；相對濕度 80%到 90%。
冷凍儲存——溫度 0°F（－18℃）或更低。
＊把新的存貨清單與老的存貨清單放在一起作為先進先出（FIFO）的依據。
＊嚴格控制對儲存時間和溫度都有規定的食物。
＊對再次冷藏的剩餘食物要註明首次儲存的日期。
＊把容易腐爛和可能會壞掉的剩餘食物放在深度不超過 4 英寸（10.2 釐米）的鍋裏冷藏，然後在 24 小時之內使用或者扔掉。
＊保存好物品以免交叉感染。
＊有包裝的食物不要存放在可接觸到水的地方或冰塊上。
＊有毒的化學製劑（清潔劑、衛生用品以及殺蟲劑）應當單獨存放於遠離食物、而且可以上鎖的地方。
＊對應當扔掉所有已損壞的食物做記錄，這樣可以查出問題點和需要改善的不足之處。
＊在儲存期間可使用感官檢查（如聞、看、觸）存貨，控制存貨品質。
＊不要把即將變質的食物和其他食物放在一起。
＊不要把熟食放在生食物上。
＊所有儲存的食物應當註明日期，並進行包裹和遮蓋。
＊應該使用食物專用冰櫃冷凍已經冷凍了的食物，不要重凍或解凍。

資料來源：Ronald F. Cichy, *Quality Sanitation Management* (East Lansing, Mich:Educational Institute of the American Hotel & Motel Association, 1994), PP.239-242.

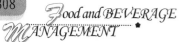

表 11-5　餐飲服務衛生程序

員工應避免的行為	原因	建議
1. 不要把進貨放在卸貨處。	有細菌生長，容易使食物腐爛變質	立即清點進貨並放在恰當的地方（冷藏箱、冷凍箱、乾貨儲存庫）
2. 不要把食物存放在地面。	容易被地面灰塵污染	
3. 不要把食物緊靠牆面放置。	妨礙空氣流通	離牆 2 英寸遠，確保空氣流通
4. 不要把剩餘的食物放在外面。	避免污染	立即冷藏
5. 不要在 41°F~140°F 的溫度條件下存放食物。	避免污染	
6. 不要二次冷藏食物。	降低品質；增加細菌數量	全部用完或煮熟後儲存
7. 不要把食物做得半生不熟。	避免污染	繼續烹製
8. 不要吃外觀不好的食物。	保護員工健康	如果懷疑變質，立即扔掉
9. 不要上沒有清洗的水果蔬菜，不要沒有洗蓋子就打開罐頭取用食物。	避免污染食物	
10. 不要把食物屑殘留到設備、玻璃杯、刀叉和盤子上。	避免污染食物	用完玻璃杯、刀叉、盤子後立即清洗，下一次使用前應進行檢查
11. 不要使用破損的玻璃杯和盤子。	破損處易長細菌	
12. 千萬不要觸及杯子盤子的邊口處，這些地方是食用的地方。	藉由手的接觸可傳播細菌	拿盤子時只拿邊沿，拿杯子時握把柄，拿玻璃杯時拿低部位，拿器皿時握把柄
13. 千萬不要把髒盤子放在準備給客人食物的托盤上。	有可能污染食物	由助手幫助或使用另外的托盤清理桌子
14. 不要把食物放在服務櫃檯上。	冷食物能促使細菌生長	立即端給顧客

(續)表 11-5　餐飲服務衛生程序

員工應避免的行為	原因	建議
15.決不要坐在櫃檯或餐桌上；也不要靠在餐桌上。	衣服上的髒物會傳到桌子上	
16.不要讓頭髮掉落	頭髮落入食物中會靠造成污染，而且倒人胃口	應戴髮網或帽子
17.不要用手摸臉、頭髮、口袋；沒有必要時儘量不要摸錢。	有可能污染食物	如果不得不接觸，接觸之後立即洗手
18.決不能嚼口香糖或類似的東西。	有可能傳染疾病	
19.決不能把把帳單和筆咬在嘴裏，也不要把筆插在頭髮裏。	有可能傳染細菌	應該用手拿帳單，筆應該放在口袋裏
20.避免打噴嚏、打哈欠、咳嗽。	會傳染病菌	如果不能避免，一定要轉過身去，遮住嘴不要對著食物或顧客，之後應洗手
21.不要隨地吐痰。	會傳染疾病	
22.上班時不要吃東西；決不要吃盤中剩的東西。	可能傳染疾病	應在工作休息時間吃東西，吃後要洗手
23.上班時決不能抽煙。	細菌會從口中傳染到手中	工作休息時間在休息室抽；並要在抽煙後洗手
24.決不能把圍裙當毛巾使用	乾淨的手會感染圍裙上的細菌	使用紙巾
25.決不能用髒手工作	可能傳染細菌	用熱水、肥皂洗手，起沫後，用清水沖洗，然後用紙巾擦乾
26.拿了髒盤子後，一定要洗手，然後再拿乾淨盤子。	有可能感染髒盤子上的細菌	這兩個步驟之間，一定要洗手，洗碗工、服務員、實習生等都應做到這一點
27.決不要用手直接接觸或拿食物。	會傳染疾病	用工具或戴手套

(續)表 11-5　餐飲服務衛生程序

員工應避免的行為	原因	建議
28.不要穿髒衣服上班	可能藏匿病菌	始終穿戴乾淨整齊的制服
29.不要戴過多的首飾。	可能藏匿感染細菌	少戴首飾
30.上班前要洗澡。	避免感染細菌	每天洗澡
31.切菜板和切肉板、切菜刀和切肉刀不要共用。	可能傳染微生物	用不同的刀和砧板，或每次洗砧板並消毒
32.不要帶病工作。	帶病工作擴大傳染機會	打電話告之，找人代班
33.不要帶外傷工作。	有增加傳染疾病的危險	把傷口包紮好
34.如果健康證過期，不要上班。	防止傳染性疾	停止上班。若需要就補辦新證
35.不要用洗食物盆洗手。	污染食物	使用專用盆
36.不要用手拿食物品嘗。	感染唾液	使用品嘗杓，而且只用一次
37.不要重複銷售剩餘食物	剩餘食物傳染疾病	扔掉剩餘食物。銷售時不要鼓勵點過多食物，以免剩餘
38.決不能銷售未熟豬肉。	防止旋毛蟲病	豬肉應煮熟
39.決不能把架子裏的玻璃杯和碗口朝上放置。	空氣中產生微生物	倒著扣放玻璃器皿
40.決不要在沒蓋的器皿或容器中放置食物。	空氣中的微粒可污染食物	把食物放在有蓋的器皿中
41.不要把烹製好的食物外置。	有可能被污染	烹製好後立即上桌
42.決不用毛巾擦盤子、玻璃杯、用具和烹飪工具。	有可能傳染細菌	在空氣中晾乾，或者用洗碗機烘乾
43.不要把食物的原料和食物放在一起。	增加傳染機會	每種東西都應有各自放置的地方

資料來源：Adapted from material orginally developed by Jeanne Picard, School of Hotel, Restaurant and Tourism Administration, Univevsity of New Orleans, 1980.

易壞食物的烹製時間應儘量接近上菜時間。爲了消滅可能已出現的細菌，所有的食物都應至少加熱到 140°F（60℃）。而有些食物則需要加熱到更高的溫度。家禽、家禽的塡料、肉塡料，以及有肉的塡料都必須加熱到 165°F（74℃），豬肉應加熱到 155°F（68℃）。目前已經發現有危險的新菌種的線索，這一發現則促使主廚們應該重新考慮烹製嫩肉時的實用溫度加熱到 130°F（54℃）是不夠的。應使用烹飪溫度計來檢查肉類和家禽的溫度。

冷盤在銷售給顧客之前（或者在快餐廳和自助餐廳裏的服務過程中）應始終儲藏在冰箱裏。許多廚房在工作間有冰箱，那麼就應把食物保存在冰箱中直到銷售給顧客。

餐飲經營中一個共同的問題是在上菜之前把熱菜準備妥當。蒸、燉食物、肉汁和其他高蛋白食物都常常在不冷不熱的溫度下放置很長時間，如果細菌進入了這些食物，便產生了有毒物質傳染的理想條件。高蛋白食物必須在高於 140°F（60℃）或低於 41°F（5℃）的條件下保存，否則就不要保存它們。

倘若服務時剩下或給下一班準備的食物有可能變質的情況下，最重要的是應趕快讓其冷卻下來。烹製食物的員工必須縮短這些食物在食物溫度危險區域內停放的時間。要考慮到許多食物在一起的溫度並不是食物表面的溫度。經常攪動、用冰水浸泡、烹製好後應馬上放入冰箱，良好的空氣流通等都是加快食物冷卻的衛生步驟。

剩下的食物必須小心處理，從生產或服務區域拿走後，要放在合適的容器裏迅速冷藏或冷凍以備使用。表 11-6 列出的是食物生產及存放時重要的有關衛生的注意事項。

㈤危害分析關鍵點控制（HACCP）和食物烹製

所有餐飲經理人員的主要目標之一應是減少所有的衛生方面的危險。「危害分析關鍵點控制」（HACCP）方法就是試圖在危險可能發生的每個點上，找出特別危險的情況進行控制。HACCP 計畫是一份書面檔，它概括了許多正規程序以利於減少餐飲服務系統在任何一個關鍵點上出現的健康危機，而正是在這些關鍵點上可能會失去控制出現健康危機[3]。

表 11-6　食物製作及處理的衛生注意事項

食物製作

- 烹製食物時儘量不要用手接觸；使用工具處理食物。
- 烹製食物之前，要確保所有食物的表面是乾淨的、衛生的，避免食物交叉感染。
- 烹製有潛在危險的食物時，內部最低溫度應達到140°F（60℃），並加熱15分鐘。但下述情況例外：
  - ◎野生動物、家禽、填料餵養的肉類、填料餵養的家禽、含有魚肉、家禽的填料等，製作時內部最低溫度需達165°F（74℃），並烹製15分鐘。
  - ◎豬肉和野生動物、肉末、魚、注水肉、蛋類，製作時內部最低溫度需達155°F（68℃），並烹製15分鐘。
  - ◎用微波爐烹潛在危害的食物時，內部最低溫度應達165°F（74℃），做好之後應蓋上蓋子燜2分鐘。
- 有潛在危害的食物應該在165°F（74℃）的內部溫度下再加熱15分鐘。
- 內部溫度應當用精確度達到±2°F（1℃）的金屬探測溫度計來控制。
- 有潛在危害的食物應該安全解凍。
- 溫度檢查和感覺檢查一起使用。

食物處理

- 開餐過後剩下的食物應當儘快冷卻，然後分成小份；餐後要立即扔掉那些剩下的用蛋和奶油製作之易變質的食物。
- 剩下的食物要在2小時之內冷卻到70°F（21℃）或更低的溫度，4小時之內冷卻到41°F（5℃）。
- 蓋好剩下的食物，放入冰箱前註明日期。
- 不要反覆冷凍剩下的食物。
- 溫度檢查應和感官檢查一併使用。

資料來源：Ronald F. Cichy, *Quality Sanitation Management* (East Lansing, Mich: Educational Institute of the American Hotel & Motel Association, 1994), PP. 287-290.

一個發展完善的HACCP系統能夠說明並控制特殊的食物所產生的危害。透過此分析程序所建立的關鍵點控制，可以描述出每個過程中必須採用的控制手段，並以此來確保食物的安全。很好地運用HACCP是保證食物安全的重要措施。但獲得成功的關鍵在於對員工的培訓。要讓員工知道哪一步控制是重要的，保證食物安全的每一個步驟中哪些製作／處理步驟是必需的。

以下是必須融入程序的7項HACCP原則：

1. **原則1——危害分析**：重要的是要說明主要的危害，制定出對某一程序或某一產品的預防措施，依此來確保食物的安全。一個全面的危害分析應當包括對原材料、製作過程、工作分派以及對將要使用的產品的檢查。
2. **原則2——辨識關鍵控制點(CCPs)**：包括以下步驟，例如：烹製、冷卻、食譜控制、交叉感染的預防等等，這些都有可能是應用於具體食譜的關鍵控制點的案例。
3. **原則3——建立嚴格的限制／預防措施**：危險溫度區域的知識，包括食物烹製、處理、儲存溫度，都是與食物操作程序有關的標準案例。
4. **原則4——建立監控關鍵控制點的步驟**：這些步驟有助於識別問題，有助於達到正確行動的結果，並且可為HACCP計畫提供書面檔。
5. **原則5——實施必要的正確行動**：有助於找出造成偏離HACCP計畫的原因，還有助於保證重要的關鍵控制點正在被控制之中。
6. **原則6——建立有效的記錄存檔系統**：必須詳細記錄控制關鍵點中每一項危害、詳細說明控制和記錄存檔的程序、概述執行計畫的策略。
7. **原則7——建立證明HACCP系統是有效的程序**：必須對計畫進行檢查與核實，必須研究關鍵控制點的記錄，經理人員必須制定出有效的風險管理決策，解決食物製作出現偏差時的問題。

表 11-7 是一份烹飪食譜，這份烹飪食譜說明了關鍵控制要點，並且在每一步驟上都提出了降低危害的建議方法。（表 11-7 的食譜曾經用來開發一個產品，這個產品準備在電影製片廠午餐中心餐廳烹製，還準備送到衛星中心。危險包括食物運送中的危險和延長烹製與上菜之間時間的危險，這些都涉及到衛生預防問題，所以有必要在食譜裏做一個說明。）

㈥服務

食物烹製工作結束後，衛生程序還不能結束。把已做好的食物分好上給顧客時也應注意安全操作。

爲了保證食物安全衛生，員工在桌旁服務操作中不是提前分好食物，而應該在需要分食物的時候再把食物「分到碟中」。分食物時不應該用手接觸食物，應該使用夾、勺、鏟等工具。應把經常用來分高蛋白食物的勺子，放在裝著溫水的器皿裏沖洗後再用來分其他飯菜。

服務酒水的員工應該使用勺子分冰塊，決不能用手或喝酒的杯子當舀冰的工具。用手會感染細菌；如果用玻璃杯舀冰，玻璃杯可能會打破，這樣玻璃碎片會散落到冰塊裏，於是就得清洗整個置冰槽。

法律要求那些提供沙拉、自助餐、速食的餐飲場所使用食物衛生防護罩。這些防護罩有各種形式，多數是用透明塑膠製作的。這避免了因顧客或服務員在擺放的食物上咳嗽、打噴嚏、呼吸所造成的不衛生問題。

表 11-7　HACCP 烹製雞肉沙拉食譜

HACCP 烹製雞肉沙拉食譜			
出菜量：100 份　每份：1 杯			
衛生要求：對所有設備用具進行消毒；勤洗手			
配料	重量	單位	程序
雞肉（罐裝）		43 罐	1. 打開罐頭，倒掉水（果汁應該保留下來，如果要用，不能超過 24 小時，要立即冷卻到 40°F）。
水		$9\frac{1}{2}$加侖	
鹽	7 盎司	2/3 杯	
月桂葉		9 片葉子	2. 提前用涼水洗好洋蔥和芹菜（可以使用濃度 50ppm 的氯溶液）。
芹菜，切好	12 磅	$2\frac{1}{4}$加侖	
燈籠椒，切好	1 磅 8 盎司	1 夸脫	
洋蔥，切好	8 盎司	$1\frac{1}{2}$杯	3. 在消過毒的砧板上，用消過毒的刀切芹菜、辣椒、洋蔥（最好戴手套）。
檸檬汁		1 杯	
沙拉醬料	3 磅 4 盎司	$6\frac{1}{2}$杯	4. 除了沙拉醬料外，把所有的原料都放在消毒的攪拌碗裏。
鹽	4 盎司	6 大湯匙	
胡椒		1 大湯匙	5. 提前調冷卻好的沙拉醬料，用消過毒的用具攪拌（戴手套）。
備註：注意衛生，勤洗手，使用可拋棄式服務手套於每一步驟都非常必要。烹製過程中不能超過 30 分鐘的停頓時間，也不能使烹製時間超過 1 個小時。			6. 立即上桌，只能在 40°F 或更低的溫度下存放，但不能超過 2 小時。 7. 把剩下的食物放在淺鍋，4 小時內涼卻到 40°F 以下。把時間定在冷卻到 40°F 的位置。

資料來源：Wisconsin Department of Agriculture, Trade & Consumer Protection, Division of Food Safety.

服務員或實習生接待顧客時必須要特別小心地處理餐盤和扁平餐具。有把手的扁平餐具應該拿著它的把手，端盤子時要端住盤子的邊，決不能觸摸到盤中的食物。同時按照規範操作方法清理餐桌也是服務員和實習生的職責。許多顧客把扁平餐具和餐包等食物直接放在餐桌上，如果餐桌不乾淨，這樣就很容易污染餐具和食物。

服務員應該把顧客剩下的餐包類食物、鮮奶油、奶油等食物扔到垃圾罐裏。任何食物都不能再次食用，除非這個食物是獨立包裝的，如小包裝奶油、小包裝餅乾、小包裝麵包等。

服務生絕不應食用客人剩下的未用食物，廚房員工也不應使用客人剩下未用而送返廚房的食物。

五、餐具清洗

有效的清洗消毒餐具、扁平餐具、鍋、平底鍋等餐具是餐飲服務工作中一項最重要的工作。本節將要討論的項目有，清潔器皿、打掃廚房和餐廳、安排清潔任務、適當處理垃圾和廢品等。

㈠清潔器皿

在這一部分我們要討論手工清洗或洗碗機清洗餐盤和其他小件食具的工作。

1. 手工清洗

地方法規中一般都規定了手工清洗餐盤、扁平餐具、鍋和平鍋的設備和程序。表 11-8 列出的是一些基本的操作方法。

以下是兩種手工清洗器皿的消毒方法：

⑴熱水。水溫必須在 180°F(82℃)的條件下消毒器皿。要達到這個水溫，需要有一個可以直接浸在水裏的加熱器，或者電加熱設備。員工不能用手把東西從 180°F的水中拿出來，所以必須使用夾子或其他工具。

⑵化學製劑。實際中很多時候都是使用化學消毒製劑來爲餐具消毒的。如果使用了化學製劑，就沒有必要用太熱的水。應按照正確的量選擇合適的化學消毒製劑並定出合適的使用數量。決定使用化學製劑的數量，對員工進行正確的培訓並提供合適的度量工具。

2. 使用洗碗機清洗

以下是使用洗碗機完成清洗工作的指南：

⑴應該按照使用說明操作洗碗機，認真遵守使用自動清潔劑、配藥器、濕潤劑等程序。

⑵使用前應做好檢查工作，去除食物剩渣、玻璃渣或其他物質，確保噴淋臂乾淨，並可以正常的工作。

⑶確保適合的清洗溫度，沖洗程序正常。

⑷把要沖洗的碟子和扁平餐具放進機器裏轉一圈，然後進行噴淋。並應將其恰當地擺放在架子上，保證所有食具的正面都對著噴淋的流水。

⑸洗完之後，應晾乾食具和其他器皿，決不能使用毛巾來擦乾，毛巾可能會循環污染洗乾淨的器皿。

⑹戴塑膠手套或洗乾淨的手把洗乾淨的碟子和扁平餐具放好。

一般情況下洗餐具的水溫必須在 150°F（66℃）到 160°F（71℃）之間。如果在循環沖洗中使用熱水消毒，水溫則必須在 180°F（82℃）以上，並按照當地衛生法規規定的時間來進行操作。另外還需要使用調壓加熱器，把水加熱到所要求的溫度。如果使用化學製劑消毒，重要的是應遵循生產商對產品的說明或按照地方法律的要求來操作。

㈡清潔廚房和用餐區

地面、牆面、廚房的設施設備和用餐區都必須保持乾淨整齊。一般來說，應該在沒有多少食物在外面放著的時候做清潔工作。清潔地面時最好用沒有灰塵的清潔方法，如使用拖把和濕抹布或吸塵器等。

構造合理的設施設備比那些對構造和保養無正確建議和指南的設施設備要容易清洗得多。牆面應當光滑不吸水，地面材料應光滑耐用，如水泥地板、水磨石地板、陶瓷地磚地板等都是最好的餐廳地面裝飾。

爲廚房和用餐區域做出清潔計畫有助於保證餐廳衛生達成目標，這一點是十分重要的。一般的清潔計畫應列出要清潔的設備、準備清潔的區域、負責的員工、執行的時間、應當使用的工具以及需要討論的非常重要的書面清潔程序。每一個設備和需要清潔的區域，都應該對清潔任務有一份書面描述，也需要有完成工作所需要的程序、準備使用的材料和工具等。每一種設備都有它自己的清潔程序，應當把這些相同的清潔程序安排在工作培訓中。表 11-9 便是一個清潔計畫的實例。

表 11-8　手工清潔小件餐具的基本要求

1. 清洗前用刮鏟、刷子或其他工具從菜盤中把飯菜刮掉。清洗中間應檢查菜盤，把有破口的、有裂縫的、已不再使用的餐具扔掉。一般來說，清洗非常髒的菜盤時應該先用清潔劑泡一泡。
2. 至少要用 3 個洗碗池清潔菜盤。如果使用 3 個洗碗池清潔，操作程序包括清潔、沖洗、消毒。如果使用 4 個洗碗池清洗，一般的操作程序包括預洗、清洗、沖洗和消毒。一定要遵循當地的和其他衛生法規來操作。
3. 按照清潔劑製造商或供應商清潔劑的說明，選用清潔劑的種類和數量，並給員工提供合適的度量工具。
4. 使用有比較硬毛的塑膠刷子清洗菜盤。不要使用洗碟布、擦碗布、軟海綿，這些東西不容易保持乾淨。不要使用金屬清潔刷子，因為金屬會在清潔的器皿上留下碎片。清洗玻璃器皿時，使用清潔玻璃器皿的刷子。
5. 一般的清潔順序是：玻璃器皿、扁平餐具、餐碟、托盤、鍋、平底鍋。
6. 不斷排乾清洗過的髒水，再加添乾淨新鮮的熱水。
7. 清洗完後，把玻璃杯、杯子、碗都倒置在沖洗架上，並留出間隔，這樣沖洗的水才能噴淋到每一個餐具的表面。同樣的道理，餐盤、托盤、鍋和平底鍋也不應該緊排著排在噴淋架上。
8. 清洗完畢把餐具放置在架子上時，應注意使每一個餐具的把手都朝外擺放。
9. 把餐具擺在噴淋池裏之前，一定要注意把清潔劑從所有的餐具上沖乾淨。
10. 如果說用熱水消毒，要給噴淋池裏注入乾淨的、大約 180°F（82℃）的熱水。如果使用化學製劑消毒，最好用低溫水（不同的化學製劑，使用不同溫度的水，最好查閱製造商的使用說明）。
11. 要經常更換沖洗水。

㈢處理垃圾和廢物的程序

雖然每個餐飲服務業有自己專門的垃圾和廢物處理程序，但是有些實例是通用的。在用餐區，所有的垃圾桶都應該蓋好，垃圾不能暴露在外面。使用容易清洗的垃圾容器，每天徹底清除垃圾，並擦乾淨垃圾桶，防止臭味蔓延，防止老鼠、寄生蟲和細菌的滋生。當然，還應該預備好專門做這項清潔工作的空間。

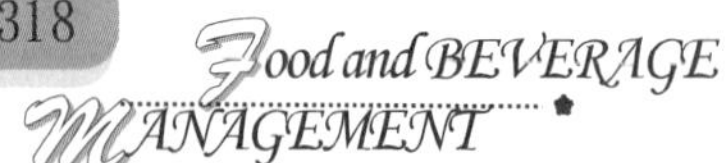

室內的垃圾桶滿了，就應拿到外面去倒空，或者每天定時清理。放在外面的垃圾桶和放垃圾桶的地方容易招致老鼠和寄生蟲，這些害蟲會進入並侵擾營業場所，所以外面放垃圾桶的地方和垃圾桶都應保持乾淨，保證所有外放垃圾桶都蓋好蓋子，而且定期清理。一般來說每星期應該安排幾次清理。爲了提高餐飲品質，必須經常清理垃圾和垃圾桶，尤其是在特別容易有臭味的夏季。

表 11-9　清潔工作計畫範例

清潔設備和區域	負責人	清潔週期	清潔手冊參考頁碼*
開罐器	洗碗工	每天	
天花板	保養工	每月	
烤箱	廚師	每天	
		每週	
咖啡壺	服務員	每次使用後	
		每天	
分格蒸爐	廚師	每天	
	洗碗工	每週	
對流式烤爐	廚師	每天	
		每週	
大冷藏櫃	廚師助手	每天	
		每週	
	保養工	每月	
大冰箱	廚師助手	每天	
	保養工	每週	
	保養工	每月	
牆面	洗鍋工	每天	
	保養工	每週	
		每月	
工作臺	廚師	隨時	
		每天	

*指的是餐廳標準操作程序的頁碼。

第二節 安 全

本章談到的安全問題是有關發生意外事故的預防問題，特別是那些可能傷害顧客、員工和其他人的意外事故的預防問題。大多數事故是由於某些人的粗心大意造成的；而這些問題是可以預防的。最重要的問題是：餐飲服務經理應該怎樣保護在餐廳的人們不受到危險和傷害呢？其次，餐飲服務經理應該考慮的問題才是預防危害、預防設施設備的損失和其他生命財產問題。

全體員工應當接受如何處理意外事故的培訓。如果餐廳發生了意外事故，經理人員應在這場教訓中學會如何保證將來不再發生類似的意外事故[4]。

本節我們將討論職業安全與健康管理局及這一機構對營業場所安全的影響作用。我們還要分析餐飲服務事故的種類，並規定一些安全原則。如果遵循了這些安全原則，有助於預防意外事故的發生。最後我們討論緊急救助程序和事故報告問題。

一、職業安全與健康管理局（OSHA）

職業安全與健康管理局（OSHA）是美國勞動部下屬的一個機構，它的創建目的是幫助員工建立安全的工作環境。OSHA的職責有以下幾方面：

1. 要求雇主爲員工提供沒有安全憂慮的工作和工作場地。
2. 制定強制性的職業安全和健康標準。
3. 制定實施計畫。
4. 制定處理工傷、急病、災禍的報告程序。
5. 創建並實施了很多有助於改善工作環境的措施。
6. 貫徹落實鼓勵雇主和員工減少工作場地災害的辦法。

OSHA的規定一般適用於每一個雇主和一個或更多員工，所以餐飲服務業也在適用範圍內。

OSHA允許各州制定自己的職業安全和健康管理計畫。各州的標準至少必須要與聯邦標準一樣有效。OSHA制定的聯邦標準實際上變成了各州標準必須達到或超過的最基本的標準。

OSHA 法規的三個主要部分對餐飲服務業有影響：

1. 保存記錄的要求。OSHA 要求雇主保留一定的記錄。在這些記錄中有的是關於雇主使用什麼樣的車接送顧客的檢查日報，有的是關於處理員工受傷和疾病的報告。
2. 檢查。OSHA 檢查員可能會到一個餐廳發現潛在的安全問題。檢查之後，OSHA官員可能會召開餐廳代表參加的會議討論檢查中發現的違規行爲，在此次會議上馬上制定出改正的計畫和安排下一次的檢查。
3. 處罰。如果哪家餐廳沒有依照 OSHA 的要求去做，而且也沒有採取OSHA官員建議的改正行動，那麼，這家餐飲場所就要受到處罰。

OSHA已經編寫了一些幫助培訓餐飲服務經理和員工掌握安全知識的資料，同時還培訓了一些爲解決安全問題而提供建設性意見的專門代表。OSHA代表不僅僅是檢查員，他們還是諮詢員，與餐飲服務業一起工作，發現和解決隱藏的和沒有改正的問題，這些問題可能會對員工和顧客造成傷害，甚至造成死亡。

物品安全資料表(Material Safety Data Sheets; MSDSs)是有助於保證員工安全的有價值的工具。這些文件資料是由化學生產商設計和提供的，是有關安全處理和儲存食物、使用有潛在危害化學製劑方面的資訊。表11-10 所示就是MSDS的實例，它包含了有關潛在危險化學（漂白劑）用品的重要資料。MSDSs 爲員工提供了接觸化學製劑時的有關知識，還提供了油類濺出或漏出時應遵循的操作方法。雇主必須爲員工提供學習MSDSs 的機會，員工的責任則是熟悉這些資料，按照餐飲場所處理潛在危害物品的方法進行操作。

所有大大小小的餐飲場所都可從使用 MSDSs 中受益。例如在新進員工培訓課上，給他們培訓有關 MSDSs 的知識，也可爲今後的後續培訓奠定良好的基礎。經理在做處理緊急事件計畫時，也會發現這些資料是非常有用的。

二、餐飲服務場所事故

現在讓我們來看一下餐飲場所事故的類型和保護員工及其他人員的措施[5]。

(一)燙傷

燙傷是餐飲服務場所發生的常見事故，以下是預防燙傷的一些方法：

1. 無論使用何種廚具或點燃燃氣設備時，都應遵循建議的程序。
2. 有計劃地操作。在把熱鍋從某處或爐上移到另一處之前，應把放熱鍋的地方預備好。
3. 用乾燥的端鍋墊端鍋；濕的鍋墊會導致蒸汽燙傷。決不能使用圍裙、毛巾、洗碗布來端鍋。
4. 不要使用把柄鬆動的平底鍋（以防突然跌落），不要使用圓底鍋（以防傾斜）。
5. 不要將鍋、壺裝得太滿。打開鍋蓋時應小心提起鍋蓋，以免被蒸汽燙傷。
6. 用長把勺子或攪拌器小心攪拌食物，避免濺灑到身上。
7. 不要將手伸進烤爐，要使用專用工具。
8. 待設備冷卻後再清洗。
9. 懂得如何滅火。如果食物著火，用鹽或蘇打覆蓋，禁用水澆。要知道滅火器和其他安全設備放置的位置，並且懂得如何使用這些設備。
10. 嚴禁打鬧嬉戲。
11. 倒咖啡和其他熱飲料時要特別小心。
12. 謹慎使用加熱燈。

(二)肌肉拉傷和摔傷

爲了避免肌肉拉傷，搬重物之前要站穩腳跟，挺直背脊；不要前俯和搖擺。屈膝拿低處東西後站起時要用腿力，而不是用腰力。一次不應搬過多的東西，也不應搬過重的東西。搬重物時應尋求幫助或用小推車搬運。

其次是交通事故。實際上，摔倒比其他種類的事故導致死亡的人數更多。大多數摔倒者並非從高處摔下，而是在平地滑倒或絆倒的[6]。有備無患，預防摔倒有以下幾種做法：

1. 始終保持地面乾淨乾燥，有濺出物時要立即拖乾淨。使用「防滑」地板蠟，適當使用「注意安全」或「防止滑倒」的警示牌。
2. 把有危險的東西如盒子、拖把、掃把放在遠離工作區域的地方。一旦發現有鬆動的或已翻起來的地板磚，應立即換掉。

表 11-10 材料安全數據單範例

CLOROX	**The Clorox Company** 7200 Johnson Drive Pleasanton, California 94566 Tel. 94150 847-6100	**Material Safety Data Sheet**	Clorox-HMIS HEALTH 2* FLAMMABILITY 0 REACTIVITY 1 Personal Protection 8

I Chemical Identification

NAME:	REGULAR CLOROX BLEACH	**CAS no.**	7681-52-9
DESCRIPTION:	CLEAR, LIGHT YELLOW LIQUID WITH CHLORINE ODOR	**RTECS no.**	NH 3486300

Other Designations	Manufacturer	Emergency Procedure
EPA Reg. No. 5813-1 Sodium Hypochloride Solution Liquid Chlorine Bleach	The Clorox Company 1221 Broadway Oakland, CA. 94612	Notify your Supervisor Call your local poison control center or Rocky Mountain Poison Center (303) 573-1014

II Health Hazard Data

* Causes severe but temporary eye injury. May irritate skin. May cause nausea and vomiting if ingested. Exposure to vapor or mist may irritate nose, throat and lungs. The following medical conditions may be aggravated by exposure to high concentrations of vapor or mist: heart conditions or chronic respiratory problems such as asthma, chronic bronchitis, or obstructive lung disease. Under normal consumer use conditions the likelihood of any adverse health effects are low. FIRST AID: EYE CONTACT: Immediately flush eyes with plenty of water. Remove contact lenses first. If irritation persists, see a doctor. SKIN CONTACT: Remove contaminated clothing. Wash area with water. INGESTION: Drink a glassful of water and call a physician. INHALATION: If breathing problems develop remove to fresh air.

III Hazardous Ingredients

Ingredients	Concentration	Worker Exposure Limit
Sodium Hypochlorite CAS# 7681-52-9	5.25%	not established

None of the ingredients in this product are on the IARC, NIP or OSHA carcinogen list.

IV Fire and Explosion Data

Not flammable or explosive. In a fire, cool containers to prevent rupture and release of sodium chlorate.

V Special Protection Information

Hygienic Practices: Wear safety glasses. With repeated or prolonged use, wear gloves.

Engineering Controls: Use general ventilation to minimize exposure to vapor or mist.

Work Practices: Avoid eye and skin contact and inhalation of vapor mist.

VI Spill or Leak Procedures

Small quantities of less than 5 gallons may be flushed down drain. For larger quantities wipe up with an absorbent material or mop and dispose of in accordance with local, state and federal regulations. Dilute with water to minimize oxidizing effect on spilled surface.

VII Reactivity Data

Stable under normal use and storage conditions. Strong oxidizing agent. Reacts with other household chemicals such as toilet bowl cleaners, rust removers, vinegar, acids or ammonia containing products to produce hazardous gases, such as chlorine and other chlorinated species. Prolonged contact with metal may cause pitting or discoloration.

VIII Special Precautions

Keep out of reach of children. Do not get in eyes or on skin. Wash thoroughly with soap and water after handling. Do not mix with other household chemicals such as toilet bowl cleaners, rust removers, vinegar, acid or ammonia containing products. Store in a cool, dry place. Do not reuse empty container; rinse container and put in trash container.

IX Physical Data

Boiling Point	212°F/100°C (Decomposes)
Specific Gravity $H_2O = 1$ ...	1.085
Solubility in Water	Complete
pH	11.4

3. 修理破損的或已經破舊的樓梯踏板。
4. 穿合腳的平跟防滑鞋。勿穿舊鞋、薄底鞋、拖鞋、高跟鞋、網球鞋和塑膠鞋。鞋跟和鞋尖部分不能有開口，綁緊鞋帶，防止絆倒。
5. 過翻轉門時，應走過去，不要跑過去，而且要小心地走過去。「靠右行」是許多餐廳的規定，大家都應按規定靠一定的方向走，按規定出入就不會發生碰撞。
6. 如果要爬到高處做事或取東西，要使用結實的梯子。
7. 要確保出入口乾淨安全，尤其是有冬季的地區，應在下雪時經常清理雪和冰，保證路面乾淨不滑。門前踏墊要保持乾淨，隨時注意踏墊的擺放位置。

㈢切傷

對烹飪員工來說，刀具隨時都有危險。員工在使用刀具、切刀或類似的工具時必須注意安全。

有關安全用刀的知識不少。一定要把要切的食物放在桌上或者砧板上，切的時候要從自己的身體方向向外切，並抓緊被切的食物，然後用力朝下切片。切食物時，要用另一隻手拿著食物，然後把刀刃對準食物切下去。鈍刀比利刀更容易出危險，因爲鈍刀需要員工使更大的勁，這就容易出現因握刀不穩滑出食物而切傷操作員工的事故。

刀把鬆動的菜刀應該趕快修理或扔掉。菜刀用完後應放回原處，而不要放在操作臺邊上，這樣就不會發生菜刀跌落掉到腳上的事故。千萬不要試圖去接住墜落的菜刀。更不要把菜刀當玩具，也不要把菜刀當做替代工具來開啓酒瓶、罐頭和紙箱，而應使用合適的開啓工具。

清洗菜刀和其他利器的時候也容易發生刀傷。因此，應該分別清洗各種不同的利器。決不能把菜刀或其他利器放在有肥皂水的清潔盆裏，有人會因爲看不見有刀和利器在裏面，而碰到刀或其他的利器上而造成刀傷。要小心清洗所有的利器，用疊得厚厚的布小心謹慎地從刀身向刀刃方向清洗。清洗刀片時一定要清洗其刀身，拔掉插頭，查閱生產商提供的操作維修手冊，按照清洗說明進行清洗。

儘量不要在廚房裏使用玻璃器皿以避免玻璃片的割傷。一旦有打破的玻璃器皿，應立即用掃把和畚箕，千萬不要用手把玻璃碎片清理乾淨。如果玻璃器皿是在洗碗機裏被打破的，應放掉洗碗機裏的水，用濕布墊著把玻璃器皿和打破的玻璃碎片拿出來，然後放進標註不能再次使用的標記的盒子裏。

以下是防止刀傷的幾點預防措施：

1. 把各類刀、鋸以及其他的利器放在架子上，不使用時放在專門的抽屜裏。
2. 使用大小合適的工具，一定要有合適的刀身。
3. 使用設備配備的安全保護工具，遵循設備要求的安全措施。
4. 使用研磨機的時候要小心，可用進料器或搗棒幫助進料。
5. 操作切片機和其他電動切割工具時應小心謹慎。
6. 操作磨刀器械時一定要使用保護手指的工具保護指頭的安全。

㈣設備事故

無論員工什麼時候使用刀具設備，都必須有安全預防措施。不要設想用簡單的方法來使用有危險性的刀具；一定要按照生產商的要求謹慎操作。應把操作指南放在設備上或者放在設備附近，以便員工隨時查閱。

應對員工進行如何使用、保養、清洗這些設備的培訓。對新員工更應認真監督，確保按照標準的程序操作。在清洗這些設備前若有可能，應首先關掉電源。

應注意對設備進行保養。不注意設備的保養會導致事故發生。要從設備供應公司請來維修保養人員或代表，指導日常具體的設備檢查工作，保證所有燃器介面符合使用規定，燃器設備應具有美國燃器協會簽發的核准證書。

以下是一些操作電器設備時特別需要注意的問題：

1. 一定要使用符合國家、州、地方電器法規要求的電器設備和用品。無論在哪兒使用，電器設備都一定要有美國保險商實驗室簽發的認證。
2. 無論什麼時候操作電器設備，都要細心按照生產商的使用說明操作。
3. 清洗電器設備前一定要關掉電源，手濕或站在有水的地板上決不能觸摸金屬插座和電器設備。
4. 要做好維修保養工作。電工應對所有電器設備、線路、開關等進行定期檢查。

㈤火災事故

餐飲場所的另一項危險隱憂就是火災。以下預防措施有助於減少火災的發生：

1. 認真全面做好烹飪用具和排氣蓋／篩檢程序的清潔保養工作。
2. 爲了保證衛生和安全，要控制煙火進入禁區。
3. 一定要有完善的消防設備。員工應瞭解消防設備的位置並懂得怎樣使用消防設備。在採購、使用、檢查消防設備的問題上要向當地有關部門諮詢。
4. 考慮使用特殊檢查工具檢查煙、火和氣的洩露問題。
5. 考慮使用自動噴淋系統。使用這一系統是控制火災的有效措施。

當地消防部門可能會要求使用撒水系統。即使沒有該項要求，安裝撒水系統也是一項聰明的投資。一般情況下，當地有關部門會要求安裝廚房通風過濾設備中的特別消防系統，無論何種型號（乾粉劑、二氧化碳或特別化學製劑），只要是經過專業設計、安裝、維護的就一定具有很好的消防效果。

要讓員工知道緊急出口的位置並經常進行消防訓練。要與當地消防部門聯繫，在設計處理緊急事故的步驟時請求特別的幫助。要確保餐廳的所有大門都是打開的，確保餐廳所有的消防出口是暢通的。並應把消防部門的電話號碼放在電話機旁。

三、緊急救助

一旦發生事故，首先應考慮的是緊急救助，但重要的是要讓接受過緊急救助訓練的人員來實施。在沒有接受訓練人員的情況下，就只能按普通的操作程序進行。如果有重傷人員，就必須儘快把傷員安排好（避免再次受傷的危險），然後向醫院打電話尋求幫助；如果受的是輕傷，可用餐廳急救箱裏的急救藥品對其進行有效包紮，然後塡寫事故報告單，根據情況督促傷者看醫生。

鼓勵員工接受緊急救助訓練。美國紅十字會爲全國所有單位提供非常專業的急救培訓，應盡可能多地培訓一些員工，若有幾個受過訓練的員工隨時應急，處理起緊急事故來就好多了。

餐廳中應該配備一些急救設備和用品，並將其放在方便取拿的地方。OSHA和有些州勞動部門、市政法規處、保險公司等都有符合要求的急救設備。某些大的餐飲場所，特別是有幾層樓的飯店，就應當配備多套急救設備。

應做好緊急救助的宣傳工作，把各種各樣的醫療急救宣傳畫張貼在餐廳裏合適的位置（參看圖11-2）。

職業安全與健康管理局（OSHA）條例和國家工人賠償法規中都對事故處理提有要求，即工作場所發生事故必須上報。表11-11所列就是某州爲工人提供賠償時所要求的報告資料。根據這份報告和州勞動部門或保險公司的調查報告，就能對該事故做出符合國家賠償法的處理意見。當然，你也可以使用國家餐館協會或其他企業的事故報告單，也可以根據本單位的情況寫出更詳細的事故報告，進一步完善處理步驟，防止事故的再次發生。

無論什麼樣的事故報告，其步驟都必須是：(1)瞭解確切的事故詳情；(2)判斷事故的發生原因；(3)提出防止事故再次發生的切實措施；(4)善後工作。最重要的是經理人員應該全面負責事故的調查與善後工作，保證做好以後的預防工作。

第三節 管理者在衛生安全工作中的作用

餐飲場所的所有員工都是衛生安全工作的組織成員。但經理人員卻肩負著最重要的責任，負責佈置、完善、監督衛生安全工作。其主要任務應包括：

1. 把衛生安全規範條例落實遵循；
2. 保證把衛生安全工作放在首位；
3. 按照衛生安全規範程序培訓員工；
4. 實施衛生安全檢查工作；
5. 做出事故報告，協助調查工作，全力保證儘快解決問題；
6. 必要時協助對受傷員工或顧客進行處理或就醫；
7. 對需要修理和維護的設備、需要改進的程序以及其他潛在問題進行彙報；
8. 主持召開衛生安全工作會議；
9. 要求全體員工參加解決衛生安全問題的活動。

圖 11-2 急救知識宣傳樣本：成人急救程序

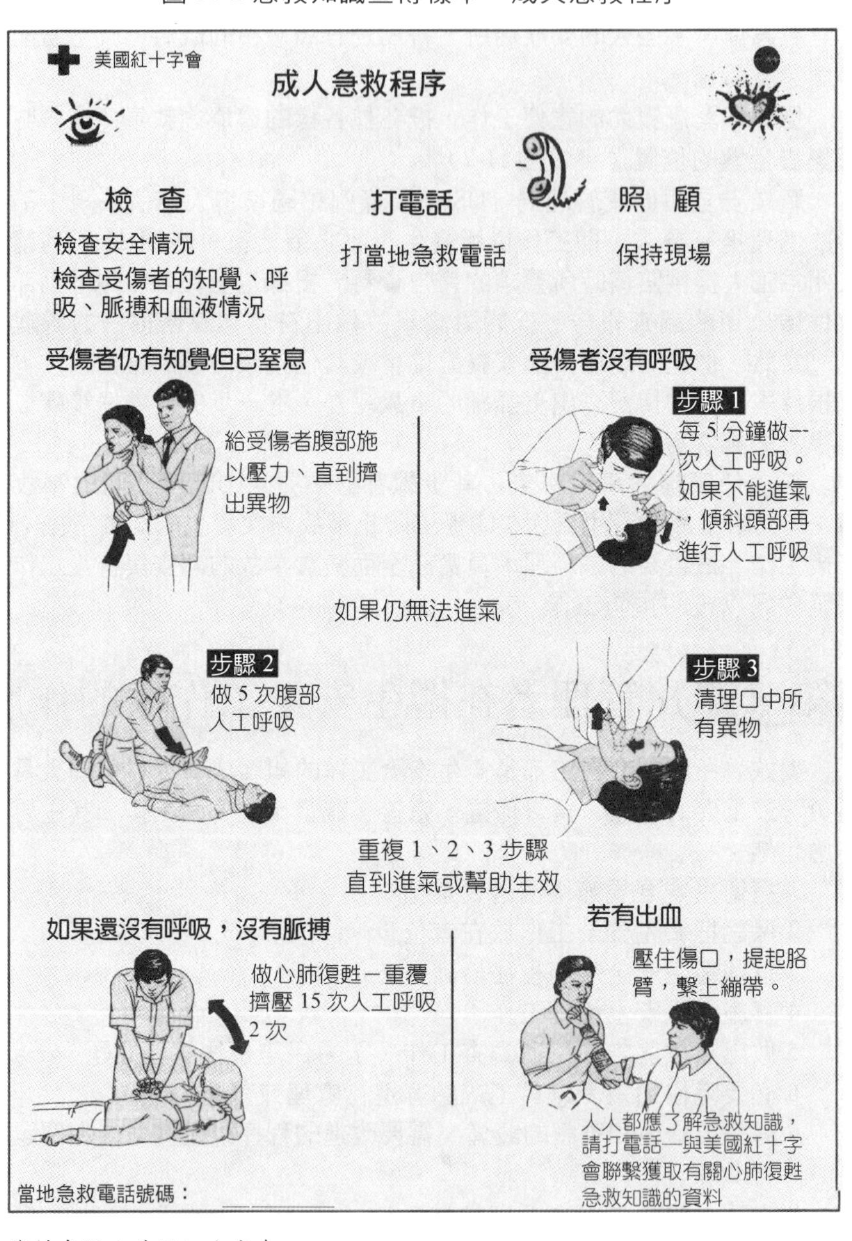

資料來源：美國紅十字會。

表 11-11　事故報告單範例

<table>
<tr><td>表格 100
1-82
職業安全與健康管理局（OSHA）
案件或檔案號 ______</td><td>勞動部

工人傷殘賠償局
員工傷情報告</td><td>報告各聯留存於：
黃、綠色聯——密西根州蘭辛工人傷殘賠償局
藍色聯——保險公司
粉紅色聯——員工檔案
白色聯——員工</td></tr>
<tr><td colspan="3">雇主必須按 100 號表格的要求向工人傷殘賠償局報告詳細傷情，其中應包括病情和原因：
1. 七天以上不能工作的，周日和受傷當日除外。2. 死亡。3. 特殊損失。如果死亡，應立即按照 106 號表格另外匯報。</td></tr>
<tr><td colspan="3">1. 傷員______　　社會安全號碼______
2. 地址______　　電話號碼______
3. 出生日：__年__月__日　18 歲以下的應寫出批准工作日期______
4. 性別：□男　□女　　傷員所扶養 16 歲以下兒童數目______
5. 婚姻狀況：□已婚 □單身 若為男性其妻子是否一起生活嗎？□是　□不是
6. 家庭其他成員及親戚（生活上至少應有 50% 是由傷者扶養）______
7. 受傷日期____最後工作日____是否死亡？□是　□否　如果是，日期______
8. 受傷地點、國家______州______城市______
9. 事故地點在雇主的店裡嗎？□是　□不是
10. 醫生的姓名和地址______
11. 如果住院，醫院的名稱和地址______</td></tr>
<tr><td colspan="3">12. 受傷情況描述（詳細填寫確切情況）
______
A. 受傷和疾病的描述
如：截肢、殘勞、刀傷、扭傷等。
______
B. 身體部位：受傷和疾病影響身體的哪一部位。
如：頭、手、腿、循環系統等。
______
C. 對導致受傷事故的因素的描述。如：跌落、操作機器、接觸化學劑等。
______
D. 直接傷害員工物體名稱
如：刀、鋸、酸劑、地板、油、沖床等。
______</td></tr>
</table>

（續）表 11-11　事故報告單範例

13.受傷員工的職業（詳細說明）＿＿＿＿＿＿
14.部門＿＿＿＿ 主管／領班＿＿＿＿＿
15.總工資＿＿＿＿＿受傷前 52 周中最高的 39 周的總和
周工資$＿＿＿＿＿＿計算周數＿＿＿＿＿
平均周工資$＿＿＿＿＿
16.如果受傷員工有第二雇主，請填寫以下內容。
第二雇主姓名＿＿＿＿＿＿
通信地址＿＿＿＿＿＿
17.恢復工作日期＿＿＿＿＿估計損失的工作時間＿＿＿＿＿＿
18.已經協議認可為工傷？□是□不是
19.傷員已領到失業保險？□是□不是

20.雇主　　醫療保障號＿＿＿＿＿
A.＿＿＿＿＿ 聯邦身分證號＿＿＿＿＿
B.＿＿＿＿＿
21.地址（如果與通信地址不同）＿＿＿＿＿＿
22.生意種類＿＿＿＿＿＿
23.保險公司（不是代理人）＿＿＿＿＿＿受保人的保障號＿＿＿＿＿
24.本報告的白色聯是否交與員工？□是□不是
若有問題或錯誤應立即通知以下雇主的代理人。
報告日期＿＿＿＿＿＿記錄人＿＿＿＿＿＿
雇主或代理人簽名　　　　電話號碼

資料來源：Michigan Department of Labor.

一、檢查

檢查是管理者堅持不斷規範衛生安全工作的中心，你可邀請專業人員（保險代理人、州或地方消防檢查員等）幫助製作一份以檢查設備設施、烹製程序以及服務員工作為重點的檢查表格或檢查單，本章附錄提供了一份這樣的安全檢查表。

要經常進行衛生安全檢查，但首先要注意經營場所的第一次檢查情況。至少每月都應進行一次徹底檢查，如果有必要，每天應對特殊的工作單位或設備進行一次檢查。

衛生安全檢查的主要目的是採取有效措施，消除安全隱憂。如果在糾正隱憂之前必須停止營業，應把隱憂告訴員工，並提醒管理層因發現問題而正在採取措施。

檢查完畢之後應把檢查表格和檢查單存檔，以便查閱。查閱舊檔案可對衛生安全的管理產生廣泛有效的指導作用。再者，假若OSHA、保險公司或其他機構對該項工作提出疑問時，這些表格就是管理層努力做好餐飲場所衛生安全管理工作的最好證明。

註　釋

[1]This chapter provides only a basic overview of sanitation. Reasers desiring more detailed information about sanitation are referred to Ronald F. Cichy, *Quality Sanitation Management* (East Lansing, Mich.: Educational Institute of the American Hotel & Motel Association, 1996).

[2]Details about purchasing procedures are found in William B. Virts, *Purchasing for Hospitality Operations* (East Lansing, Mich.: Educational Institute of the American Hotel & Motel Association, 1996).

[3]Much of this section is draw from material found in Ronald F. Cichy, *Quality Sanitation Management* (East Lansing, Mich.: Education Institute of the American Hotel & Motel Association, 1994), pp. 4-6, 9-21.

[4]Safety issues are covered in more detail in Raymond C. Ellis, Jr., and David M. Stipanuk, *Security and Loss Prevention Management*, 2nd ed. (East Lansing, Mich,: Educational Institute of the American Hotel & Motel Association ,1999).

[5]Information about accident prevention in this chapter is based on U.S. Department of Agriculture, *Sanitation and Safety Operations Manual* (Chicago: National Restaurant Association, 1981), pp. A24-A29.

[6]*Safety Operations* Manual, p. A27

名詞解釋

化學毒素（chemical poisoning）　有毒物質污染了食物或飲料時產生的物質。

食物分級（food grading）　爲評價食物品質而對於食物有關的特性、標準進行的分析。食物分級並非必須進行的項目。

食物感染（food infection）　細菌與病毒同時被人在用餐時吸入後而引起的疾病。食物細菌感染是細菌而並非其產生的毒素在身體內部引發了疾病。

食物檢驗（food inspection）　爲了保證健康安全而由官方對食物進行的檢查。對某種食物的檢查是法律所要求的。

食物中毒（food poisoning）　細菌侵入食物並產生有毒廢棄物時發生的疾病。食物中毒是毒素而並非細菌引發的疾病。

食物危險溫度域（food temperature danger zone）　41°F(5℃)至140°F(60℃)之間的溫度區域，是多種有害細菌高速繁殖的溫區。

物品安全資料表（material safety data sheets; MSDSs）　化學生產商設計並提供的資料，其中包括安全操作、儲存、使用有害化學製劑的資料。

職業安全與健康管理局（Occupational Safety and Health Administration; OSHA）美國勞動部的一個機構，旨在幫助員工創建安全工作環境。

潛在危險食物（potentially hazardous food）　非酸性、高蛋白的食物（如肉類、魚類、家禽、蛋類、牛奶等），是最易引發細菌生長的食物。

複習題

1. 應當採取什麼基本預防措施防止出現化學有毒食物?
2. 細菌繁殖的必然條件是什麼?
3. 如何區分食物中毒和食物細菌感染?
4. 餐飲服務經理人員應如何保證進貨完整無缺?
5. 按照衛生方法烹製食物的步驟是什麼?
6. 服務員應遵循什麼程序才能保證顧客食用到有利於健康的食物?
7. OSHA 法律的哪些主要組成部分對餐飲服務企業有影響?
8. 餐飲服務企業經常發生事故的種類有哪些?
10. 採取什麼預防措施可防止滑倒?
10. 管理層在衛生安全管理工作中的作用有哪些?

欲獲詳細資料可瀏覽以下網址。但網址時有變化，不再另行通知，敬請留意。

American Gas Association (AGA)
http://www.aga.org/

American Red Cross
http://www.redcross.org/

Centers for Disease Control and Prevention (CDC)
http://www.cdc.gov/

International Food Information Council Foundation (IFIC)
http://ificinfo.health.org/

Fight BAC!
http://www.fightbac.org/

Occupational Safety & Health Administration (OSHA)
http://www.osha.gov/

Food and Drug Administration (FDA)
http://www.fda.gov/

Underwrites Laboratories (UL)
http://www.ul.com/

Food Safety and Inspection Service (FSIS)
http://www.fsis.usda.gov/

U.S. Department of Agriculture (USDA)
http://www.usda/gov/

附 錄 安全檢查單樣本

以下檢查單包含有餐飲場所和員工工作兩方面狀況的內容。在檢查過程中，對待不安全因素要具有處在不安全狀況下的感覺。

區　　域	是	否	評價
收貨區：			
地板狀況是否安全（是否有破損或需要修理的地方，使用的是否為防滑材料）？			
是否給員工進行過有關正確端拿各種器皿的培訓？他們是否接受了？			
垃圾桶是否每天都用熱水清洗？			
垃圾桶是否始終加蓋？			
如果垃圾處理處離服務區很近，或者在服務區一角，地面或存放垃圾處是否乾淨？			
是否備有合適的垃圾桶架？			
垃圾桶是否放在便於員工清理的有輪的車上？			
是否備有開啟桶、箱、盒的工具（榔頭、刀具、開箱器、鉗子等）？			
打開桶、箱、盒時是否遠離敞開的食物容器？			
存貨區：			
貨架是否能支住沈重的貨物？			
是否對員工進行過放置貨物時要上輕下重的培訓？			
是否配備有高處取放貨物的安全梯？			
紙箱和易燃物是否存放在至少離燈泡2英呎遠的地方？			
是否安裝有燈罩？			
門旁是否備有滅火器？			
是否對員工進行過安全使用清潔劑的培訓？			
是否有處理破玻璃器皿和瓷器的作程序？			
通道裡是否有電源開關，為凹入型或防止破壞之安全型？			
餐具架是否安全（是否有尖銳稜角）？是否高於地面不會絆倒人？			
服務區：			
蒸食台是否每日清、定期保養（是否有餐業技術員工電氣設施進行定期檢查）？			
安全閥類的設施是否正常？			
工作台及桌面是否有破損？木頭或金屬鑲邊是否粗糙？			
是否經常對以下物品進行檢查：玻璃器皿？瓷器？銀器？塑膠製品？			
若在服務區發現破碎物品，你是否會把食物從碎物旁移走？			
盤架是否能防止托盤以邊沿或角落處滑落或跌落？			

區　　域	是	否	評價
地面和斜坡處狀況是否良好（蓋有防滑物，地板磚完好，有防滑地板）？ 是否每天拖地，是否在必要時打防滑蠟？ 通道是否暢通？上菜時顧客是否會因此受到衝撞？ **用餐區：** 地面是否有破磚、破地板？是否打有防滑蠟？ 牆面掛畫是否安全？ 窗帘、百葉窗的裝是否安全？ 椅子上是否有破裂、金屬頭、破損及鬆動地方？ 地板上有灑溢物時是否進行清除？ 在水、冰淇淋、牛奶等物附近，有否進行過特別的處理？ 自動販賣機是否牢固接地？ 如果顧客自己清洗托盤，洗碟處理面是否有垃圾、掉落物及玻璃、瓷片等？ 如果用推車運送餐具，其狀況是否良好（例如，車舵和屋架是否結實）？ **清潔餐具區：** 地面上是否有不正常的水和灑溢物？ 地板保養和安全狀況是否良好（是否有絆人的破損板條）？ 電器裝置是否都牢固接地？ 出現緊急情況時，電源開關位置是否方便及時斷電？ 電源開關位置是否方便員工操作？ **鍋灶區：** 操作台或地板狀況是否安全（有絆倒人的破板條）？ 是否給員工進行過使用清潔劑或其他清潔用品的指導？ 是否配備有合適的橡膠手套？ 是否配備有瀝水台或其他瀝乾淨鍋的地方？避免員工洗刷前、後把鍋子堆放在地板上。 員工是否需要伸手到熱水中拔清潔池的水塞？ **冷庫和冷凍箱（冰櫃）：** 地板狀況是否良好，是否有防滑材料？每周是否至少拖一次地板？（有灑溢物時應隨時清理） 如果使用地板，其狀況是否良好？（不應有鬆動的板條） 冷庫裡的各類置物架是否完好？（無破損、彎曲及鬆動） 抽風機的安全罩是否安全？			

區　域	是	否	評價
如果有員工被鎖在裡面時，是否有其他開關裝置？（或者警鈴） 是否留有合適的走道空間？ 放貨時是否按照上輕下重的原則置放？冰箱的製冷劑是否無毒？（諮詢冰箱服務人員） **備餐區：** 電器設備是否接地？ 電工是否定期對電器進行檢查？ 電源開關的位置是否方便遇到緊急情況時的操作？ 員工操作開關時，是否需接觸金屬設備？ 是否對地板定期進行保養維持？（至少每天都拖，必要時應打防滑醋、更換地板磚） 是否對員工進行隨時撿起或清潔地上髒物或灑溢物的培訓？ 是否對員工進行過操作設備的訓練？ 是否教育員工未經特殊訓練禁止使用一切設備？ 機器設備是否牢固接地？ **其他重要內容：** 燈具類——各處燈具情況：收貨區？存貨區？鍋灶區？冷庫和冷凍箱？備餐區？烹製區？服務區？用餐區？洗碗區？ 連接通道的進出口是否易於出現事故時使用？（列出所有位置） 消防門和通道標誌是否清楚？ 消防通道上是否放有設備和雜物？（列出違規情況） 樓梯及斜坡處是否安裝有照明裝置？ 斜坡處是否絕對安全？ 如果樓梯是金屬的、木頭的或大理石的是否安裝有研磨的防滑材料？ 樓梯或台階上是否有破損之處？ 樓梯扶手是否乾淨、牢固？ 如果樓梯很寬，中間是否有扶手？ 通風設備的通風情況：收貨區？存貨區？鍋灶區？冷庫和冷凍箱？備餐區？烹製區？服務區？用餐區？洗刷區？			

區　　域	是	否	評價
其他有關安全問題： 員工所穿的鞋是否可避免被掉落物傷害？ 員工服裝是否可避免被攪拌機、切割機或其他設備攪住？ 滅火器是否懸掛安全，是否會被撞掉？ 有鎖的出口是否配有警鈴？或者若有人被鎖在房內時，是否有其他開門裝置？ 在研磨機上是否配有安全考慮的設計？ 攪拌機安全性能是否良好？ 攪拌機保養情況如何？是否能避免破損零件的傷害？是否能避免食物中雜物的傷害？			

資料來源：Adapted With permission from the National Safety Council, Chicago, no date.

第四篇

設計與財務

PART 4

12

CHAPTER

硬體設計、布局和設計

本章大綱

- 設計程序
  - 初步設想
- 重新設計廚房
  - 廚房設計的要素
  - 布局
- 其他區域的重新設計
  - 驗收和儲存區
  - 用餐區
  - 酒廊區
- 餐飲設備
  - 設備選購時應考慮的因素
  - 食物服務設備的類型
  - 飲料設備的類型

餐飲服務設施的設計和布局，無論是對提高顧客的吸引力，還是對提高員工的生產力都有很大的影響。如果設施設計不好，顧客會感到不方便，並且會造成低效率的服務。食物製作人員會浪費時間，在備餐時會因爲走多餘的路和做多餘的動作而過分疲勞；服務人員可能在備餐區和餐桌之間忙個不停，從而減少與顧客交流的時間。如果設計和布局良好，適當的設備能提高員工的生產力和食物的品質；不適當的設備會產生許多麻煩。

由於設計、布局和設備會影響到企業利潤的多少，業主必須要考慮這些因素。設計和布局還會影響資金成本，如果設計的設施超過所需要的範圍，資金和勞動力成本高於正常成本，就會產生不必要的經營成本（如加熱、通風、空調、清潔和維護等），花在這些多餘的地方。

政府機構在這方面也會發揮作用，例如，當地的一些規定會說明一定數量的顧客應佔用的空間水準。

你大概會喜歡餐飲服務設施能使用很長的時間。如果產生一個新的菜單需要增加新的、類型不同的設施，那該如何呢？可否將這種靈活性考慮到設計裡呢？最好的設計和布局是具有靈活性的。

也許你現在所從事的工作並不需要你幫助進行硬體設計。然而，你可能參與一些改造項目，即使是簡單地重新佈置一下生產設備或餐桌，也應該按照最基本的原則進行。因此，無論你的管理角色如何，瞭解一些設計和布局的知識都是有益的。

第一節 設計程序

設施的建設或改造應該達到下列目標：

1. 最好的價格是可以協商的，其中包括：簽約工、建築材料、家具、固定裝置、設備、特定的工程品質要求。
2. 改造後的設施對顧客和員工具有吸引力。
3. 能獲得最大限度的投資回報。
4. 人員和產品能在設施中高效率的流動，設備能恰當放置。
5. 設施能爲員工提供安全的工作環境，爲客人提供出入的公共場所。
6. 設計和布局重視衛生問題。
7. 設施有助於提高員工的工作效率，按品質標準減少員工，降低勞動成本。

8. 降低設備的維護成本。既然燃料成本是一個應重視的問題，建築物和設備就應該是節約能源的。
9. 設施便於對員工進行監督和展開其他管理活動。

有效的設計需要時間，通常還需要諸如承包商、食物供應商和室內設計師方面的專家參與。

一、初步設想

在設計新的建設或改造項目時，會涉及到許多步驟和人員，專案計畫可能需要大量的資金。爲了保證實現專案的目標，時間的保證無疑也是很重要的。無論是設計新的建設專案，還是改造工程，最基本的原則都是相同的。爲簡單起見，我們下面將重點討論改造工程項目。

㈠設計小組

第一步是成立一個設計小組。當然，總經理和業主必須是這個小組的成員，通常還需要一個設計工程師。如果你對內部設計的複雜任務不十分精通，餐飲服務設施顧問也應該是這個小組的成員。

設計小組就位後，他們必須對設施提出概念和構思。是進行外部改造還是進行內部裝修？是改造整個廚房還是修整廚房的局部？諸如設施的類型（是商業性的或是非商業性的）、設施的規格和營業時間、菜單和產品品質要求、服務和氣氛等因素都應該予以考慮。設計的整體思路確定後，將有助於保證專案的順利完成。

在進行重新設計之前，必須確切地知道哪些工作任務需要完成，這一點很重要。雖然我們不能預測到許多年後的事情，但要考慮到一般的工作任務，並能給設計提供一些靈活性，這仍然是很重要的。

㈡確定需要的設備和場地

在確定需要的設備和場地時，菜單是首要的因素。其他因素則包括員工的技能、餐廳所供餐飲的種類和數量等。

餐飲服務業通常首先考慮的是設計或重新設計「獨立的操作點」。「操作點」（work station）是一個員工工作的地方或製作菜餚的地方，操作點放在一起就形成了工作區，工作區又被組織成更大的工作區。例

如，首先為一個調酒員設計一個操作點，然後與其他相似的調酒員操作點一起形成了一個工作區，即酒吧。這個工作區必須相對地置於一個更大的工作區域，即酒廊。

初步布局和設備設計有助於餐廳空間的分配；地面的設計可以顯示對設備、工作通道，以及各工作區之間相互關係的總體安排。成本的估算要以這些設計為基礎。如果估算的成本高於重新設計和改造的預算成本，那麼就有必要調整設計。

㈢重新設計的目標

經理人員必須明確重新設計要達到的目標是什麼。例如，一個高級餐廳的經理也許希望餐廳具有豪華的環境；一個高顧客周轉率的速食店可能會在餐廳裏使用鮮豔、明亮的顏色，微妙地暗示顧客不要在用餐後逗留太久。

在重新設計餐飲服務區的時候，經理人員必須牢記政府的安全法規。這些法規可能對廚房設備的位置有所限制，並規定在廚房和公共區域的顧客電梯上配備昂貴的通風設備，限制餐廳裏顧客的座位數量，規定報警裝置的數量和位置，規定安全出口的位置和數量等等。

㈣設計圖與設備類型

當初步的資料被審閱和批准後，最後的草圖就可制定出來，設備說明書也可以提供。這些可以用來徵詢報價並做出僱用工程承包商和設備供應商的決策，接下來就是完成基本的工程和設備安裝任務。承包商、設備供應商、經營策劃或管理小組應該對計畫進度達成共識並遵照執行。

第二節 重新設計廚房

重新設計廚房應該考慮到以下幾個方面：

1. **身體疲勞。**員工在廚房中工作很努力，減少實際工作中身體疲勞的每一件事情，都應該反映到廚房設計中。例如，縮短員工必須行走的距離，調節工作台的高度使之最適合員工，以及提供舒適的更衣室、休息室和員工用餐場所。

2. **噪音。**過量的噪音使員工不舒服，並且干擾員工和顧客。使用消聲材料和靜音設備可以使噪音最小化。

3. **光線。**許多細緻的工作都是在廚房的備餐間做的，充足的光線有助於員工安全工作，不會引起視覺疲勞。

4. **溫度。**廚房區可能很熱，烹飪和清洗設備會產生熱量和蒸氣，這些都會使工作條件不舒適。在供熱、通風和空調設計中必須要處理這些問題。

5. **政府安全法規。**制定政府安全法規是爲了確保工人的勞動安全，它特別規定了廚房通風系統的設計、規格和位置。至於建築材料、安全出口、水管裝置、電源系統和滅火器的位置也有可能受到當地、州或聯邦法律限制。

一、廚房設計的要素

廚房設計要素包括：

1. 成本。
2. 菜單。
3. 食物數量。
4. 食物品質。
5. 設備。
6. 公共設施。
7. 空間。
8. 衛生和安全。
9. 服務類型。

(一)成本

資金不足通常會限制廚房的改造。如果初步的設計表明，可利用的資金不能保證工程完成，那麼設計小組至少有四個選擇：(1)延緩工程，直到資金籌足爲止；(2)調整計畫，使其符合工程的資金預算；(3)透過借款或減少股東紅利的辦法努力獲得資金追加；(4)取消這項工程。有經驗的經理人員、承包商和設計小組的其他成員應該知道哪一種選擇是最好的。

㈡菜單

菜單是廚房所需要的最重要的決策因素之一，瞭解廚房員工必須製作的菜單菜餚，有助於決策廚房應該有什麼樣的空間並需要什麼樣的設備。菜單影響廚房設計的例證之一，就是菜單中便利食品的數量和種類。如果某個餐廳使用許多便利食品，那麼就需要較少的空間、較少的設備和較少的員工。然而，有一點需要注意的，那就是在廚房的使用期內菜單可能會多次改變。最初的設計者在設計設備時必須要考慮菜單；後來的設計者在計畫菜單時又必須考慮設備！

㈢食物數量

在重新設計廚房時必須要考慮到餐廳所生產的食物數量。如果有大量的食物被採購、驗收、儲存、發放、生產和銷售，那麼就需要更多的廚房設備和生產空間。如果食物的運送不能達到所期望的頻繁程度，額外的儲存空間也很有必要。

㈣食物品質

食物的烹製離上菜的時間越近，食物的品質才會提高。然而，「分批烹飪」（batch cooking），即在營業期間根據需要，小量地製作食物，與廚房的空間、成本和設備相關。例如，分批烹飪需要較少的烹調設備；資金成本也可以降低。但另一方面，分批烹飪卻需要較高的人工成本。餐廳經理必須制定不同類型的菜餚可接受的品質標準，包括為保證菜餚品質應購買的設備類型和數量。

㈤設備

有多種類型的設備可用來滿足幾乎所有食物的儲存、生產和銷售的需要。今天，許多餐飲服務的設備都是可以活動的，可以在新的工作點或工作區內輕易地移動並快速安裝。購買多用途的設備，如轉動式蒸鍋、垂直切片機或攪拌機等，比購買單一用途的特殊設備要好得多。

㈥公共設施

公共設施與設備的需要緊緊聯繫在一起的，在工作區內如果沒有便利的公共基礎設施（如給水排水、電及煤氣等），安裝設備時就會浪費時間和金錢。在設備的使用期內，公共設施的供給及其成本都必須進行估算。

㈦空間

餐廳改造時，廚房空間已經固定。遺憾的是當初的設計者爲了給顧客提供更多的空間，往往使廚房的空間最小化。但是爲更多的顧客提供空間不一定會帶來更多的顧客。通常，由於廚房空間有限，可生產的食物數量也會受到限制，這樣可能因爲上菜遲緩而造成顧客的不滿。如果廚房面積不夠，那麼重新設計的部分也許就是擴大廚房。

㈧衛生和安全

衛生和安全問題應該放入廚房設計的考量。作爲一個餐飲服務經理，必須爲顧客和員工擁有一個衛生和安全的環境負責任。如前所述，一些衛生和安全的預防措施是法律所要求的，作業空間必須包括餐具和炊具（若不使用其他用具）的清洗和消毒區域。此外，衛生儲存和處理設備也是很重要的。爲了安全起見，廚房的燈光應該是完好的，烹調設備間的工作通道應該是寬敞的，使生產人員能推車通過。

㈨服務類型

重新設計廚房時，餐廳提供給顧客的服務類型是另一個需要考慮的因素。例如，宴會服務可能需要快速烹製好和分好份數的大型食物，它比起提供櫃檯服務的咖啡店來說，就需要有不同類型的廚房。

二、布局（Layouts）

重新設計廚房的流程是複雜的。「工作流程」（work flow）即員工在進行工作時創造的「流動路線」（traffic pattern），是必須考慮的另一個因素。在這一節中所展示的布局範例，其設計的出發點在於使員工走回頭路的機會減少至最小。

㈠L形布局

圖12-1中所顯示的L形布局，可以在許多非商業性的餐飲服務場所的廚房，即麵包房中看到。從麵包房所要完成的工作類型出發，這是一個很好的布局。考慮到製作正餐麵包捲的任務，L形布局方便了工作人員的操作。像許多其他烘焙食譜一樣，正餐麵包團的製作需要加水，因

此如果有個水槽（見⑴號圖示）放置在攪拌機⑵旁邊，可以大大地節約時間。麵包像正餐麵包團一樣，必須揉和、分份和成型，所以麵包師工作台⑶要靠近攪拌機。為了使麵粉近在手邊，可將它放在工作台下的活動儲存容器中。正餐麵包團可以在麵包切割機／造型機⑷中快速成型。正餐麵包團按比例成型後，從切割機中拿出來，再放進平底模具裏；麵包師工作台⑸方便了這一操作。在正餐麵包團製作好後，必須密封起來並送到烘烤箱。活動密封櫃⑹完成了這一任務。由於麵包房中經常使用烘烤箱，因此烘烤箱要放置在靠近烘烤的區域⑺。

圖 12-1 麵包房的 L 形布局設計

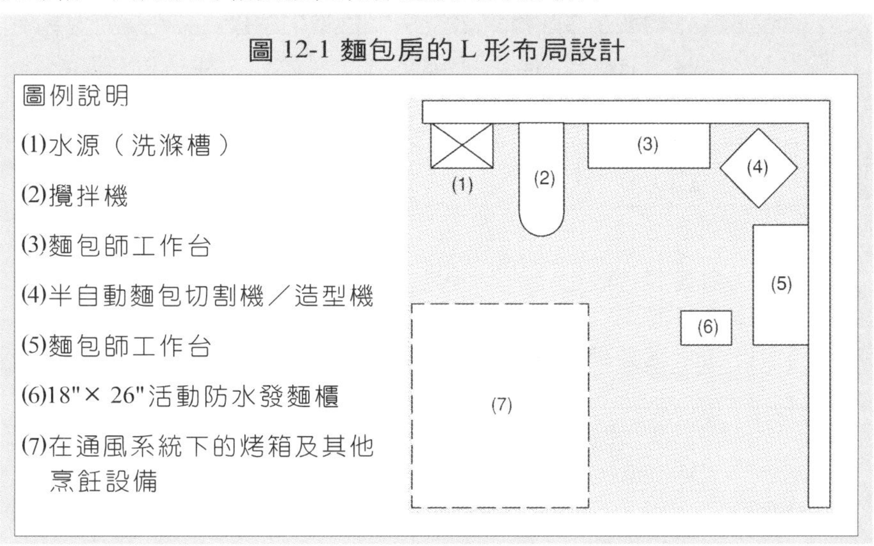

㈡直線形布局

圖 12-2 的直線形布局展示了廚具是怎樣清洗的。首先把已髒的廚具放到髒廚具接收台(1)上，在清洗前，將廚具中的剩餘食物沖刷到垃圾處理槽（2 和 3）中。根據地方衛生條款，已髒的廚具需要依次經過洗滌槽、清洗槽和清毒槽（4、5、6）。最後要有足夠的空間讓廚具在空氣中乾燥，清潔廚具台就滿足了這一用途。乾燥後的廚具需要儲存起來，活動式廚具架⑻可用於儲存、運送廚具到工作區以備下次使用。

㈢ U 形布局

圖 12-3 說明了餐具清洗工作區的 U 形布局。清洗過程從廢料容器

(1)開始，服務人員用盆子或托盤把髒餐具送到這裏，髒餐具台(2)上面有45度角傾斜的架子用於放置玻璃杯和其他小杯子。髒餐具台下面的架子可以用來放置髒餐具直到它們被清洗。下一個髒餐具台(3)用來放置預洗之前(4)和進洗碗機(5)的髒餐具。與廚具一樣，洗乾淨的盤子需要在空氣中乾燥，因此一張乾淨餐具台(6)是很必要的。餐具乾燥後，用餐具手推車(7)可把它們送到服務台或擺放食物的服務架處。

圖12-4展示了一個改造過的餐具清洗區U形布局的員工工作流程。

圖 12-2　廚具清洗區的直線形布局

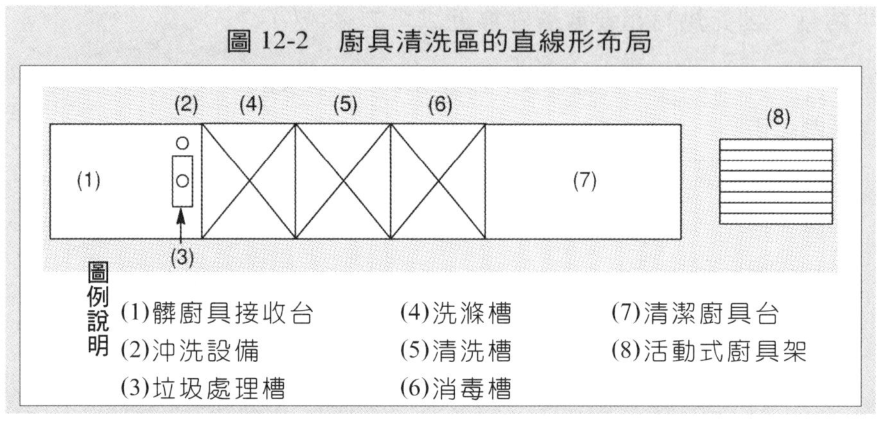

圖 12-3　餐具清洗區的U形布局

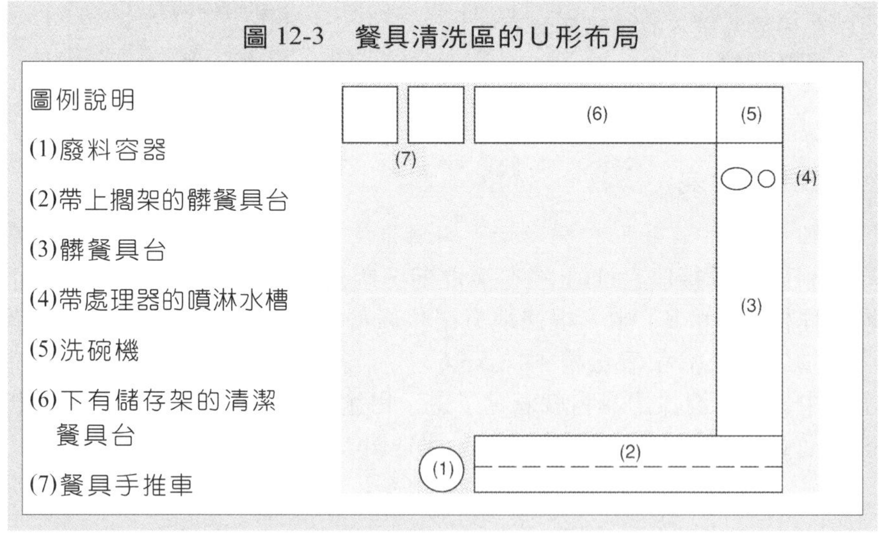

㈣平行布局

圖 12-5 說明了一個煎炸烹製區的平行布局。下設冷藏櫃的工作台(1)用來存放待炸的食物。食物在工作台上切割後放入油炸器(2)煎炸烹製，熟後在工作台上裝盤。廚師將炸好的食物放到工作臺／取貨台(3)上，由服務生取用，或者放在盤中以備下次烹調使用。在有些餐館中，煎炸時還要用到烘烤。在這種情況下，帶有烤架的平鋪式烤箱(4)應該安放在靠近煎炸工作區的地方或安放在工作區內。

圖 12-4　改造過的餐具清洗區 U 形布局的員工工作流程

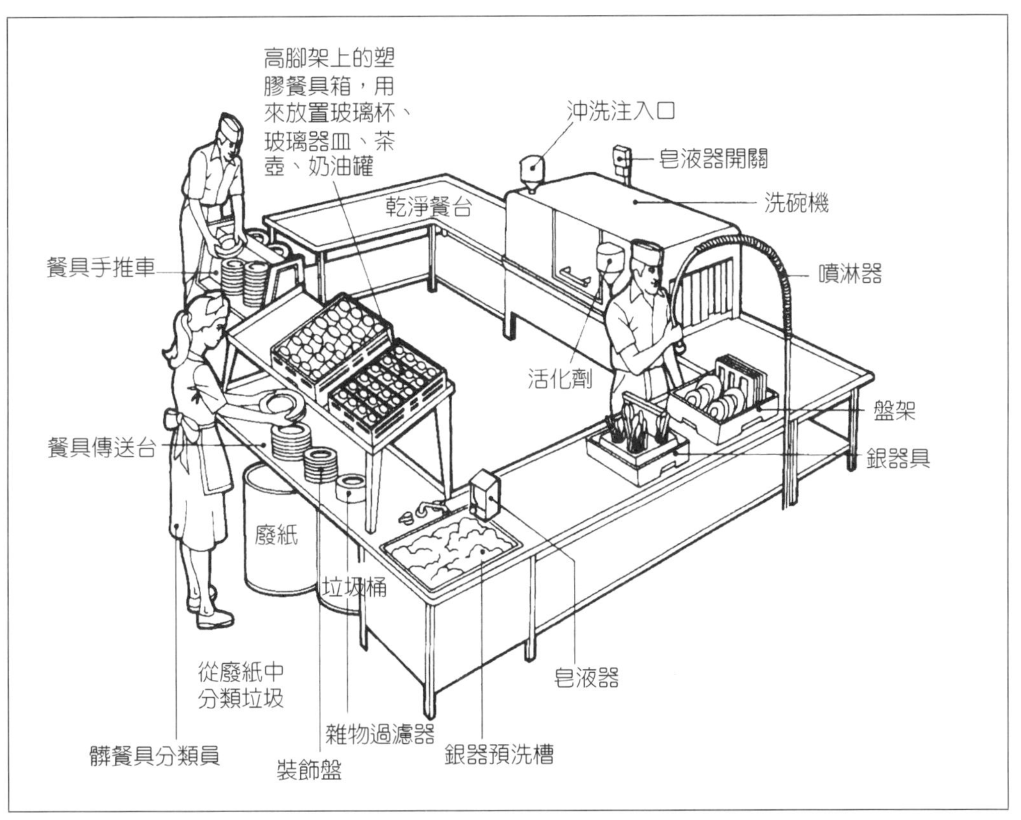

資料來源：Ecolad. St. Paul, Minnesota.

圖 12-5　煎炸烹製區的平行布局

(1)下置冷藏櫃、上置餐具架的工作台

(2)油炸器

(3)有儲藏櫃的工作台

(4)多灶眼烤爐

(5)工作台／取貨台（下置冷藏櫃）

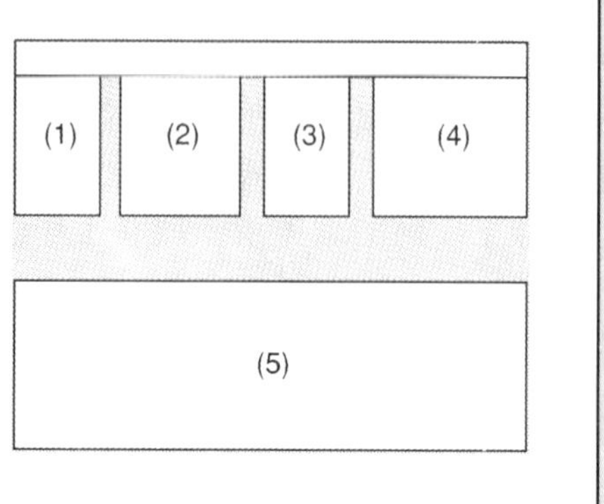

第三節　其他區域的重新設計

餐飲服務經理可能參與重新設計的其他區域包括：

1. 驗收和儲存區；
2. 用餐區；
3. 酒廊區。

在重新設計用餐和酒廊區時，如果以前沒有，現在經理們則需要考慮一些殘障客人的便利設施。這些便利設施包括寬闊的門口、洗手間裏較低或全長的鏡子、馬桶旁的扶手以及無門檻通道等。在許多地方法規中都規定了這些要求和其他便利設施。

一、驗收和儲存區

驗收區要盡可能靠近大門，要有足夠的空間可以存放全部收到的貨物。而且要有地方放天平、推車或兩輪推車等驗收設備。

儲存區內有分別用來存放乾燥、冷藏和冷凍產品的空間，有些大企業還把儲存區分爲產品類、肉類、海產品類和乳製品類。爲了安全起見，設計乾燥儲存區時要有從地面直通到天花板的牆，而且天花板的設計應能夠防止從鄰近區域進入庫房。有些應設有可加鎖的貴重物品存放區以存放貴重物品。通常，儲存區應有中心冷藏間和冷凍間以存放所有需要冷藏的物品。

二、用餐區

設計小組要特別注意用餐區的重新設計，客人對餐飲和服務的反應在很大程度上取決於餐廳的用餐環境。決定用餐環境的因素有：餐廳的清潔度、家具、燈光、自然採光量（如果有的話）、織物的類型和桌布的顏色（如果使用的話）、酒具和廚具的類型、使用的餐具類型，繪畫、照片、牆上的掛飾和其他裝飾，人工植物、天然植物或不使用植物；擺台的風格，還有許多其他因素[11]。

用餐區的大小要和廚房的生產能力相匹配。員工和顧客的流動路線要根據走廊寬度、洗手間和其他公共區域的位置以及服務台和收銀台的位置來決定。

餐廳服務員可能需要進入酒吧區。服務員不必穿過廚房、餐具清洗區或用餐區去取飲料。否則就會浪費時間，降低爲顧客服務的速度和品質。

餐廳中有兩個應特別留意的工作區，即服務員備餐台和收銀台。

㈠服務員備餐台

許多提供桌餐服務的餐飲業在用餐區設有服務員備餐台。服務員備餐台通常設在顧客看不見的地方，用於存放髒餐具和乾淨餐具以及餐廳服務中需要的一些備用品。置放於服務員備餐台的設備包括：微波爐、提供飲料所需要的用具、計算機、預檢記錄器、可加鎖的現金抽屜（如果服務人員當班時自行保管現金）、冰塊儲藏器、咖啡機，以及儲存烹製好的沙拉的小型冷藏櫃。

㈡收銀台

客人離開時在收銀台結帳。在一些小餐廳中，引導顧客就座的接待員同時也負責收銀，這樣的收銀台在設計和擺設時就要特別注意。如果是設在任何一個角落，就會給客人餐後結帳帶來不便，同時也增加了服務員在取客人帳單時的路程。

客人離開用餐區時應該經過收銀台，這樣可以減少逃帳的可能性。

收銀台設在一個便利的位置對客人也有好處，可以在他們離開時少走一些冤枉路。

收銀台內最基本的設備是電子收銀機。電子收銀機應放在合適的位置，使收銀員和顧客可以同時在顯示幕看到結算過程。下面是另外一些在收銀台內要放置的設備：

1. 電話。電話可以使收銀員方便訂位。
2. 信用卡終端機。收銀員可以透過信用卡終端機快速查看顧客的信用卡，並很快獲得銀行的預先授權。
3. 出售的雜貨。有些餐飲業的收銀台內有各種各樣的物品出售，包括食譜書籍、餐廳有代表性的紀念品。還需要有存放物品的地方以防被盜。
4. 菜單。在等座位時客人也許希望能瀏覽菜單。提供給客人攜帶回家的菜單也是一種很好的做法。
5. 餐廳平面圖和服務台分布圖。一張餐廳平面圖和一份服務台分布圖也是很有用的。

二、酒廊區

設計方案中要認真考慮酒廊區的氣氛。設計餐廳時所應考慮的諸多因素，如清潔度、家具、燈光、裝飾物等，同樣也適用於酒廊區的設計。

設計酒廊區時，切記飲料服務員必須與餐廳出納員／接待員接觸（例如處理飲料傳遞時）。因此，酒廊的位置對於收銀台來說也是十分重要的。如果客人在酒廊區裏用餐，那就要考慮到酒廊的位置與廚房和取菜區的位置的關係。只需要提供餐食服務的客人不必穿過酒廊可以直達餐廳，這是因爲不飲酒的客人不希望進入酒廊。門廳、更衣室或公共休息區可用於將酒廊和餐廳隔離開來。另外，服務員的行走動線問題也是很重要的。

㈠酒吧

酒吧的設計和廚房、餐廳及酒廊的設計一樣非常重要[2]。酒吧是餐飲經營場所的一個組成部分，收益非常可觀。僅滿足了餐廳服務的需要而把剩餘空間才提供給酒吧設置是十分不明智的。

酒吧主要有三種類型：服務酒吧、主酒吧和服務酒吧／主酒吧結合的酒吧。圖 12-6 展示了一個主酒吧／服務酒吧的設計布局。在這個布局中需要兩個調酒員，一個調酒員在服務酒吧工作，為餐廳服務員提供飲料，然後由服務員送給餐廳或酒廊的顧客；另一個調酒員向主酒吧的客人提供酒水。兩個常用飲料圍欄台用來放置客人經常點到的瓶酒，圍繞在主要飲料工作台兩邊。其他經常用到的物品（如蘇打水槍、冰塊和玻璃酒具）也置放在這裏。因為冷藏櫃和洗滌槽都置於方便兩位調酒員使用的位置，所以他們可以共用這些設施。酒吧的總體設計要和酒廊融為一體。

飲料配置區首先要設計為一個獨立操作區。通常，主酒吧的長度是由吧台後面的設備所佔用的空間決定的，而不是由客人需要的具體的吧台座位數量（或站立空間）來決定的。

設計酒吧時要儘量使酒吧的工作簡單化，如果要在盡可能短的時間內配製好各種飲料，就需要合理放置設備。酒吧的布局對調酒員的工作速度有很大的影響。下面是一些酒吧布局的設計規則：

1. 調酒員能在一個地方完成一系列的相關工作。例如一個地方清洗、準備和存放水果裝飾物。
2. 提供足夠的光線和合適的工作台高度。從地面到櫃檯面大約為 34 英寸。
3. 提供足夠寬的通道和出入口，來放置必須放在吧台後的物品和備品。通常，半桶裝或其他容積的啤酒桶很難放在吧台區內。
4. 員工要有足夠的工作空間。調酒員需要充足的空間調製酒水飲料；飲料服務員需要空間有秩序地放置和拿取客人所點的飲料；服務員需要空間存放可能需要的物品，如餐巾紙、牙籤、煙灰缸等。

第四節　餐飲設備

如果沒有好的設備，餐飲人員就不能有效地保存、製作或提供餐飲產品。目前，有大量的餐飲設備可供選擇。餐飲設備通常都很昂貴，購買後會對餐飲企業產生長期的影響，因為許多設備的使用壽命一般都大於 15 年。如何選擇最好的設備呢？這就需要在決策過程中請部分管理人員和員工參與，因為是他們在使用這些設備，知道這些設備的性能如何，需要什麼樣的工作條件。因此在選擇購買設備時應該徵求他們的意見。

圖 12-6 酒吧／服務酒吧的布局範例

圖例說明

1. 雙開門伸入式冰箱
2. 電子收銀機
3. 在櫃台的電子收銀機
4. 可攀高的酒吧後方展示櫃
5. 冰塊儲存器
6. 髒玻璃酒具瀝水板
7. 乾淨玻璃酒具瀝水板
8. 四個分隔式的洗滌槽（分別用於淨空、清洗、沖泡和消毒玻璃酒具）
9. 酒吧座位
10. 常用飲料速取台
11. 蘇打水槍（如果有生啤酒配給機也置於此，管道由遠處的冷藏庫引入）
12. 櫃台下的儲存處
13. 可翻起式櫃台（供酒吧服務員出入）
14. 酒水服務員取貨區

注意：所有的櫃台設備（5、6、7、8、12）都在吧台下面。

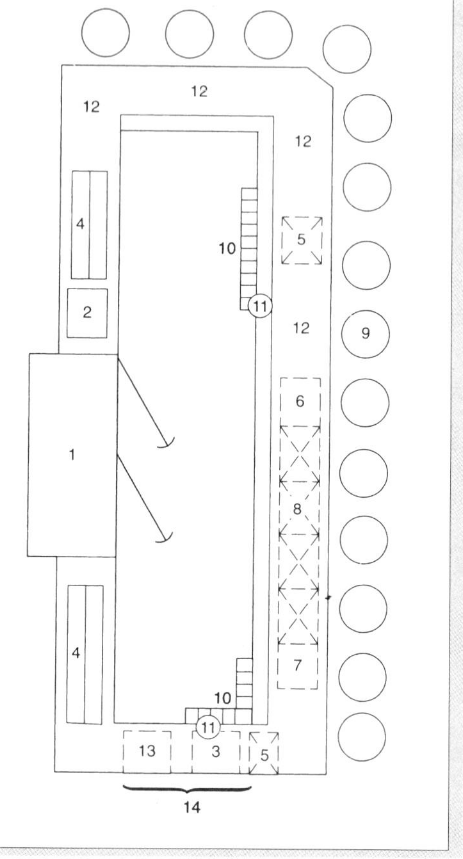

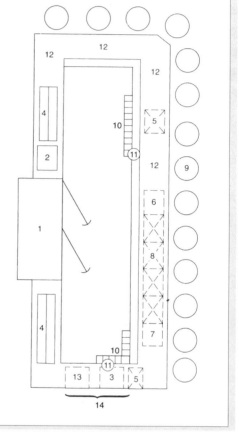

資料來源：Jack D. Ninemeier and David Hayes, *Beverage Management: Business Systems for Restaurants, Hotels, and Clubs*, Third Edition(New York: Lebhar - Fiedman). In publication.

一、設備選購時應考慮的因素

在購買設備時需要考慮很多因素，有些因素與重新設計廚房需要考慮的因素相似。許多因素廣泛地考慮到購買每種設備的重要性，而另一些因素則考慮到特殊的企業和特別的設備問題。下面列出了大多數設備購買時要考慮的重要因素。

1. 成本。
2. 衛生和安全。
3. 設計和性能。
4. 維修。
5. 容量。
6. 構造。
7. 其他因素。

(一)成本

設備購買價格不是估算成本的唯一因素。財務費用（如利息）往往會大大提高設備的成本。營業費用，包括設備使用時的花費也占很大的比重，能源費用的提高對設備購買的決策也有很大的影響。如前所述，設備安裝的費用也是很高的。例如，一些設備需要一套新的通風、給排水或電源系統，如果當時沒有所需要的公共設施管道，還要花費鉅資進行建設。此外，還應該考慮維修、折舊和保險費用。在做購買決定時，所有相關的費用都要確定和考慮進去。

(二)衛生和安全

設備要容易清洗。國家衛生組織（NSP）定期發布一些設備設計和構造在衛生方面的規定[3]，在選擇設備過程中可以作為參考。

購買的設備所用的材料要有一定的耐久性，包括能抵抗食物飲料和洗滌劑的腐蝕。設備不能影響食物的氣味、顏色和口感。所有和食物接觸的表面都應該是光滑、容易清洗、防腐、無毒、牢固（不搖晃的桌子）和不吸水的。在所有和食物接觸的地方都應使用無毒材料。下面是一些用於製作食物服務設備的材料：

1. **木材。**雖然木材非常輕便和經濟，但是很難保持清潔，因為它是多孔物質，容易吸收食物的氣味和油污。所以木材的使用受到了限制，通常用來製作烹飪區和儲存區的貨架。

2. **金屬。**金屬，特別是不鏽鋼廣泛地用於餐飲製作設備以及與食物接觸的工作案面。在鋼、銅和黃銅的表面可以鍍上一層鉻、錫或鎳等金屬，這種處理方法經常用於食物服務設備，使其形成亮麗的光澤。銅器通常要電鍍使其能抗腐蝕。鋼電鍍之後通常用於流水線設備。在鋼的表面鍍上鋅，這種鍍鋅鋼用於製作洗滌槽、桌子和相關的服務設備。然而時間久了，設備表面的金屬被磨損，鋼暴露出來就容易生鏽和被腐蝕。

3. **玻璃。**玻璃有被用來製作餐飲設備的門。

4. **塑膠或橡膠製品。**塑膠和橡膠製品設備已被很廣泛地應用，因爲這些材料耐磨、無味、輕便、高密度與容易清洗。另外，它們要比金屬製品便宜得多。

設備在使用過程中要有很好的安全性能。美國職業安全和衛生條例管理局（OSHA）已經發布了相關的法規以保證設備的安全性。這些法規能提供有意義的安全資訊以指導設備購買決策。

電氣設備方面要通過美國保險商實驗所（UL）的檢驗和審批，煤氣設備方面要通過美國煤氣協會（ACA）的檢驗和審批。比如檢查蒸氣閥門的安全裝置、煤氣設備的安全指示燈、電器設備上的超負荷的保險裝置等。

表 12-1 列出了與設備安全和衛生有關的一些政府和行業組織。

㈢設計和性能

設備應該操作簡便、具有價值（價格與品質相符）、符合安全和衛生條例，能夠幫助員工高效、大量的提供高品質的餐飲產品。

價格稍高一點就能買到具有特色的多用途設備。例如，一台帶有附加零件的攪拌機就可以切片、碾碎和切絲。另一方面，設備的一些附屬功能提高了設備的價格，但這些功能從來就沒有用到。瞭解和選擇設備性能的最好方法是請教使用相似設備的業內專家。

由於有些設備比另外一些設備容易操作。要考慮到員工的操作技術和能力，再選擇購買一些便於操作的設備。

㈣維修

絕大多數設備需要定期進行仔細的維修才能高效地運轉。維修時需要有契約關係的專業技術人員，還是需要現場操作人員？多長時間維修一次？花多少費用？維修需要多長時間？在這段時間內需要使用說明書還是需要進行其他調整？這些都是要考慮的問題。如果目前使用的設備是最新型號的，經理還需要重新查看舊設備的維修和保養記錄（表 12-2 所示）。過分繁瑣的修理說明設備不合適或者使用不正確。如果設備經常出現故障，就沒有任何價值。

㈤容量

顯然，經理人員要爲企業選擇容量適當的設備。容量不足會影響工作效率。譬如，如果設備容量過小，食物製作員工就要烹製很多批食物、而不是一批完成。

註：國家衛生基金會（NSF）（http：// www.nsf.org）是 1944 年成立的國際性組織，在公共健康安全和環境保護領域，以制定標準、產品檢驗和規範服務而聞名。國家衛生基金會的成功在於每年都會介紹幾百個消費品、商業和工業產品，贏得了使用者、管理者和製造者的信任

表 12-1　關於設備安全和衛生的政府/行業

	組織名稱	類型	專職範圍
1.	美國職業安全和衛生條例管理局	政府組織	設備安全及相關事宜
2.	國家衛生基金會（NSF）	私人組織	設備衛生
3.	美國保險商實驗所（UL）	私人組織	電子設備安全
4.	美國煤氣協會（AGA）	私人組織	燃氣設備安全
5.	市政和州政辦事處	政府組織	安全和衛生
6.	國家電氣製造商協會（NEMA）	行業組織	電子設備安全
7.	美國食物及藥物管理局（FDA）	政府組織	衛生
8.	美國衛生專家協會	行業組織	設備設計

(六)構造

國家衛生基金會爲許多食物服務設備，制定了詳細的構造說明書，選擇設備的構造規格時可以參考這些資料。一般來說，信譽好的製造商和供應商最有可能提供高品質的設備。

結構合理的設備通常比品質低劣的設備價格高。然而，由於他們的使用壽命長及其他一些優點，即使這些設備價格高一點，但增加投資仍然是物有所值的。當你考慮到一台洗碗機的成本與一輛昂貴的豪華轎車的成本相差無幾的時候，設備合理的設計和結構的重要性是顯而易見的。

(七)其他因素

一般情況下，製造設備的目的是公司使用而不是家庭使用。食物服務員工在工作中不可能一直都很小心地使用，因此設備必須是經久耐用的。顧客看得見的餐飲服務和製作設備的外觀保養尤其重要。

新設備應該與現有空間和其他的在用設備相匹配。例如，如果一台新洗碗機所占空間與舊洗碗機所占空間相同，那麼這就非常合適。在一些操作中，設備的無噪音和可移動也是需要關心的問題。

總括來說，「現貨」設備要比「訂做」設備好。現貨設備在產品目錄上已提供，可透過經銷商直接定貨，並不需要改變產品的原有設計。定做的設備則需要根據操作要求特製，費用很高，經理人員必須花很長時間訂購等待。

表 12-2　預防性維修和修理記錄

<table>
<tr><td>用途</td><td colspan="2">機器類型</td><td>設備編號</td></tr>
<tr><td>位置</td><td colspan="2">序列號</td><td>型號</td></tr>
<tr><td>製造商</td><td colspan="2">購買日期</td><td>購買價格</td></tr>
<tr><td colspan="4">預防性維修過程</td></tr>
<tr><td colspan="3">功能</td><td>間隔時間</td></tr>
<tr><td colspan="3"></td><td></td></tr>
<tr><td colspan="3"></td><td></td></tr>
<tr><td colspan="3"></td><td></td></tr>
<tr><td colspan="3"></td><td></td></tr>
<tr><td colspan="3"></td><td></td></tr>
<tr><td colspan="4">具體說明</td></tr>
<tr><td colspan="4"></td></tr>
<tr><td colspan="4"></td></tr>
<tr><td colspan="4"></td></tr>
<tr><td colspan="4"></td></tr>
<tr><td colspan="4"></td></tr>
<tr><td colspan="4">詳細情況</td></tr>
<tr><td colspan="2">電壓</td><td colspan="2">動力</td></tr>
<tr><td colspan="2">安培數</td><td colspan="2">傳動帶</td></tr>
<tr><td colspan="2">位相</td><td colspan="2">保險絲</td></tr>
<tr><td colspan="2">壓力</td><td colspan="2">潤滑</td></tr>
<tr><td colspan="2">功率</td><td colspan="2">過濾</td></tr>
<tr><td colspan="2">轉數／分鐘</td><td colspan="2">流動性</td></tr>
<tr><td colspan="4"></td></tr>
<tr><td colspan="4">所需備件</td></tr>
<tr><td>零件</td><td>零件生產廠商編號</td><td>旅館庫存編號</td><td>數量</td></tr>
<tr><td></td><td></td><td></td><td></td></tr>
<tr><td></td><td></td><td></td><td></td></tr>
<tr><td></td><td></td><td></td><td></td></tr>
<tr><td></td><td></td><td></td><td></td></tr>
<tr><td></td><td></td><td></td><td></td></tr>
<tr><td></td><td></td><td></td><td></td></tr>
<tr><td></td><td></td><td></td><td></td></tr>
<tr><td></td><td></td><td></td><td></td></tr>
</table>

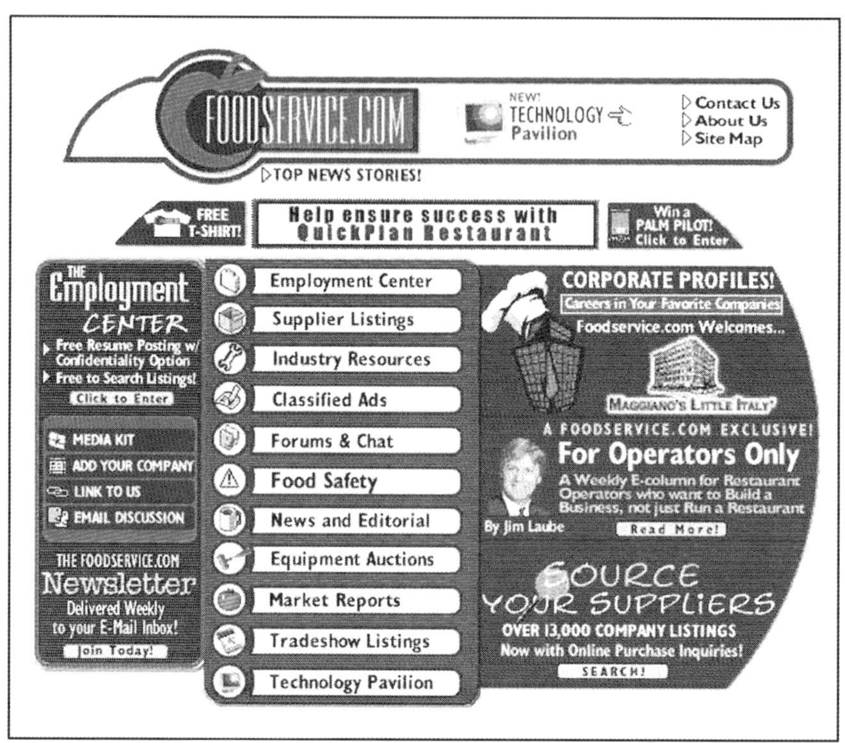

註：食品服務網站(http://www.foodservice.com)是一為食服務業提供電子商務和虛擬社區的一流網站。這個網站透過網路提供一系列資訊服務，包括：員工名冊、網路拍賣、供應商名冊、交易訊息、論壇、經典廣告、每日市場價格、食品服務書籍、行業新聞和評論等。

二、食物服務設備的類型

食物服務設備的類型包括：

1. 冷藏設備；
2. 多灶眼爐灶；
3. 烤箱；
4. 傾斜式平底燉鍋；
5. 蒸氣烹飪設備；
6. 烤焙設備；
7. 油炸設備；
8. 其他設備。

(一)冷藏設備

冷藏設備的類型有兩種。一種是人可進入的步入式冷藏庫，另一種是手可伸入式或移動式冰箱。

1. 步入式冷藏庫（Walk - in Units）

是用於集中存貨的大型冰庫，也可用來儲存待加工和待提供的食物，有時也用來存放用剩的物品。

為了安全起見，即使冰庫的門外邊上了鎖，也應該能夠從裏面向外把門打開。自動恒溫器上還要配備一套高溫警報裝置，用來控制冰庫裏面的溫度。

步入式冰庫可以分隔成不同的部分（冰庫建好後可分部分安裝），每個分隔的部分使用獨立的冷卻系統。按照壓縮機的類型可分為水冷式和氣冷式。壓縮機、冷凝器和蒸發器的型號要和冷藏間的大小相匹配。

冰庫的各分隔部分要有可加鎖的嵌板以確保其密封性和耐久性，製造商通常要保證在正常情況下冷庫的使用年限。冷庫的隔熱層一般是用泡沫材料或泡沫型氨基甲酸乙酯材料製成的。如果預製的冷藏分隔間建在混凝土地板上，那麼地板應該是絕緣的。為防止地板變形，每平方英寸至少要能承受300磅的重量。如果經常要使用重型的運輸設備，在地板上還要鋪上金屬層。

2. 伸入式或移動式冰箱（Reach - in or Rooll - in Units）

是指手可伸入或可移動的小型冷藏設備，一般用於儲存食物製作區內正在使用的食物，有時也在服務員工作區或顧客用餐區使用。在一些小型企業內也可用作主要的冷藏設備。

伸入式冰箱有像家用冰箱一樣的可拉開的門，或者如臥式冷凍櫃一樣的可滑動的門。伸入式冰箱可以從一面開一扇門或從兩面同時開兩扇門。伸入式冰箱還可有一至三個全長的拉門，或者二至六個半長的小拉門。冰箱內裝有固定的存貨架或可來回滑動的標準存貨盤，有些伸入式冰箱設計成可安放的滾動車。也有一些冰箱是置於食物製作區和服務區的櫃檯下面，用於存放少量的食物。

兩面開門的伸入式冰箱通常置於食物製作區和用餐服務區之間。在快餐廳，廚房製作好的沙拉、三明治及冷凍甜點被從朝向廚房的一面開門放入冰箱中，服務員和顧客從朝向餐廳的另一面開門取用。

與步入式冷藏間一樣，伸入式冰箱也需要配備規格適當的壓縮機、冷凝器和蒸發器。泡沫或泡沫型氨基甲酸乙酯材料製成的隔熱層也是十分必要的，冰箱要有無縫的內部結構和可以自動上鎖的門。此外還要有可以調節的設計使冰箱和地板保持平行。定時除霜系統、外設恒溫器和可以上鎖的門也是十分必要的。

(二)多灶眼爐灶（Ranges）

多灶眼爐灶可用於幾乎所有類型食物的烹飪。爐灶可用煤氣或電力加熱。

近年來，多灶眼爐灶十分流行並普遍應用於商業性餐飲業和機關單位的餐飲服務機構中。然而，一些專業性設備的出現，減少了多灶眼爐灶的使用。在一些餐館中，由一個爐灶、一個高壓鍋、一個高壓油炸器和其他專業性的設備組成的操作點，代替了安裝在直線式工作區的一排排多灶眼爐灶。

多灶眼爐灶有兩種基本類型，一種是實體封蓋式，一種是敞口式。實體封蓋式供熱均勻，遍及整個爐灶的頂面部，而環形敞口式爐灶能加熱每個獨立的灶眼，而且可以分別調整。除此之外，實體封蓋與環形敞口相結合的複合式爐灶也有提供。絕大多數的爐灶下面裝有烤箱，有些櫃式爐灶在下面還有貨架或儲存櫃。

專門設計的爐灶包括中國式爐灶和燒烤爐灶。爐灶和烤架可作爲設備的附屬部分購買，一般緊置於爐灶旁邊。上層的爐灶，下面一般裝有油脂收集盤和防濺板以防油脂溢出。

符合規定的二氧化碳滅火器或無毒的化學製劑滅火器應該置於多眼灶具旁邊。爐灶上方的通風系統通常要安裝滅火裝置。在爐灶上烹飪時，油脂引起的危險火焰是很常見的。因此經理人員要對員工強調安全性，並對他們進行安全培訓。

烤箱有許多種類型。在大多數餐飲服務業中，爐灶烤箱是一種傳統的多功能型的食物製作設備。在許多爐灶下面都配有烤箱。

櫃式烤箱在不增加地面面積的情況下，增加了烤箱的容積。可以單獨使用一層，或者多層同時使用，還可以與燒烤式烤箱和烘焙式烤箱組合起來使用。

燒烤式烤箱的內膛高度一般是12英寸到15英寸，而烘焙式烤箱的內部高度一般是8英寸。但這兩種烤箱內部的可用長度和寬度有各種不同的規格類型。

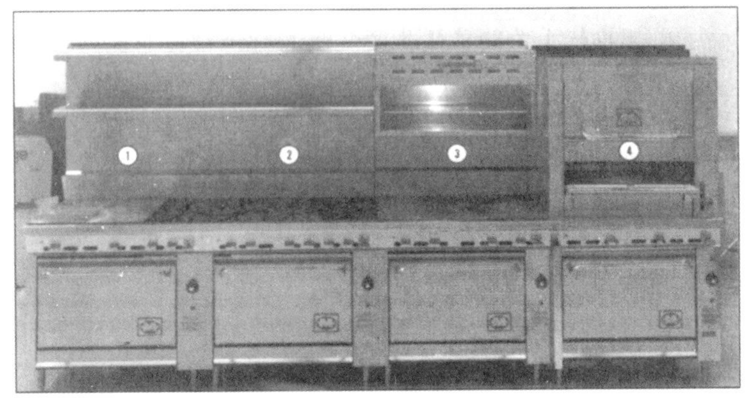

一套大型多灶眼爐灶：(1)兩個 12 英寸的實體封蓋式爐灶和一個 12 英寸的敞口式爐灶，下有標準烤箱；(2)三個 12 英寸的敞口式爐灶，下有標準烤箱；(3)兩個 18 英寸的實體封蓋式爐灶和安裝在上面的一個 36 英寸的乳酪熔化器，下有標準烤箱；(4)獨立烤箱，頂部帶有安裝好的加熱器，下有對流式烤箱。

資料來源：The Montagne Company, Hayward. California.

(三)烤箱（Ovens）

對流式烤箱內部裝有風扇或者風箱，有利於內部的空氣和熱量的流通。這就使得熱量能夠更快地穿透食物，縮短了加熱時間，甚至還允許使用較低的溫度加熱。對流式烤箱有多種類型，有單層的、雙層的和滑動式的（可用帶滑輪的架子直接把食物推入烤箱）。

許多用傳統式烤箱或櫃式烤箱的食物都可以用對流式烤箱烤製。對流式烤箱可以使食物在較短的時間內和較低的溫度下烤製，而且通常還能增強食物的品質。由於對流式烤箱本身的體積小於傳統櫃式烤箱，因而提高了空間利用率，增加了食物的產量。

旋轉式或轉盤式烤箱，是將水平烤架懸在兩個轉動的卷軸上。食物被放入盤中推進烤箱烘烤，直到它們被烤好後出現在烤箱門打開處。這種烤箱的設計防止了烤箱開門時熱量的流失。旋轉式烤箱經常用於大型的餐飲業。

微波烤箱利用電磁波輻射線加熱食物，當輻射線穿透食物時，引起了食物內分子的運動，產生摩擦和熱量。微波烤箱的優點是加熱速度快，容易清洗，降低了火災的危險。

微波烤箱有很多用途。它們可用於烹調不變色的食物。一些微波烤箱還配備了可讓食物上色的零件，使烤製的麵包和其他食物有不同的顏色。

在大量烹製食物的經營中，微波烤箱的主要用途是生產速食食物，以及解凍、加熱和重新加熱小份量的食物。

紅外線（石英）烤箱可用於加熱、烘烤食物和給食物上色。它可以使大塊冰凍在一起的食物解凍。石英烤箱適合於給已經過微波烤箱加熱的食物上色並燒烤

回熱烤箱用於解凍及烹製主菜。也可以當做常規的快速烤箱使用。回熱烤箱有許多不同的用途和各種規格以滿足需求。

註：一套獨立的專業性烤架，用炭和木材烤製食物。
資料來源：Hickory Specialties, Inc., Brentwood, Tennessee.

㈣傾斜式平底燉鍋（Tilting Braising Pans）

其底部是平的，可當做水壺、煎鍋、油炸鍋、蒸鍋、烤箱或保溫／上菜設備使用。用電的傾斜式燉鍋的底部有一塊很厚的不銹鋼板，並可

由其下面的電加熱設備加熱。

傾斜式平底燉鍋在許多食物的烹飪過程中能節約 25 %的時間。它能靈活地用於各種食物的烹製過程。由於它是傾斜的，也容易傾倒和清洗。

(五)蒸氣烹飪設備（Steam Cooking Equipment）

蒸氣烹飪設備廣泛地用於食物加工過程中，它可以自帶一套完備的鍋爐用來產生蒸氣。購買蒸氣設備時通常要購買比實際需要大一些的鍋爐，這樣可以增加更多的蒸氣設備而不必更換鍋爐。購買蒸氣設備時也可以不買鍋爐，而把設備接在統一的蒸氣熱源上。有些蒸氣設備如蒸氣櫃，蒸氣和被蒸的食物不接觸。而有些設備如密封汽鍋，蒸氣直接和食物接觸。

1. 蒸氣櫃（Steam - jacketed Kettle）

蒸氣櫃是一種大型烹飪用具，它的容量從幾夸脫到 100 多加侖不等，一般用於蒸、煮、燉食物。蒸氣櫃有雙層櫃壁，食物由夾層中的蒸氣加熱。在有些蒸氣櫃中，雙層結構只向上延伸到蒸氣櫃身四分之三的部位，在另外一些蒸氣櫃中，雙層結構向上延伸到蒸氣櫃的整個部位。無論哪種蒸氣設備，合理的安全措施是十分必要的，其中包括減壓閥和安全閥。

蒸氣櫃可用於加工肉類、家禽、鍋菜、蛋類、湯類、新鮮或冷凍蔬菜、調味汁以及有餡的肉餅等食物。蒸氣櫃還可以減少烹飪所需的場地和器皿，因爲大的蒸氣櫃要求烹製的食物放在一個容器內，而不是多個。由於蒸氣櫃供熱均勻，所以減少了食物燒焦的可能性。

有些蒸氣櫃可以傾斜，便於傾倒出食物或倒掉清洗櫃壁的水。可傾斜的蒸氣櫃可能裝有排放閥。不可傾斜的蒸氣櫃裏的食物和水只能用水瓢取出。

在蒸氣櫃的旁邊最好有水源，因爲烹飪時通常要用水。清洗蒸氣櫃時也要用水，爲了清洗方便在其旁邊最好還要有個排水槽。

2. 密封汽鍋（Compartment Steamers）

密封汽鍋直接用蒸氣烹製食物，其烹飪方法與高壓鍋很相似。除了油炸、嫩煎或乾炒的食物外，它幾乎能用於烹調所有的食物。

常見的低壓汽鍋在加熱時一般每平方英寸大約有5磅的蒸氣壓力，適用於提供大量食物餐館使用，一般用它來製作大量的食物，尤其是烹製蔬菜、通心粉和雞肉類食物爲最佳。低壓密封汽鍋可用於解凍食物並具有與蒸氣櫃相同的用途。

高壓密封汽鍋一般用於商業性餐館的烹飪程序中，其操作氣壓爲每平方英寸大約15磅。它通常用於烹製方便食物，如袋裝的速凍食物、新鮮貝類和各種即食食物。

3. 對流蒸鍋（Convenction Steamers）

常壓對流蒸鍋一般用於烹製海鮮、蔬菜及其他一些特別需要保持營養成分的食物。

(六)烤爐（Broilers）

烤爐用煤氣或電力加熱，利用熱輻射迅速烤熟食物。通常有兩種類型：高架烤爐和底部燃炭烤爐。

1. 高架烤爐（Overhead Broilers）

高架烤爐上面的加熱元件能向下輻射熱量，這些熱量可加熱下面烤架上的食物。下面烤架和熱源之間的距離通常是可以上下調節的，這會影響烤製時間。例如，烤一片較厚的肉時，如果離熱源太近，可能表面的肉已經烤焦而裏面的肉還沒熟，因此架子應該放得離熱源遠一點，而一片較薄的肉片可以放得離熱源近一點。

小的高架烤爐又叫架上烤爐或頂層烤爐，可置於灶臺上。擱板烤爐的容量較小，但在經營烤製業務較少的餐館已經夠用。它們通常用於食物加工的最後一道工序（如熔化乳酪或給麵包上色配碎屑），或者在不忙的營業時段進行輔助性烘烤設備。

2. 底部燃炭烤爐（Charbroilers）

它的熱源是在食物的下面，而不是上面。待烤制食物放在輻射加熱面的爐格上。在烤制的過程中，由於食物中的汁液直接滴落在下面的滾燙的底盤上並燃燒，使食物產生炭烤焦味和外形。由於這個過程中產生了煙和氣味，因此，要和其他的烹飪設備一樣，炭烤爐要置於高效通風系統下。

小型炭烤爐適用於烤製少量食物，而大型的炭烤爐則具有爐格面積

大的優點。

(七)深油炸鍋（Deep Flyers）

油炸鍋用電或煤氣作能源。常規油炸鍋（桌面式）可容納 15 磅左右的油，而大型的獨立式油炸鍋可容納 130 磅或更多的油。

壓力式油炸鍋有密封的蓋子。在油炸過程中，鍋內壓力增大，縮短了油炸時間，是某些食物理想的油炸設備，如油炸全雞。

經營大量的油炸食物時，可用連續式深油炸鍋。這種油炸鍋中有一套傳送裝置將食物不斷地放入鍋中油炸。食物在傳送裝置上的位置決定了油炸的時間，需要炸較長時間的食物可以放在輸送裝置的末端，這樣可以在油中炸較長的時間。

高品質的炸油增加了食物的口味和延長了保存時間，在選擇炸油時要著重考慮油的品質和燃煙點（油開始分解和起煙的溫度）。

深油炸鍋要有快速的油溫恢復率。油溫恢復率是指加入冷食物後，鍋內的油重新加熱到合適油炸溫度所需的時間。如果沒有快速的油溫恢復率，食物將吸收過多的油脂，品質將受到影響。

普通油炸鍋和壓力式油炸鍋一般備有兩個油炸筐，這有利於一次炸大量的食物或者輪換使用。新型的油炸鍋配備了自動過濾裝置和電腦控制系統，在食物需要油炸時，可自動將油炸筐降低到油中，炸完後自動升起。

許多廚房的火災是由於油炸鍋引起的，因此，油炸鍋放置的位置要具有良好的通風性，它的周圍要放置滅火設備。員工使用油炸鍋前要進行正確使用方法的認真培訓。由於在製作麵包和其他食物的烹製中經常需要進行油炸，所以油炸鍋旁要有足夠的空間是很重要的。而且要有足夠的空間供傳送炸好的食物。在許多餐館中，這一空間就是炸好的食物從油鍋拿出來時要經過的通道，這樣麵包屑、麵糊、油脂等就會滴在通道的地板上，使通道變得不衛生也不安全。

(八)其他設備

上一部分介紹了很多食物烹調設備，還有其他一些食物服務設備如下：

1. 攪拌機；
2. 切削機、切碎機和切片機；
3. 咖啡烹製設備；

4. 洗碗機；

5. 價格低廉的設備。

1. 攪拌機（Mixers）

攪拌機是用於攪拌混合食物的機器設備，它由電動機帶動一個攪拌臂。攪拌機一般置於食物製作區用來製作沙拉調料、攪碎馬鈴薯及混合燉菜原料。置於烤製區的攪拌機用來揉麵和調麵糊。

攪拌機一般分爲兩種類型：容量爲5夸脫到20夸脫的台式攪拌機；容量爲20夸脫到80夸脫以上的立式攪拌機。

攪拌機附加一些配件可用來切、磨、剁或爲燉菜、沙拉和其他菜品準備原材料。立式攪拌機有三種配件：(1)攪拌打漿機，一般用於粉碎、打漿、攪拌、混合食物原材料；(2)攪打機，在打攪過程中把空氣混入原料使其體積膨脹，可以用於攪打乾燥原材料，奶油、雞蛋清或冰霜等；(3)和麵機，通過摺和伸拉運動可以攪拌大塊生麵團。

攪拌機的驅動軸可以用來帶動許多食物生產工具，如磨刀機、榨汁機、切片機等。

攪拌機的另外三種常見的配件是切削機、切碎機和碾磨機。切削機、切碎機的旋轉刀片可以切碎放入的蔬菜和其他食物。碾磨機是透過碾磨盤或碾磨刀的旋轉將食物碾碎。正確地使用這些配件可以儘可能提高廚房工作人員的工作效率。

2. 切削機、切碎機和切片機

切削機（cutters）、切碎機（choppers）和切片機（slicers）也可以單獨地購買。食物切削機／攪拌機有抬式和立式兩種。

台式切碎機也是流行的設備。將食物放入切碎機的滾桶，透過刀具的旋轉和擠壓加工食物，將切碎的食物在滾桶重新旋轉前拿出。爲了使食物更好地切碎，通常要使滾桶多旋轉幾次。

立式切片機能使食物自動經過刀片進行加工，但手工切片機比較常見。如果操作不正確，切片機是十分危險的，所以必須按照製造商的產品說明書操作。經理人員必須對員工進行安全操作和安全清洗的培訓。

3. 咖啡機

咖啡機有很多種類型，幾乎可以滿足所有餐飲服務業的需要。手工

的、半自動的、全自動的咖啡機一次可以製作一杯咖啡或幾加侖咖啡；有的可以固定在櫃檯上或立在地板上，也有安裝在車上可自由移動。

用於飯店和餐館的小型咖啡機，用手工、吸管或虹吸管方法把水注入咖啡粉混合後，再注入玻璃瓶內。宴會和公共場合一般用 3 加侖至 150 加侖的咖啡壺。

煮咖啡的設備必須正確保養，製作和保存咖啡的方法也要恰當。咖啡經銷商一般會為員工的培訓提供大量的資訊。

4. 洗碗機（Dishwashing Machines）

洗碗機有許多種類型，是高價而貴重的設備。最基本的類型是架式洗碗機，餐具放在架上被送入洗碗機清洗。許多洗碗機都有自動清洗和消毒循環系統，不需要人工控制。此外還有大型架式洗碗機，只需將餐具置於架中送入傳送帶，傳送帶把盤子送入機器內，操作人員從傳送帶的另一端把盤子取出即可。

洗碗機裝有去垢劑或者其他化學製劑，如乾燥劑的自動噴淋器。大部分洗碗機需要加熱器把水溫加熱到 180°F（82°C），這是消毒的最低溫度，也有一些洗碗機用低溫和化學製劑消毒。

洗碗機是各類設備中是最貴的設備。其相關的成本包含了洗碗機台、液狀肥皂容器、架子、餐具車以及洗碗工作區本身的成本。恰當的布局和設計對提高員工的工作效率產生重要的作用。此外，還要培訓員工正確地操作和保養設備。

5. 廉價餐飲服務設備

這些設備有很多種類，如：烤麵包機、保溫器、長柄勺、削皮器、量具、刀具、罐和鍋、打蛋器、量匙、麵粉刷、旋轉插頭、烙餅鍋、漏斗、濾網、溫度計、開罐頭器、拌餡桶、擦菜板、拔毛器、砧板、塗奶油刀等等。這些廉價設備的類型和數量沒有統一的規定，每個企業可根據自己的具體情況添置。

三、飲料設備的類型

大多數企業所需要的飲料設備要比食物設備少得多。普通的飲料設備包括：冰箱、冰凍飲料機、玻璃器皿存放區、水槽、攪拌機和一些小具，如吧台上的濾網、調酒器和開瓶器等。

近年來，各種各樣的自動飲料設備開始出現。自動飲料控制系統在提高計算能力和操作控制能力的同時，也提高了生產和服務能力。飲料控制器相當於自動飲料系統的大腦，它通常安裝在靠近飲料儲存區的地方，其主要功能是控制系統內所有的重要機械裝置。飲料控制器將命令輸入終端的要求傳送到系統配送網路，並發出命令使飲料從儲存區流入配送裝置。

自動飲料控制系統使用不同的感應裝置，常見的感應裝置有玻璃杯感應器、客人帳單感應器和空瓶感應器。玻璃杯感應器是一個電子儀器，它安裝在吧台上的飲料配送機內。只有當飲料出口下放有玻璃杯並擠壓飲料配送機之按鈕時，才能流出飲料。客人帳單感應器的功能，是防止自動飲料控制系統在事先未做顧客帳單記錄的情況下，執行飲料輸出命令。當服務員或調酒員輸入了飲料配料已用完的命令時，空瓶感應器就把資訊傳達給命令輸入裝置。

複雜的系統能夠透過命令輸入裝置記錄輸入的資料，透過受控制的配送網路傳輸飲料配料資訊，分發顧客所點飲料的配料，記錄重要的服務和銷售資料，以方便經理人員編制各種報表。

自動飲料控制系統的組成部分包括命令輸入裝置、配送網路和飲料配送機。

(一)命令輸入裝置

在自動飲料控制系統中，命令輸入裝置最基本的功能是記錄、製作、並呈現顧客所需要的飲料價料。基本的命令輸入裝置有兩種：

1. 飲料配送預置鍵

位於飲料配送機上的一組預置鍵是最常見的命令輸入裝置。然而，由於配送機只可以支援 16 個預置鍵，這就限制了自動飲料系統所能控制的飲料品種數目。

2. 鍵盤

鍵盤的功能類似於預檢機；飲料配送是透過每個獨立的硬體來完成的。因為這些硬體支援所有的按鍵（包括預置鍵、價格檢查鍵和修改鍵），鍵盤在飲料自動系統的控制下設置了數目眾多的飲料專案。

(二)配送網路

自動飲料控制系統依靠配送網路把各種飲料配料從儲存區輸送到飲料配送機。圖 12-7 展示了一種配送網路的概況。配送網路是一套能在不同的位置和配送階段調整溫度和壓力條件的電子集成系統。爲了確保適當的溫度條件，配送網路一般配有一套包括冷卻板、冷卻箱或冷卻間的冷卻系統。

許多飲料自控系統透過控制不同的壓力源來發送飲料配料，這些壓力源有重力、壓縮空氣、二氧化碳和氧化氮等。重力和壓縮空氣壓力源用來輸出酒精飲料，氮或氧化氮壓力源用於輸出葡萄酒，壓縮空氣壓力源用於輸出啤酒，二氧化碳調節器用於即溶類軟性飲料。即溶類軟性飲料配送機把果汁和含二氧化碳的水進行混合後調配完成。

幾乎所有的酒精飲料和酒精飲料配料都能透過飲料自動控制系統來儲存、運輸和分發。酒精飲料調配的規格用量能精確地控制，系統通常能控制的標準輸出規格定量爲 0.5 盎司至 3.5 盎司。

(三)飲料配送

飲料配料從儲存區發出，透過配送網路傳送到調製區，然後被配發出來。飲料自動控制系統可以搭配出各種類型的飲料配送裝置。常用的配送裝置包括：

1. 觸摸式吧台飲料板；
2. 飲料輸出控制器；
3. 軟管和輸出口；
4. 小型塔座式飲料配送機；
5. 塔式飲料配送機。

1. 觸摸式吧台飲料（Torch - Bar Faucet）

觸摸式吧台飲料板可置於吧台下面或後面，也可置於製冰機上面或立式底座上。一般來說，按一下觸摸式吧台飲料板只能輸出一種類型的飲料或一種特定規格定量的飲料。如果你想要兩杯波本威士忌，調酒員就要按兩次觸摸吧台飲料板。

2. 飲料輸出控制器（Console Faucet）

飲料輸出控制器幾乎可以置於酒吧任何地方；它們甚至可以置於離

飲料儲存區300英尺遠的地方。飲料輸出控制器可輸出不同類型和不同規格定量的飲料。使用飲料輸出控制器上的按鈕，調酒員可從同一控制器中輸出四種不同規格定量的酒水。

圖 12-7　飲料自動控制系統配送網路

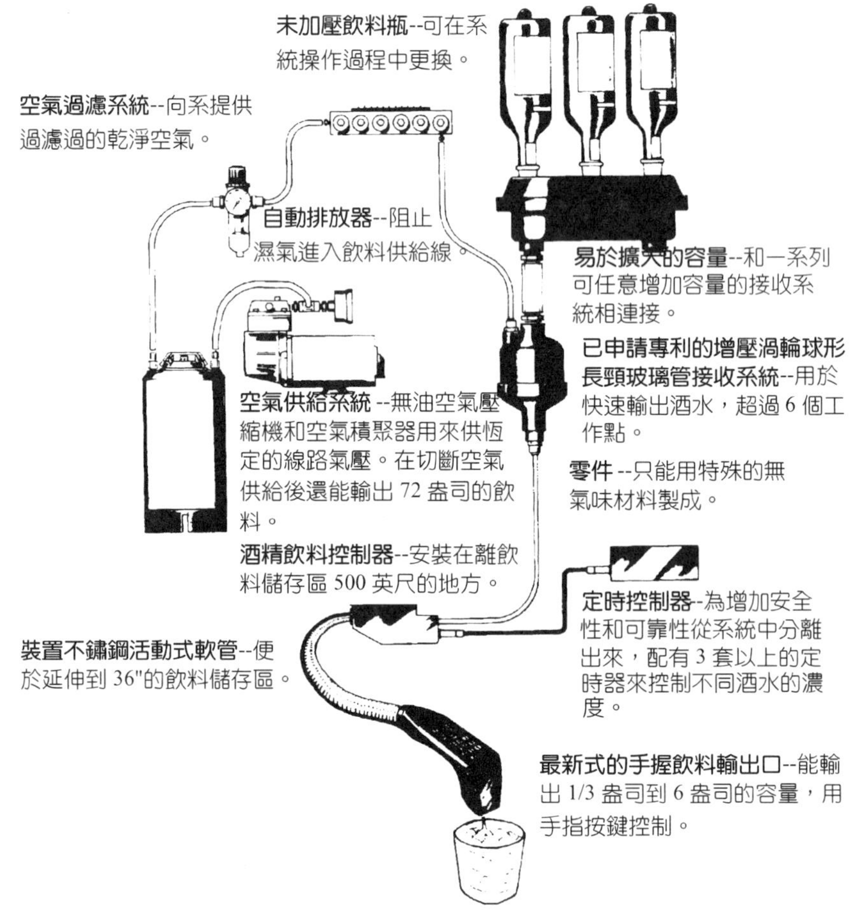
未加壓飲料瓶--可在系統操作過程中更換。
空氣過濾系統--向系提供過濾過的乾淨空氣。
自動排放器--阻止濕氣進入飲料供給線。
易於擴大的容量--和一系列可任意增加容量的接收系統相連接。
已申請專利的增壓渦輪球形長頸玻璃管接收系統--用於快速輸出酒水，超過 6 個工作點。
空氣供給系統 --無油空氣壓縮機和空氣積聚器用來供恆定的線路氣壓。在切斷空氣供給後還能輸出 72 盎司的飲料。
零件 --只能用特殊的無氣味材料製成。
酒精飲料控制器--安裝在離飲料儲存區 500 英尺的地方。
定時控制器--為增加安全性和可靠性從系統中分離出來，配有 3 套以上的定時器來控制不同酒水的濃度。
裝置不鏽鋼活動式軟管--便於延伸到 36"的飲料儲存區。
最新式的手握飲料輸出口--能輸出 1/3 盎司到 6 盎司的容量，用手指按鍵控制。

資料來源：Berg Company, adivision of DEC International, Inc., Madison, Wisconsin.

3. **軟管和輸出口**（Host and Gun Drvice）

軟管和輸出口是一種最常用的飲料輸出裝置。手握輸出口上的控制按鈕透過軟管分別與盛著酒精飲料、碳酸飲料、水或葡萄酒的容器相連接。這種裝置可置於沿著吧台底邊的任何位置，常用於移動酒吧和服務酒吧，按二下按鈕可提供預置規格定量的所需飲料。軟管和輸出口配送的飲料種類數量由裝置上的控制按鈕的數目決定，有些裝置設有 16 個以上的控制按鈕。

4. 小型塔座式飲料配送機（Mini - Tower Pedestal）

小型塔座式飲料配送機，綜合了飲料輸出控制器具有的可輸出不同規格定量飲料的優點與軟管和輸出口具有的按鈕選擇功能的優點。小型塔座式飲料配送機還增加了另外一些控制功能，小型塔座式飲料配送機只需要按下按鈕即可配送飲料，而玻璃杯感應器則需要把玻璃杯直接放入飲料配送口下面。這種自動配送裝置非常適合於配送如葡萄酒、啤酒和白蘭地酒之類的酒水，因爲這些酒水不需要添加其他任何成分。小型塔座式飲料配送機也可以安裝在酒吧區的牆上、製冰機上和底座上。

5. 塔式飲料配送機（Bundled Tower Unit）

塔式飲料配送機是最複雜、最靈活的飲料配送裝置，也叫管塔式飲料配送機。這種配送機能配送多種類型的飲料。配送飲料的命令被輸入一個獨立的硬體，而不是在塔束式飲料配送機上操作。塔式飲料配送機可以支援 110 種以上的飲料產品，並裝有玻璃杯感應器。每一種酒水都有自己進入配送機的通道，不同的壓力系統可用於飲料從儲存區的傳送。塔式飲料配送機可以同時配送某一種飲料所需要的全部配料，酒吧服務員只要對配製好的飲料裝飾一下就行了。這種配送機能置於離飲料儲存區 300 英尺的地方。

註　釋

[1]For more information about dining room environments, see Ronald F. Cichy and Paul E. Wise, *Managing Service in Food and Beverage Operations*, 2nd ed.（Lansing, Mich.: Educational Institute of the American Hotel & Motel Association, 1999）.

[2]This discussion is loosely based on Jack D. Ninemeier and David Hayes, *Beverage Management: Business Systems for Hotels, Restaurants, and Clubs*, 3d ed.（New York: Lebhar-Friedman）. In publication.

[3]*Food Service Equipment Standards*（Ann Arbor, Mich.: National Sanitation Foundation, 1976）.

名詞解釋

飲料控制器（beverage control unit） 是自動飲料控制系統的一部分，它通常安裝在靠近飲料儲存區的地方，主要控制系統內所有的重要機械裝置。

烤爐（broiler） 是一種利用熱輻射從上下兩面烤熟食物的餐飲服務設施。

塔式飲料配送機（bundled tower unit） 自動飲料控制系統中用於分別配送各種飲料的機器，也稱管塔式飲料配送機。

飲料輸出控制器（console faucet dispensing unit） 自動飲料控制系統中的一種機器，可配送不同類型和不同分量的飲料。使用輸出控制器上的按鈕，調酒員可在同一輸出口選擇四種不同規格定量的酒水。

油炸鍋（deep fryer） 把食物浸在熱油中炸熟的食物服務設備。

配送網路（delivery network） 自動飲料控制系統的組成部分，用於把各種飲料的配料從儲存區輸送到飲料配送機。

空瓶感應器（empty bottle sensor） 自動飲料控制器的組成部分，把服務員輸入的某種飲料配料已用完的資訊傳送給命令輸入裝置。

玻璃杯感應器（glass sensor） 安裝在吧台上的飲料配送機內的電子儀器，只有在飲料輸出口下放有玻璃杯時飲料才流出。

客人帳單感應器（guest check sensor） 一種飲料控制感應裝置，可以防止自動飲料控制系統在事先未做顧客帳單記錄的情況下執行飲料輸出命令。

小型塔座式飲料配送機（mini-tower pedestal unit） 是自動飲料控制系統的組成部分，它綜合了飲料輸出控制器具有可輸出不同規格定量飲料的優點與軟管和輸出口具有的按鈕選擇功能的優點。

烤箱（oven） 在一個高溫容器內烹製食物的食物服務設備。例如有櫃式、炙烤式、對流式、旋轉式、微波式、紅外線式和回熱式烤箱。

多灶眼爐灶（range） 具有平坦表面的烹製食物的服務設備，用於炸、烤、煎制食物。多灶眼爐灶有兩種基本類型，一種是實體封蓋式，一種是敞口式。

伸入式或可移動式冰箱（reach-in or roll-in refrigerator） 是指小型的冷藏設

備，一般用於食物加工區或服務員工作區或顧客區內正在使用的食物的儲存。在一些小企業也用於作爲主要的冷藏設備。

蒸氣烹飪設備（steam cooking equipment） 蒸氣櫃和密封汽鍋等食物服務設備，直接或間接地用蒸氣烹製食物。

傾斜式平底燉鍋（tilting braising pan） 一種平底烹飪設備，可當做水壺、煎鍋、油炸鍋、蒸鍋、烤箱或保溫／上菜設備使用。用電的傾斜式燉鍋的底部有一塊很厚的不銹鋼板，用其底部的電加熱設備加熱。傾斜式子底燉鍋在許多食物的烹飪過程中能節約25％的烹飪時間。

觸摸式吧台飲料板（touch-bar faucet） 是自動飲料控制系統的組成部分，按一下觸摸式吧台飲料板，一般只能輸出一種類型的飲料或某種特定規格定量的飲料。

流動線路和工作流程（traffic pattern or work flow） 員工在工作過程中形成的路徑。合理的設計和布局能夠儘可能地使員工少走回頭路，減少許多員工都要經過的交叉路口和其他動線問題。

步入式冷庫（walk-in unit） 用於集中冷藏的大型冷藏設備。

操作點（work station） 一個員工工作或烹製菜品的地方。

複習題

1. 重新設計廚房時應該注意哪些問題？
2. 工作區的布局設計有哪四種類型？
3. 在重新設計接待區和儲存區時，餐飲服務經理要注意哪些問題？
4. 哪些因素對餐廳的環境有影響？
5. 收銀台有哪些基本的設備？
6. 酒吧有哪三種基本類型？
7. 酒吧布局的指導原則是什麼？
8. 在選擇食物服務設備時，管理者要考慮哪些因素？
9. 常用的食物服務設備和飲料服務設備有哪些類型？
10. 常用的烤箱有哪些類型？

欲獲更多資訊，請瀏覽下列網站，但網址名稱變化時不另行通知，敬請留意。

American Gas Association （AGA）
http://www.aga.org/

Hobart Corporation
http://www.hobartcorp.com/

American Society of Sanitary Engineers （ASSE）
http://www.asse.org/

National Electric Manufacturers Association （NEMA）
http://www.nema.org/

Food and Drug Administration （FDA）
http://www.fda.gov/

National Sanitation Foundation International （NSF）
http:/www.nsf.org/

Foodservice. com
http://www.foodservice.com/

North American Association of Food Equipment Manufactures （NAFEM）
http://www.nsf.org/

Foodservice Consultants Society International
http://www.fcsi.org/

Occupational Safety & Health Administration （OSHA）
http://www.osha.gov/

Foodservice Equipment Distributors Association （FEDA）
http://www.feda.com/

Underwriters Laboratories （UL）
http://www.ul.com/

13

CHAPTER

財務管理

本章大綱

- 標準會計制度
- 經營預算
  - 利潤計畫
  - 控制措施
- 損益表
  - 餐館損益表
  - 飯店餐飲部損益表
- 資產負債表
  - 資產
  - 負債
- 比率分析
  - 流動比率
  - 資產負債率
  - 周轉率
  - 獲利率
  - 營運比率
- 現代技術與財務管理程式
  - 應收帳款管理軟體
  - 應付帳款管理軟體
  - 工資管理軟體
  - 財務報表軟體

財務管理主要介紹餐飲業經濟方面的有關問題。在如今變化快速的工商時代，餐飲管理者應盡可能詳細地瞭解財務知識，而不能再依靠傳統的方法：把鈔票裝在雪茄盒中或抽屜裏，而到月底再把它們神奇地變出來。值得慶幸的是，高效的財務管理系統已經在發展中，對於餐飲管理者來說，完成會計和財務管理工作已經不再是什麼難題。

在美國，諸如美國會計協會、美國註冊會計師研究所之類的組織，均已健全了適用於所有工商企業的規則和標準。在旅遊接待業中，餐飲業已經開始使用特定的財務管理系統。財務管理系統的主要目的在於及時報告正確的財務資訊，幫助管理者做出決策。在本章的前一部分，我們將討論標準會計制度。

有了標準會計制度，並非意味著記帳的業務從此就應完全由會計師來承擔。實際上，財務總監和會計師們與餐館經理和一線經理之間是一種職員或顧問的關係。瞭解會計原理和基本財務狀況方面的知識，有助於經理人員對會計師的分析和建議做出可靠的判斷。

在本章中，我們將集中討論餐飲業管理人員有效完成工作所應掌握的財務知識。經營預算，即經營利潤計畫和控制措施是我們詳細討論的內容。至於基本的財務報表，尤其是損益表和資產負債表，我們將從管理的角度加以討論。另外一節是有關財務和經營比率的問題，這些比率有助於經理人員成功地經營餐飲服務企業。

第一節　標準會計制度(Uniform System of Accounts)

有幾個主要的爲餐飲業服務的行業協會，曾出版了一些界定會計帳目和會計報表的手冊。使用標準會計制度的餐飲服務組織可以選擇適用於本企業的會計帳目，而忽略那些不適用於本企業的帳目。標準會計制度可以充當財務管理的樞紐，因爲它能很快地適應企業進入餐飲新業務的需要。

使用標準會計制度並非什麼新鮮的事情，對餐旅業而言亦非獨一無二，《飯店標準會計制度》最早出版於 1926 年。當時，一群傑出的飯店業人士就饒富遠見地察覺出了這一制度對該行業的價值。1926 年後，雖然又出現了許多修訂本，但標準會計制度的基本模式卻保留了下來。在滿足飯店業的基本需求方面，最初的標準會計制度對於該體系的成功顯然是一本聖經[1]。

在旅館業的帶領下，全國餐館協會於 1930 年出版了《餐館標準會計制度》。它的目的是統一餐館經營者之間的共同會計語言，並且爲他們提供衡量經營效果的基礎標準。如今，該會計管理制度已經修訂了七次，許多餐館經營者一直認爲它是很有價值的工作手冊[2]。

爲滿足餐旅業中各餐飲服務機構，包括飯店、餐館、會議中心、俱樂部和醫院等的需要，曾相繼產生了許多標準會計制度，於是標準會計制度便不斷地進行修訂，以適應會計程式的變化和對接待業會計有影響的商業環境的變化。現在，該制度已被各行各業廣泛採用，也被銀行、金融等機構所認可。

餐飲服務經理人員已從經過修訂的、適用於該行業的標準會計制度中受益匪淺，其最大的好處就是會計業務定義的一致性。它爲那些雖來自不同餐飲服務業，卻在同一行業的管理者們討論他們的企業提供了一套共同的語言。使用這套共同的語言，便可以對相同規模、相同服務水準的企業進行有益的比較。當使用標準會計制度的管理者們聚在一起討論行業問題時，他們便會明白自己是在講著同一種語言。

標準會計制度的另一好處是地方和國家統計部門，能夠透過這一制度來瞭解，行業各部門能夠透過這一制度察覺到由發展而帶來的潛在的威脅或機會。另外，用該語言所制定的行業統計報告還可以充當管理者們比較經營績效的共同標準。例如，根據表 13-1 中列出的百分比，你便可瞭解到全國幾種不同類型的餐館的一般財務狀況，當然這些統計數字只能是一般比較的參考數字。如果某家餐飲服務企業的統計結果與同業的結果之間有重要差異，也有可能是由於該企業或地方獨一無二的環境造成的，如果那樣的話，也就沒有必要引起警覺或採取行動了。

要衡量一家餐飲業的財務狀況，其標準是透過該企業的財務預算和該企業自行開發的財務計畫來管理的。

表 13-1 餐館業現金流量預算表

	全服務餐館（每人平均支出 10 美元以上）	有限服務快餐館
現金收入		
食物銷售收入	77.7%	95.4%
飲料銷售收入	22.3	4.6
現金支出		
食物成本	27.4	33.0
飲料成本	6.6	3.3
薪水和工資	29.2	29.5
員工福利開支	3.4	2.7
直接營業開支	7.8	6.0
音樂及娛樂成本	0.7	0.1
市場營銷費用	1.9	3.4
公用設施服務費用	2.1	2.8
餐廳佔用成本	5.3	7.4
維修保養費用	1.7	1.7
折舊費	2.0	2.3
其他營業支出（收入）	(0.6)	(2.9)
管理費用	4.3	3.9
上級管理公司費用	2.1	2.1
利息	1.0	1.2
其他	0.3	0.1
稅前毛利	4.8	3.4

註：所有資料都是建立在 1998 年資料基礎上的加權平均。
所有資料都以總銷售額的百分比來表示。

資料來源：*Restaurant Industry Operations Report 1999* (National Restaurant Assocation and Deloitte & Touche LLP, 1999), P.11

第二節 經營預算（The Operations Budget）

經營預算既是餐飲業的利潤計畫，又是餐飲企業的控制措施，它是利用在損益表中展示所有收益和費用項目（在以後章節中討論）的方式表現出來的。企業的年度預算一般包括每月計畫，於是這些月計畫就成了評價每月實際完成結果的標準。所以，經營預算的重要功能就是完成兩方面的管理：計劃和控制[3]。

在小型餐飲企業裏，通常由管理者或業主制定經營預算。在大型企業裏，則有其他許多人員參與並提供重要的幫助。中級管理人員在同高級管理人員協商的基礎上，制定出與其責任範圍相一致的開支預算標準，或者是由預算委員會對各部門的收支計畫進行審查後再批准各部門的預算。要求員工完成預算目標時，他們通常都能積極地去實現企業的利潤計畫，而不可能會去抵制強加給他們的預算目標。

一、利潤計畫（As a Profit Plan）

經營預算是透過對收入預算、利潤預算和費用預算而制定出來的。將此三項預算結合起來就形成了每年度的經營預算。許多餐飲業在年度預算中，往往要重新估算企業的預期利潤和修訂經營預算，這是因爲預算制定出來之後情況發生了變化，實際執行結果與經營預算大相徑庭，於是就有必要進行重新預算。

㈠收入預算

收入預算是透過預測計畫期的餐飲銷售額來進行的。經理人員可根據歷史銷售記錄和前期所提供的收入資料來制定收入預算，然而，他還必須考慮到其他一些因素。例如，新的競爭狀況、街道改建計畫以及企業無法控制的其他因素都會影響未來的銷售額。其次，一般經濟和社會條件，如通貨膨脹所引起的物價上漲或正在改變的社會生活方式也會影響餐飲服務企業。再次，企業的促銷計畫、改造擴建項目和將來其他的活動安排也可能影響收入預算。

㈡目標利潤預算

如果問一個商業性餐飲服務企業的經理人員預計想獲得多少盈利，回答很可能是這樣的：「盡可能多些」；「至少像去年那樣多」；或者「與競爭對手的利潤一樣多」。這些回答標明了其決定目標利潤的消極方式。大多數消極者都把利潤看作「剩餘物（surplus）」，即把利潤看作收入減去成本後的餘額。

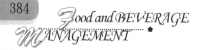

與消極的觀點相反，利潤預算中決定目標利潤是一種積極的行爲，

就是將預期收入減去目標利潤從而得出合理的成本標準。因爲業主和投資者爲餐飲服務業的正常運轉提供了財政支援，經營預算應該採用積極的方式認真考慮業主和投資者的期望。

許多非商業性的餐飲服務場所除了支付直接營業費用外，還必須產生許多營業收入，以支付管理費用、設備折舊和其他成本。這些直接支出之外的營業收入通常被稱作「剩餘」。非商業性餐飲服務場所的管理者們應該把這種必須的「剩餘」考慮進他們的預算之中，正如商業性餐飲服務管理者們必須把目標利潤考慮到他們的預算中一樣。

㈢成本預算

有許多費用支出都直接同銷售量有關，並且會隨著銷售量的變化而變化，例如，食物和飲料的成本就會隨著銷售量的增加而增加。因爲隨著銷售量的增大，就需要購買更多的食物和飲料。透過比較過去成本費用與銷售量之間的關係，便可以估計出成本支出水準。當然還有一些成本，通常指固定成本，包括租金、保險金與許可證費等，並不隨銷售量的變化而波動，所以，對這些成本的預算相對要容易一些。

二、控制措施（As a Control Tool）

建立全面的經營預算能夠使經理人員明白他們所承擔的收入、利潤和成本目標責任，有助於經理人員明確職責，並將預算作爲一個控制措施。

在預算控制的整個過程中，經營者需要認識和分析預算目標與實際執行結果之間的差異。透過對差異的分析和進一步的調查便可以確定產生重大差異的原因。一旦查明原因，經理人員就有可能採取某種行動以糾正這種差異。

爲了有效地利用預算以達到控制的目的，需要一份常規的月度報告。報告的相關內容只需包括營業收入和費用支出這兩項餐飲服務經理人員需要承擔的責任專案。只有這些報告是及時的和相關的，才能顯示出它們的用途。如果在會計期結束幾周之後再發布報告讓經理人員調查重大差異、弄清產生差異的原因、採取必要的行動，那麼這一切就顯得太遲了。從控制的角度來看，月預算表中不需要包括固定成本之類的項目，因爲這些項目比較固定，餐飲服務經理人員也不可能做出決定或採取行動影響這些成本。

這類預算報告應盡可能詳細，使餐飲服務經理人員能夠從中看到差異，並做出合理的決定。實際上，所有的收入預算和成本預算幾乎都不同於實際經營結果，而描述實際經營效果的指標則可以從月損益表中查到（有關食物成本的計算方法，我們放在本章後面論述）。由於無論哪項預算都不是盡善盡美的，所以我們一定會發現其差異。不是所有的差異都應該分析，而是要分析那些重要的差異，並採取糾正偏差之行動。

在財務長的幫助下，高階管理者應該決定什麼是重大差異。當重大差異以現金或百分比表示時，月報表應包括現金和百分比差額，只有這樣才能使管理者們輕易地識別出哪些屬於重大差異。表 13-2 列出的是一個月報表範例，然而每個餐飲服務企業都應根據各自的特殊需要設計出自己的報表型式[4]。

表 13-2　月營業報表範例

月:________														
	當　　月						年___月___日						上年度（同期）	
收入／支出	實際		預算		差異		實際		預算		差異		實際	
	$	%	$	%	$	%	$	%	$	%	$	%	$	%

第三節　損益表（The Income Statement）

餐飲服務業的損益表能夠爲我們提供重要的財務資訊，並反映出指定營業週期內的經營情況，該營業週期可以是一個月或更長的時間，但不可能超過一個年度[5]。

損益表中所報告的財務資訊是在記帳過程中產生的，當交易發生時，就記入了相關的帳目。每當月末，各種資料和調整專案就表現了出來，並透過帳目總額來準確反映當月的經營活動。

因爲損益表揭示了一定時期的經營效果，所以它是判斷管理效能和效率的重要方法。在本章的後半部分，我們將重點討論評估管理效能的常用比率問題，而用來計算這些重要比率的許多資料則都直接來源於損益表。

一、餐館損益表（Restaurant Income Statement）

餐館業損益表主要包括從食物飲料銷售中產生的營業收入、成本和毛利。表 13-3 所列就是虛構的白蘭地餐館（非連鎖店）1 月份的損益表樣本。

請注意，在該損益表中還列出了可控制成本費用的金額，顧名思義，可控制成本費用是指餐飲服務業經理人員能夠控制的成本費用。如前所述，列在佔用成本中的那些項目有時是指固定成本和固定費用，這些成本費用是餐飲服務管理人員所不能控制的。

多數餐館除列出損益表外，另外都還附有明細表，目的是爲了提供更加詳細的專案資訊。例如，像白蘭地餐館的損益表後就有可能附有一份詳細記錄其 1 月份食物營業收入的明細表。由於管理資訊的需要，明細附表可以用餐別（早餐、中餐、晚餐），或地點（餐廳、酒廊、宴會廳等）來記錄食物收入。明細附表中的食物總收入將會與損益表中的食物總收入（533250 美元）完全一致。該類計算方法將在本章的後面詳細論述。

二、飯店餐飲部損益表

飯店餐飲部的損益表實際上是各個部門報表中收入和支出的匯總，其中也包括不屬於任何部門的其他項目，例如像所得稅，就沒有分配到某一個特定的部門。表 13-4 列出的就是虛構的多羅（DORO）飯店的年度損益表情況。

因爲損益表是財務報表的首要內容，所以便將其定爲表A，而其他所有附件則均以 A 後附序號來表示。例如，「A2」（表 13-4 中「明細表」欄的第 2 行）指的是表 A2，即表 13-5 中的餐飲部年度損益表。

表 13-3　餐館損益表範例

白蘭地餐館損益表 截止日期：20××年元月31號		
營業收入	總計(美元)	百分比(%)
食物	533,250	71.9
飲料	208,500	28.1
食物飲料的營業收入總額	741,750	100.0
銷售成本		
食物	217,033	40.7
飲料	58,172	27.9
成本總額	275,205	37.1
毛利		
食物	316,217	59.3
飲料	150,328	72.1
毛利總額	466,545	62.9
其他收入	8,250	1.1
總收入	474,795	64.0
可控制的費用		
工資	203,981	27.5
員工福利	35,604	4.8
直接營業費用	48,214	6.5
音樂和娛樂費用	6,676	0.9
廣告促銷費用	14,093	1.9
公用事業費用	18,544	2.5
管理費用	40,055	5.4
維修和保養費用	12,610	1.7
可控制費用總額	379,777	51.2
營業毛利	95,018	12.8
營業成本		
租金、資產稅和保險金	35,604	4.8
利息	6,676	0.9
折舊	17,060	2.3
其他附加和扣除	(2,967)	(0.4)
	56,373	7.6
稅前淨利	38645	5.2

表 13-4 飯店損益表範例

多羅(DORO)飯店公司年度損益表

截止到 20××年 12 月 31 日　　表 A

	明細表	營業淨收入	銷售成本	工資及相關費用	其他費用	收入(虧損)
營業部門收入						
客房	A1	$897,500		$143,140	$62,099	$692,261
餐飲	A2	524,570	$178,310	204,180	54,703	87,377
電話	A3	51,140	60,044	17,132	1,587	(27,623)
其他營業部門	A4	63,000	10,347	33,276	6,731	12,646
租賃及其他收入	A5	61,283				61,283
營運部門總計		1,597,493	248,701	397,728	125,120	825,944
共攤成本費用						
管理費用	A6			97,632	66,549	164,181
市場營銷	A7			35,825	32,043	67,868
資產營運與維護	A8			36,917	24,637	61,554
燃料費	A9				47,312	47,312
共攤成本費用總額				170,374	170,541	340,915
固定成本前收入		$1,597,493	$248,701	$568,102	$295,661	$485,029
固定成本						
租金	A10					28,500
資產稅	A10					45,324
保險金	A10					6,914
利息	A10					192,153
折舊和抵押固定	A10					146,000
費用總計						418,891
所得稅前收入和資產處理所得						66,138
資產處理所得						10,500
所得稅前收入						76,638
所得稅						16,094
淨收入						$60,544

資料來源：Raymond Cote, *Understanding Hospitality Accoutning* II, 3rd ed. (East Lansing, Mich:Educational Institute of the American Hotel & Motel Association, 1997), P.290

表 13-5 多羅飯店餐飲部損益表

多羅飯店餐飲部年度損益表 20××年 12 月 31 日		A2	
	食物	飲料	總計
營業收入	$360,000	$160,000	$520,000
折扣	1,700	130	1,830
淨收入	358,300	159,870	518,170
餐飲成本費用			
餐飲直接成本	144,400	40,510	184,910
減員工用餐成本	9,200		9,200
餐飲銷售的淨成本	135,200	40,510	175,710
其他收入			
其他營業收入			6,400
其他銷售成本			2,600
其他淨收入			3,800
毛利			346,260
費用			
薪金和工資	177,214		
員工福利	26,966		
工資和相關費用總計		204,180	
其他費用	7,779		
瓷器、玻璃器皿和銀器	3,630		
合同洗滌費用	2,074		
廚房燃料	5,182		
水洗和乾洗	800		
證照費用	16,594		
音樂和娛樂	11,409		
營業性供給品	2,568		
制服	4,667		
其他營業性支出		54,703	
其他費用總計			
費用總額			258,883
部門收入（虧損）			$87,377

資料來源：Raymond Cote, *Understanding Haspitality Accoutning* Ⅱ, 3rd ed. (East Lansing, Mich:Educational Institute of the American Hotel & Motel Association, 1997), P.133

表13-5所示即爲飯店損益表中的全部內容，「食物和飲料」一項則合併計算。由於成本是綜合的，所以在多數飯店財務管理中都將食物和飲料成本合併在同一個業務部門進行管理。但食物和飲料的營業收入與成本是分開的，這樣才便於計算各部門經營的毛利率。

如表13-5所示，提供給飯店員工的工作餐費降低了飯店的餐飲成本。總括來說，飯店各部門都要負擔本部門員工的工作餐費。

與餐飲收入不相關的少量收入則被放在一起作爲單獨項目，稱爲「其他收入」。這個項目可能包括來自小吃的銷售的收入、出售機器設備的收入以及服務費和會議室出租收入。

廚師、服務員、麵包師、會計師、洗碗工以及其他餐飲員工的工資費用是由餐飲部門來支付的。廚房燃料，即廚房烹飪用的煤氣和電也是由餐飲部門支付的。爲顧客服務的音樂和娛樂同樣也作爲這個部門的費用[6]。

㈠實際食物成本的計算

我們知道，經過認真研究而製定出來的經營預算，其中必須設立收入目標和成本目標，而在損益表中則必然顯示出實際經營結果[7]。餐飲服務經理人員工作的關鍵是實施控制的功能：制定標準（在營業預算中）、估計實際結果（在損益表中），以及將預算與損益表進行比較，而決定是否需要採取行動。即使企業有一個會計師或餐飲財務長，經理人員也必須明白並參與這一過程。下面我們來看一看食物成本以及損益表中的實際成本是怎樣計算出來的。

爲比較實際成本與預算成本，特制定如下規則：

1. 實際成本必須和預算成本（或「標準成本」）以同一種方式表示。如果餐飲預算成本以營業收入的百分比表示，那麼實際成本也必須以同樣的方式表示。
2. 實際成本與預算成本必須使用同樣的用餐時段。如果預算成本以營業收入的百分比來表示，並且包括所有的用餐時段，那麼實際成本也必須是這樣。
3. 計算實際成本要考慮的所有因素必須包括用來估計預算成本的所有因素。例如，預算成本中不包括食物飲料的運輸費、員工餐費、招待餐費，那麼實際成本中也不應該包括這些費用。

4. 實際成本的計算必須建立在即時的基礎上。決策者必須儘快瞭解實際成本與預算成本之間的差距以及差距的程度。

「食物成本」的技術用語是「銷售成本」，即在會計帳期間內發生的用來創造食物收入的食物成本。

每月基本的食物銷售成本可按如下方法計算：

銷售成本＝期初存貨量＋購買量－期末存貨量

例如，（假設）

	食物
期初存貨	$ 124,500
購買量	＋ 85,000
期末存貨	－ 112,000
銷售成本（食物成本）	$ 97,250

食物成本百分比是透過食物銷售成本除以營業收入，然後再乘以100%來計算的：

食物成本÷營業收入×100%＝食物成本百分比

例如，假定食物營業收入爲 284,500 美元，食物銷售成本爲 97,250 美元。食物成本百分比可按如下方法計算：

$97250÷$284500×100%＝34.18%

表 13-6 是一些可用來計算銷售基本成本的資料，應注意的就是存貨額應每月計算一次。某會計期間的最後一天的最終存貨額與下一個會計期間之第一天的最初存貨額亦應是一致的。

表 13-6　計算基本銷售成本的數據

需要的數據	食物銷售成本
期初存貨	實物存貨表（上月）
＋購買量	日收貨報告及送貨發票
－期末存貨	實物存貨表（當月月末）

每月的食物採購額可從一定階段的每日驗收報告中查得，送貨發票就附在這些檔後面。如果要準確無誤地完成每日驗收報告，就應將食物和飲料的採購分開，以減少計算這些資料所需要的時間。如果不需要每日驗收報告，那麼採購額就是送貨發票的總額。這些都可以透過「貨款申付備忘憑證」進行調整。

食物的期末存貨額可以直接依照實物存貨表計算出來。在存貨計算時，某一階段所使用的程式是一致的：

1. 用來計算存貨額的方法應該是一致的。
2. 操作點每次採購食物的費用必須是一樣的。
3. 無論存貨的損耗是在儲存區發生還是在過程中發生，都應被看作在「儲存區」，並應以同一方式對待。

(二)基本銷售成本的調整

確切地說，經理人員計算銷售成本的目的，是爲了相對準確地瞭解在產生營業收入過程中所發生的成本。然而，爲了使收集的資訊更加有意義、有效用，對基本銷售成本做一調整是有益的。這是因爲未經調整的基本銷售成本將包括與產生營業收入沒有直接關聯的成本。例如，在飯店營運時員工用餐是免費的（或爲優惠價），如果不做出適當調整來彌補員工用餐，那麼食物成本（以及計算出的食物成本百分比）就會增加。這樣產生的食物成本費用不是用來產生營業收入，而是被員工花費掉的。我們把這種成本當做人工費用或福利費用要比當做食物成本更加合適。

有些餐飲經理把未經調整的銷售成本作爲他們的月餐飲成本，因爲他們不相信調整期間所增加的準確依據。不過，即使有些年收入水準相對較低（五十萬美元以下）的企業，當他們進行調整以獲取更加準確的銷售成本資料時，也會重視食物成本中的重大差異。

調整基本銷售成本時，扣除的部分必須加到其他的成本科目中。如果經理人員想對創造收入的食物成本有更準確的認識，就可以像表13-7那樣做出調整。這些調整在下面的篇幅還要進行討論。爲了使這些成本的比較更有意義，所有的調整都必須參照預算食物成本的計算方法，而月實際食物成本也應該與預算目標、前期的財務報表等進行比較。

1. 食物成本轉移：把食物從廚房轉移到酒吧，從而降低了食物的成本。例如，把水果作爲裝飾品或者將冰淇淋當成是飯後飲料的用途。因爲這些轉移被用來產生飲料的營業收入，所以它們可比較適合於算作飲務部分的營業費用。這種調整可以減少食物費用而增加飲料費用。

2. 飲料成本轉移：把食物從酒吧轉移到廚房，從而增加了食物的成本。例如，把烹飪用的料酒成本或者在桌邊製作甜點時用於產生火焰的白酒成本轉移。雖然這些費用首先要計算到飲料費用內，但它們並不產生飲料的營業收入，它們通常會增加食物營業收入。所以，這些成本可能更適合於計算到食物裡。這種調整將會增加食物成本而減少飲料成本。

3. 員工餐費用：對員工餐成本的計算通常是以用餐員工數乘以一個固定數值，這個固定數值表示每餐的食物成本。這種食物成本可以從食物銷售成本中扣除掉，並且計算到員工的福利項目中（計算員工餐費的程式超過了本章討論的範圍。由於它們涉及到法律因素[包括按週計薪和按小時計薪法]和所得稅等問題而有些複雜。有興趣的讀者可與全國餐館協會、勞工部門或會計師聯繫獲得最新資料）。

4. 招待餐費用：招待用餐是指有時提供給參觀本企業或其他目的的預期客人的用餐。這些成本可以被看作是行銷部門的成本費用。於是，食物銷售成本可能會因此而減少，成本也有可能被轉移到相關的行銷帳款中。

表 13-7　基本銷售成本調整表

食物銷售成本	付給
期初存貨額 ＋購買額 －期末存貨額	
未經調整的食物銷售成本	
＋轉移到廚房的費用 －從廚房轉移出的費用 －員工工作餐費 －招待餐費	食物成本 飲料成本 人工成本 促銷費用
食物銷售成本淨額	

第四節 資產負債表（The Balance Sheet）

資產負債表是透過表現某一時間段內企業的資產、負債和業主權益的情況來說明餐飲服務企業的財務狀況的。要瞭解出現在表上的序列分類背後之邏輯關係的關鍵，是要瞭解該表是怎樣用來揭示企業財務狀況的。資產負債表分類包括：

1. 資產；
2. 負債；
3. 業主權益。

簡單地說，資產表示一家企業所擁有的具有商業價值或交換價值的全部資產；負債則表示其他單位（如債權人）對資產的權力要求；業主權益表示所有者對資產的權力要求。在每一個資產負債表中，總資產必須與負債和業主權益部分之和保持一致（即保持平衡）。因此，資產負債表的記錄格式恰好反映了基本的會計公式：

資產＝負債＋業主權益

表13-8表明的是一家虛構的稱爲「得波」的小型獨立牛排餐（Deb's Steak- house）的年末資產負債表。在下面的篇幅中我們將簡要地描述資產負債表中兩個主要的項目「資產」和「負債」。資產負債表中「業主權益」專案會隨著企業組織的形式，個體制、合夥制或公司制的不同而變化[8]。

一、資產（Assets）

資產負債表中的資產可劃分爲流動資產和固定資產。流動資產是指那些可以在一年內變換爲現金的資產，其他的資產則都屬於固定資產。

流動資產可按照它們流動的順序進行排列，即按照它們變換爲現金的難易程度進行排列。這裏的「現金」包括銀行存款現金、支票現金、儲蓄帳戶現金、有價證券等。「應收帳款」包括所有應該從客戶處收回的帳款。「存貨」包括用於轉賣的商品，例如，食物原材料及營業供應品。「預付費用」包括預付利息、租金、稅金和契約之相關費用。

表 13-8 得波牛排餐館資產負債表

得波牛排餐館資產負債表				
20 年××12 月 31 日				
資產				
流動資產				
現金			$34,000	
應收帳款			4,000	
存貨			5,000	
預付費用			2,000	
現有資產總額				$45,000
財產和設備	成本	累計折舊費		
土地	$30,000			
建築物	60,000	$15,000		
家具和設備	52,000	25,000		
瓷器、玻璃器皿、銀器	8,000			
合計	150,000	40,000		110,000
其他資產				
抵押品押金			1,500	
開辦費			2,500	
其他資產合計				4,000
資產總計				159,000
負債				
流動負債				
應付帳款			$11,000	
應收稅收			1,000	
預提費用			9,000	
長期的流動部分			6,000	
流動負債合計				$27,000
長期負債				
應付抵押金			40,000	
長期負債中非流動額			6,000	
長期負債淨額				$34,000
負債總計				61,000
業主權益				
資金,得波·貝利---20××年 12 月 31 日				98,000
負債和業主權益合計				$159,000

資料來源：Raymond Cote, *Understanding Haspitality Accoutning* II, 3rd ed. (East Lansing, Mich:Educational Institute of the American Hotel & Motel Association, 1997), P.76

資產負債表中的「財產和設備」部分列出的是固定資產。正如表13-8所示，建築物的成本、家具和設備的成本隨著「累計折舊額」的增加而減少。

資產負債表中的「其他資產」包括不適合於其他項目的資產。例如，一般公用事業基金的抵押品押金以及用於其他類似抵押的基金。

二、負債（Liabilities）

資產負債表中的負債分爲流動負債和長期負債。流動負債是指在一年內需要支付現金的一種債務，長期負債通常是指長時期負擔的債務或簡單地稱其爲長期債務。

「流動負債合計」一項是爲了提醒餐館經理有關營業現金需要量的情況，它通常與流動資產的總額進行比較。餐飲服務經理應注意的則是「應付帳款」，它顯示了未付帳款清單的總額，即企業購買商品和服務中所產生的債務。

第五節 比率分析（Ratio Analysis）

比率顯示的是兩個數字之間的數學對比關係，它能夠給我們提供新的資訊。比率和比率分析使財務報表或企業報告中的資料更有意義，更具資訊性和實用性。

作爲一種實用的財務分析方法，比率必須能與其他標準進行比較。用某一企業的相關資料計算出來的比率通常可以依據三種基本標準進行評估：過去的比率、同行業平均比率、經營預算比率。

將現行的比率與過去同期比率進行比較，能揭示出經營中發生的重大變化。例如，如果出現本月的食物成本百分比高於上月的情況，經理人員就需要調查導致成本提高的原因，並採取相關的補救措施。

行業平均水準爲我們提供的是另一個有用的標準。在計算出餐飲服務企業的投資報酬率（ROI）後，投資者就希望用這個指標與同類型餐飲服務企業的平均投資報酬率進行比較。用該企業的投資報酬率與全國平均水準進行比較之後，投資者就可知道該企業有效地利用資金爲投資者創造利潤的能力在全國處於什麼樣的水準。

現行比率最好能與計劃目標比率進行對比。例如，爲了更有效地控制人工成本，管理者就會在企業的預算中做出計畫，把當年的人工成本率控制在一定的目標範圍內。如果預算的人工成本率稍低於往年的平均水準，那麼這種降低的人工成本率的期望就反映了經理人員付出的努力：改進班表安排、增加產量、控制與人工相關的其他因素。透過將實際人工成本率與預算的成本率進行對比，經理人員就可以知道相對於去年，他們在控制人工成本方面可以做哪些努力。

用不同的標準計算出來的比率會得出不同的評估結論。例如，當年的食物成本爲33%，與去年34%的比率和行業平均36%的比率相比，就是該企業的一個有利的指標。但相對於該企業32%的計畫目標，卻又是一個不利的指標。所以，用比率分析來評估企業的結果時，必須小心行事。

按照比率提供資訊的類型不同，我們通常可以將其劃分爲以下五組：

1. 流動比率；
2. 資產負債率；
3. 速動比率；
4. 營業獲利率；
5. 經營能力。

對比率的全面討論超出了本章的範圍。下面對包含在五種指標中的比率關係給予一般性的介紹[9]。

一、流動性比率（Liquidity Ratios）

流動性比率表明了餐飲服務企業短期償債的能力，最常用的比率就是流動比率（current ratio），它是總流動資產除以總流動負債。用表13-8展示的資料，得波牛排餐館的流動比率可以計算如下：

流動比率＝流動資產／流動負債

＝$45,000／$27,000

＝1.67或1.67～1

由上可知，在得波牛排餐館擁有每1美元的流動負債時，其擁有的流動資產是1.67美元。這樣，每1美元的流動負債都有0.67美元的緩衝餘地。

業主和股東都喜歡較低的流動比率而不是高的。這是因爲相對於固定資產的投資而言，他們大多數人都把流動資產看作是不具備生產性的。債權人則通常更喜歡較高的流動比率，因爲這樣可以保證及時回收資金。管理者則持中庸態度，他們努力使業主和債主雙方都滿意。

二、資產負債率（Solvency Ratios）

資產負債率是衡量餐飲服務企業利用負債進行經營活動的能力。如果一個企業負有大量債務，它履行長期償債義務的能力就可能存在問題。當一個餐飲服務企業的資產超過負債時，便說明它具有償付能力。資產負債率通常又稱爲舉債經營比率，即將負債總額除以資產總額。依據表13-8的資料，得波牛排餐館的資產負債率可以計算如下：

資產負債率＝總資產／總負債
＝$159,000／$61,000
＝2.61

該結果顯示，得波牛排餐館擁有每1美元的負債時，就擁有2.61美元的資產。業主和股東通常喜歡較低的資產負債率。債權人則更喜歡較高的資產負債率。管理者則持中立態度，他們努力使業主和債主雙方都滿意。

三、周轉率（Activity Ratios）

周轉率反映了餐飲服務業運用資產進行經營的能力。管理者對存貨、固定資產和其他資源進行管理，通過提供產品和服務，爲業主創造收益。餐飲服務業的一個重要周轉率是存貨周轉率。

存貨周轉率（inventory turnover ratio）顯示了正在使用的存貨的周轉速度有多快。通常，存貨周轉得越快越好，因爲存貨的儲存保養費用是昂貴的。儲存費用包括儲存空間的折舊、冷藏費用、保險金、保管人員的工資、記帳費用，以及存貨佔用資金所導致的機會成本損失。

食物存貨周轉率可以用食物成本除以平均食物存貨來計算。平均食物存貨可以用期初的存貨加上期末的存貨之和除以2來計算。假定在某月，得波牛排餐館記錄有如下資料：期初食物存貨$5,000；期末存貨$6000；食物成本爲$18,975。該月的存貨周轉率可以計算如下：

平均食物存貨＝（期初存貨+期末存貨）／2
＝（$5,000+$6,000）／2
＝$5,500

食物存貨周轉率＝食物成本／平均存貨

＝$1,8975 ／$5,500

＝ 3.45

這就意味著每月的食物存貨周轉爲3.45次。

雖然較高的食物存貨周轉率是需要的，因爲它意味著餐飲服務業以較少的存貨投資進行運轉。但是太高的存貨周轉率則表明可能存在缺貨問題。不能爲顧客提供特定項目的服務。這不但會使顧客感到失望，而且長期如此還會導致業務量的減少。存貨周轉率太低可能暗示食物儲存太多，不但會導致儲存費用增加，而且損壞或丟失成本也是一個問題。

飲料存貨周轉率的計算類似於食物存貨周轉率的計算，應該與食物的計算分開。有些餐飲服務企業，則按照不同的飲料類型（如啤酒、葡萄酒、白酒）分別計算它們的周轉率。

四、獲利率（Profitability Ratios）

獲利率指標反映了管理的整體結果，它可以用營業獲利率和投資獲利率來衡量。常用的獲利率指標是營業獲利率（profit margin），它用來測定在營業收入的基礎上產生利潤的能力。營業獲利率是將稅前淨利潤除以總收入來確定的。淨利是從收入中扣除所有的成本費用後保留下來的收益。利用表13-3中的資料，白蘭地餐館在1月份的營業獲利率可以如此確定：

營業獲利率＝稅前淨利／餐飲總營業收入

＝$38,645 ／$741,750

＝ 5.2%

如果營業獲利率低於期望值，那麼就應該考察一下成本費用和其他因素。較差的定價策略和較低的營業收入都可能是營業獲利率偏低的原因。

五、營運比率（Operating Ratios）

營運比率可以幫助經理人員分析其餐飲服務業的營運狀況。許多營運比率與成本費用和營業收入有關係，這有利於實施經營控制。例如，對食物實際成本率進行計算，將食物實際成本率與預算成本率進行對比就可以評估出食物成本的控制情況。重大的偏差被調查出來後，就可以明確實際成本與預算成本之間存在偏差的原因。表 13-9 展示的就是一些對餐飲服務管理者有用的營運比率。下面我們就對常用的幾個營運比率進行討論。

㈠食物成本率

如前所述，食物成本率是一個很重要的食物服務比率，即將已經賣出的食物成本與銷售收入進行比較。多數餐飲服務經理人員就是依靠這個比率來判定食物成本是否合理的。依據表 13-3 的資料可知，白蘭地餐館 1 月份的食物成本百分比如下：

食物成本率＝已售食物的成本／食物銷售收入
＝$217,033／$533,250
＝40.7％

這就意味著每 1 美元的食物銷售收入中，需要付出 0.407 美元的成本。這些成本包括購買、運輸、裝卸和儲存食物。食物成本率應該與食物成本預估值進行比較，併發現存在的重大差異。經理人員除了關心那些食物成本率比高於其預估值的專案外，還應該關心那些食物成本率低於其預估值的專案。因爲較低的食物成本率，可能暗示著提供的食物質量低於其期望值，或者低於標準食譜的質量要求。食物成本率相對高於預估值，就有可能出現控制不當、食物成本過高、偷竊、浪費、損壞或其他因素。

㈡飲料成本率（Beverage Cost Percentage）

飲料成本率是將飲料成本除以飲料收入得來。依據表 13-3 的資料，白蘭地餐館 1 月份的飲料成本率可以確定如下：

飲料成本率＝已售飲料成本／飲料銷售收入
＝$58,172／$208,500
＝27.9 或 28%（約）

該結果表明，每 1 美元的飲料收入中包含有 0.28 美元的成本，該成本包括購買、運輸、裝卸和儲存飲料。與食物成本率一樣，飲料成本率也最好能與同期的預估值進行比較。有些餐飲服務業也按照飲料類型、飲料貨源分別計算飲料成本率。

表 13-9　常用營運比率

	總收入（%）	部門收入（%）	部門總成（%）	本去年同期相比（%）	預算相比（%）	可用房間（%）	已用房間（%）	每張可用的座位（%）	每位客人（%）	每平方英尺（%）	每位全職員工（%）	工資總額（%）
食物												
營業收入	•			•	•	•	•	•	•	•	•	
銷售成本		•	•	•	•			•				
工薪、工資和福利		•	•	•	•			•	•			•
其他費用		•	•	•	•				•			
部門利潤		•		•	•			•	•	•	•	
飲料												
營業收入	•			•	•	•	•	•	•	•	•	
銷售成本		•	•	•	•							
工薪、工資和福利		•	•	•	•			•				•
其他費用		•	•	•	•							
部門利潤		•		•	•			•		•	•	

(三)人工成本率（Lobor Cost Percentage）

在多數餐飲服務業裏，人員的報酬是最大的一項開支。人工費用包括工資、津貼與工資稅等。人工成本率通常是由人工總成本除以總收入來決定的。依據白蘭地餐館的工資總數（$203,981)和員工福利總數（$35,604)，其1月份的人工成本率可以計算如下：

人工成本率＝人工成本／餐飲收入總額

＝（$203,981＋$35,604）／$741,750

＝$0.32 或 32%

該結果表明每1美元的餐飲收入中包括0.32美元的勞動力成本。正如食物成本率一樣，這個比率最好能與同期的預估標準進行比較。有些

餐飲服務企業按照人工的類型、餐飲的類型（如餐廳、酒廊、宴會廳等等）分別計算勞動力成本比。

(四)每人平均消費額（aberage food service check）

每人平均消費額是由餐飲總收入除以用餐顧客的人數。如果白蘭地餐館在某時期有100位客人用餐而得到1,500美元的營業收入，那麼每人平均消費額可計算如下：

每人平均消費額＝餐飲收入總額／用餐客人數
＝$1,500／100
＝$15

每人平均消費額通常根據不同的用餐區和不同的用餐時間分別進行計算。此外，經理人員經常單獨計算本企業的每人平均飲料消費額。

(五)座位周轉率（Seat Turnover）

座位周轉率是在某一個用餐時段內某一座位被佔用的次數。這個比率是由某一用餐時段的用餐顧客人數除以可用的座位數而獲得。如果白蘭地餐館在一個用餐時段用38個可佔用的座位服務了100位顧客，那麼座位周轉率可計算如下：

座位周轉率＝用餐客人數／可佔用座位數
＝100／38
＝2.6次

該結果顯示，在某一用餐時段內每一個可用座位佔用了2.6次。當座位周轉率上升時，就說明某一時段有較多的顧客用餐，就會產生較多的銷售收入。

第六節　現代技術與財務管理程式

餐飲服務電腦系統是多種多樣的，因爲有著不同的財務管理軟體程式，其中四個主要的軟體程式都是有關應收帳款、應付帳款、工資管理和財務報表這些基本會計職責的。在下面的篇幅中我們將主要瞭解這些程式。

一、應收帳款管理軟體

「應收帳款」指的是已計入「收入」而尚未收回。應收帳款軟體應具有下列功能：

1. 保持帳目平衡；
2. 處理帳單；
3. 控制收帳活動；
4. 分析應收帳的帳齡；
5. 製作包含所有應收帳的審計表。

應收帳軟體通常擁有一個客戶主檔案，這個檔案包括客戶資料和記帳資訊，如本次付款與上次付款之間的天數等。許多應收帳款軟體都包含一個帳齡檔案，根據原始記帳日期對帳目進行劃分。

二、應付帳款管理軟體

「應付帳款」指的是購買食物、供應品、設備或其他商品與服務時發生的債務。應付帳款管理軟體包括一個供應商主要檔案、一個票據記錄檔案、一個支票登記檔案。其特徵如下：

1. 供應商發票的郵寄；
2. 監測供應商付帳期限；
3. 確定應付金額；
4. 製作付款支票；
5. 便於調整作廢支票。

應付帳款軟體通常有一個現金預算報表，該報表中所記錄的是所有的付款發票以及相關的現金需求量。

三、工資管理軟體

工資管理是整個食物服務電腦系統的一個重要組成部分。工資管理軟體中包含有工資管理的職責，並能處理諸如考勤記錄、員工福利、工資比率、股份、折扣及工資報表等複雜的事務。工資管理軟體通常具有下列功能：

1. 保持員工主要檔案；
2. 計算支付月薪和週薪員工的工資總額；

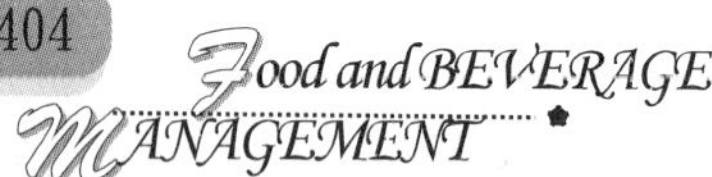

3. 製作工資支付單；

4. 準備工資稅登記和報告。

在餐飲業裏，一個員工可能在幾個不同的工作班表裏負責不同的工作；每項工作都應有一個工資率，所以工資管理軟體必須能處理工作編碼、員工工作餐、工作服發放、小費、稅收以及能影響員工淨工資的其他所有資料。

四、財務報表軟體

財務報表軟體（又稱分類總帳軟體），包含有餐飲服務企業所用的財務報表帳目和會計資料。這個軟體的作用是保持帳目平衡、記錄試平衡、計算財務和經營比率及製作財務報表和一系列管理中所需的其他報表。

一般情況下，財務報表軟體應該能夠追蹤應收帳款、應付帳款、現金並調整輸入項。爲了做到這些，此類軟體必須能進入由其他基礎軟體程式所維護的平衡帳目。在完整的餐飲服務電腦系統支援下，每日檔更新可以保證財務報表的平衡。

註　釋

[1]*Uniform System of Accounts for the Lodging Industry*, 9th rev. ed.（East Lansing, Mich.: Educational Institute of the American Hotel & Motel Association, 1996).

[2]*Uniform System of Accounts for Restaurants*, 7th rev. ed.（Washington, D. C.: National Restaurant Association, 1996).

[3]For more information on operations budges for food and beverage operation, see Jack D. Ninemeier, *Planning and Control for Food and Beverage Operations*, 4th ed.（Orlando, Fla. Educational Institute of the American Hotel & Motel Association, 1998）.

[4]Budgets process is discussed in more detail in Raymond S. Schmidgall, *Hospitality Industry Managerial Accounting*, 4th ed.（East Lansing, Mich.: Educational Institute of the American Hotel & Motel Associ-

ation, 1997).

[5]For more complete discussion of income statements, see Raymond Cote, *Understanding Hospitality Accounting*, 4th ed. （East Lansing, Mich.: Educational Institute of the American Hotel & Motel Association, 1997), and Raymond Cote, *Understanding Hospitality Accounting* Ⅱ, 3thed. （East Lansing, Mich.: Educational Institute of the American Hotel & Motel Association, 1997).

[6]For more information on an income statement for a hotel food and beverage department, see Schmidgall.

[7]Much of the material in this section was adapted from Jack D. Ninemeier, *Planning and Control for Food and Beverage Operations*, 4th ed. （Orlando, Fla.: Educational Institute of the American Hotel & Motel Association, 1998).

[8]For a full explanation of the equity section of the balance sheet , see Cote, *Hospitality Accounting I and Hospitality Accounting* Ⅱ.

[9]For more information on ratios, see Schmidgall.

名詞解釋

每人平均消費額（average food service check） 將某一用餐時段產生的收入與同期用餐顧客人數進行比較所得到的比率。計算方法是將某一用餐時段產生的收入除以同時段用餐顧客人數。

資產負債表（balance sheet） 反映某一特定日期資產、負債、業主權益基本財務狀況的報表。

飲料成本率（beverage cost percentage） 將已售飲料成本與飲料銷售額進行比較得到的比率。計算方法是將已售的飲料成本除以飲料銷售額。

流動比率（current ratio） 總流動資產與總流動負債進行比較得到的比率。計算方法是將流動資產除以流動負債。

食物成本率（food cost percentage） 將已售食物成本與食物銷售額進行比較得到的比率。計算方法是將已售的食物成本除以食物銷售額。

損益表（income statement） 提供有關企業經營效果資訊的財務報表，包括收入、費用和某一特定時期的利潤。

存貨周轉率（inventory turnover ratio） 表現一個企業的存貨從儲存到使用速度比率。計算方法是將產品成本除以平均存貨。

人工成本率（1abor cost percentage） 比較人工費用與總收入之間關係的比率。計算方法是將人工成本除以總營業收入。

經營預算（operations budget） 餐飲服務企業在產生收入、決定目標利潤及估計成本費用方面制定的詳細經營計畫。

獲利率（profit margin） 一種全面測定企業產生收入和控制成本費用能力大小的方法。計算方法是將利潤除以總營業收入。

座位周轉率（seat turnover） 在一個用餐時段某一座位被使用的次數。計算方法是將用餐顧客人數除以可用的座位數。

負債率（solvency ratio） 表明企業負債與償債能力之間關係的指標。計算方法是將總資產除以總負債。

標準會計制度（uniform system of accounts） 定義各種類型和規模的企業財務管理的手冊（通常爲旅遊服務業的一個特定部門而編寫)，它能夠提供標準的財務報表格式，解釋獨立的會計帳目並提供簿記文本的格式。

複習題

1. 餐飲服務經理人員是如何從適合該企業的標準會計制度中得到益處？
2. 如何才能使經營預算成爲一個控制措施？
3. 爲什麼說損益表是衡量餐飲服務經理人員管理效果的一種方法？
4. 食物成本是如何計算出來的？
5. 資產負債表中的資產、負債和業主權益部分各反映了什麼資訊？
6. 評估一個餐飲服務業的有關比率的標準有哪些？
7. 爲什麼餐飲服務企業債權人更喜歡資產負債表中有高的資產負債率？
8. 餐飲服務經理人員如何決定食物成本是否合理？

9. 促成食物成本比率較高的因素有哪些？
10. 哪些類型的軟體有助於完成會計上的任務？

如欲得到更多資訊，請查看下列網址。網址可能有變，敬請留意。

American Accounting Association
http://www.aaa-edu.org/

National Restaurant Association
http://www.restaurant.org/

American Institute of Certified Public Accountants
http://www.aicpa.org/

廣　告　回　信
台灣北區郵政管理局登記證
北台字第8719號
免　貼　郵　票

106-□□
台北市新生南路3段88號5樓之6

揚智文化事業股份有限公司　　收

□□□-□□
地址：　　市縣　　鄉鎮市區　　路街　段　巷　弄　號　樓
姓名：

EDUCATIONAL INSTITUTE
American Hotel & Lodging Association

書號 AH002　　書名 Food and Beverage Management

讀者報考回函

感謝您對 北美教育學院 及 美國飯店業協會教育學院 的支持
您的寶貴意見是我們成長進步的最佳動力

本學院成立於 1953 年，從事旅館管理教育已經有近 50 年的歷史

50 多年來，教育學院一直致力於飯店業及其他服務業的教育和培訓，不斷以達到並超過行業要求的標準來從事飯店業及其他服務業的培訓任務，同時頒發專業證書，以滿足世界各地的觀光及旅館管理學校的需求。

EI 頒發的證書在業內享有最高的專業等級

這是由世界權威機構：美國飯店業協會發出的認証証書，無論在北美洲、東南亞、歐洲、澳洲和中東等地均被旅館業所廣泛地被認同，對加入這個行業和升遷具有重要的輔助作用。對於想繼續深造的同學，更可入讀美國、澳洲和瑞士的某些觀光餐飲旅館大學，攻讀一至或二年的課程即可取得學士學位。

閱讀本書後，您有興趣參與由美國飯店業協會教育學院所舉辦的專業證書考試，獲取本科的專業證書嗎？歡迎您將本回函正本（恕不接受影印本回函）填妥後寄至：

揚智文化事業股份有限公司
106 台北市新生南路三段 88 號 5F 之 6

我們收到您的回函後，將盡快與您聯絡和安排考試。詳情請參閱 http：//www.hoteltraining.org。
如有任何查詢和建議, 歡迎來函： info@hoteltraining.org。

姓名：＿＿＿＿＿＿＿＿＿ 先生 / 小姐　　出生日期：＿＿＿＿＿＿＿＿＿

電話：＿＿＿＿＿＿＿＿＿　　電子郵件：＿＿＿＿＿＿＿＿＿

住址：＿＿＿＿＿＿＿＿＿＿＿＿＿＿＿＿＿＿＿＿

購買書名： 餐飲管理(Food and Beverage Management) 購買書店：＿＿＿＿＿＿＿＿＿

學　歷：□ 高中或以下　□ 專科　□ 大學　□ 研究所　□ 碩士　□ 博士

職業別：□ 學生　□ 服務業　□ 銷售業　□ 金融業　□ 資訊業　□ 傳播業
□ 自由業　□ 製造業　□ 教育業　□ 軍警　□ 公務員　□ 其他 ＿＿＿

職　稱：□ 一般職員　□ 專業人員　□ 中階主管　□ 高階主管　□ 負責人

您從何處得知本書的消息？□ 逛書店　□ 報紙　□ 雜誌　□ 廣告　□ 網路
□ 他人推薦　□ 團體訂購　□ 其他 ＿＿＿＿＿＿

報考動機：□ 工作需要　□ 求學需要　□ 自我提升　□ 有備無患
□ 其他 ＿＿＿＿＿＿

您對本書的建議：＿＿＿＿＿＿＿＿＿＿＿＿＿＿＿＿＿＿＿＿
＿＿＿＿＿＿＿＿＿＿＿＿＿＿＿＿＿＿＿＿＿＿＿＿

餐飲管理 (Food and Beverage Management)

著　　者／Jack D. Ninemeier
校　　閱／掌慶琳
出 版 者／揚智文化事業股份有限公司
發 行 人／葉忠賢
總 編 輯／林新倫
登 記 證／局版北市業字第 1117 號
地　　址／台北市新生南路三段 88 號 5 樓之 6
電　　話／（02）23660309
傳　　真／（02）23660310
郵政劃撥／19735365　戶名：葉忠賢
印　　刷／鼎易印刷事業股份有限公司
法律顧問／北辰著作權事務所　蕭雄淋律師
初版一刷／2004 年 7 月
ISBN／957-818-637-1
定　　價／新台幣 1200 元
E－mail／service@ycrc.com.tw
網　　址／http://www.ycrc.com.tw

國家圖書館出版品預行編目資料

餐飲管理 ／Jack D. Ninemeier 著.-- 初版. –
- 臺北市：揚智文化， 2004[民 93]
面； 公分
譯自：Food and beverage management, 3rd ed.
ISBN 957-818-637-1（精裝）

1. 飲食業 – 管理

483.8 93009112